本书受到广州华商学院学术著作专项资金（2023HSZZ03）、广东省普通高校服务“百千万工程”重点领域专项资金（2024ZDZX4038）、广东省重点建设学科科研能力提升项目（2024ZDJS111）资助。

新时代传媒创新书系

设计学跨学科研究方法

李 宏 著

中国传媒大学出版社

·北 京·

自 序

随着科技的飞速发展与社会需求的不断变化，设计不再是单纯的艺术创作，它的内涵逐渐丰富，已从美学的构思扩展到人类生活的方方面面，成为文化、经济、环境等多领域变革的重要推动力。在这种背景下，设计学的学科边界日益模糊，跨学科的融合成为不可避免的趋势。设计学的研究领域不再仅仅局限于传统设计实践，而是向心理学、社会学、工程学、信息技术等多个学科领域扩展，形成了一个更加多元、复杂的学术体系。

设计学的跨学科研究方法为这一新兴领域的发展提供了无限可能。它不仅仅是打破学科壁垒的手段，更是一种全新的思维方式。这种思维方式将设计学视为一个多维度、多层次的学科，强调通过跨学科的视角进行创新和问题解决，推动设计理论和实践的深度融合。

尽管目前跨学科研究已经取得了一定进展，但国内关于设计学跨学科研究方法的系统性讨论仍显不足。学术界既缺乏对于如何高效实施跨学科研究的明确指导，也缺乏能够帮助设计学者在跨学科合作中游刃有余的理论支持。这促使我开始深入思考这一领域，并着手进行探索与总结。作为一名设计学科研工作者，我深知跨学科研究不仅是提升学术水平的关键路径，也是推动设计实践创新的重要手段。在设计学的研究过程中，我们不仅要掌握设计思维本身的工具和方法，更应具备跨越学科界限的能力，能够借鉴其他学科的理论和技术，来应对日益复杂的社会需求和技术挑战。

希望这本书能够为设计学研究者提供具有广度与深度的学术资源，帮助他们从跨学科的角度构建更为全面的研究框架，拓展设计思维的边界。

本书涉及设计学跨学科研究方法的九个具体层面：

（一）探讨了设计学跨学科研究的内涵和演化脉络，勾勒出这个领域的轮廓，界定了相关研究概念，并介绍了设计学跨学科研究的起源和动机。

（二）解析设计学跨学科研究的底层逻辑，引领读者进入设计学中的系统思考和认知科学的世界，探究了理论与模型之间的关系，力求洞见科学研究的本质。

（三）介绍跨学科方法论与设计整合的重要性。从跨学科宏观思想方法论与设计学具体学科的结合视角出发，揭示跨学科方法论的解构与融合方式。

（四）讨论设计学跨学科研究的认同与协作机制。从协同理论视角，强调了知识与文化交融的意义，并阐释了从设计生产到理论对话的跨学科知识建立。

（五）探索了跨学科研究方法中的思维方式，包括了思维认识的过程和科学思维的基本方法，详细涵盖了问题定义、假设构建、数据收集和分析等方法论方面的内容。

（六）讨论范式的概念化、逻辑构建和系统建模，从多维度建立设计学跨学科研究的范式，内容包括理论框架的构建、模型的建立和实证研究的方法选择等。

（七）以思维模式为切入点，着重探讨设计学跨学科思维方式和科学思维的基本方法，主要介绍了跨学科研究方法的路径，包括跨学科性的工具、技术和案例，以及设计学跨学科研究的定性和定量方法。

（八）总结了设计学跨学科研究的数学模型应用，具体将系统分为三个方面介绍，即评价模型、预测模型和分类模型，并详细介绍了它们在设计学中的具体应用方法。

（九）探讨了未来设计的概念与新挑战，强调了以未来为导向的设计思维的重要性，描绘了未来视角下的跨学科设计发展趋势，并对未来社会、技术和环境对设计的影响进行了讨论。

未来的设计学将是一个多维度、跨时空、跨文化的领域，它不仅要求设计者具备技术能力，更需要具备全球视野、战略思维和人文关怀。从政治、经济、文化、社会、生态等多重维度出发，设计将致力于最大化社会价值、推动全球可持续发展。全球化和信息化的时代背景要求我们不断更新设计理念，跨越学科边界，吸纳和整合各领域的创新思维。此外，新时代的发展形势与产业变革也催生了新一轮的设计学科发展需求。传统设计方法已经难以满足现代社会的需求，设计学必须应对新工科、新医科、新农科等领域的挑战，在战略设计、科技设计、文化设计、社会设计、产业设计、服务设计、健康设计等多个方向上作出创新性探索。这些探索不仅是设计学科在实践中的突破，也是对设计学科内涵的深刻反思。

未来设计将不仅仅属于设计者，它属于每一个敢于跨越学科边界、敢于创新的思考者。在全球化与信息化背景下，设计学的跨学科研究方法将继续推动设计学科的创新与发展。通过跨界合作与技术融合，设计学不仅将在解决当代社会问题方面发挥重要作用，更将在塑造人类未来、推动社会进步方面贡献力量。

本书在编写过程中，参考、借鉴了国内外许多专家学者的研究成果，在此表示诚挚的感谢！由于作者水平有限，难免有不当之处，在此敬请各位读者多加批评、指正，以便我们进行修订和完善。

作者

2023 年 9 月 28 日

目　录

第一章　设计学跨学科研究的缘起

随着数字化和智能化的发展，设计学跨学科研究方法日益受到业界的关注。作为一门交叉学科，设计学涉及多个学科领域知识，需要整合不同领域的专业知识，以解决复杂的设计问题。设计学跨学科的概念为全面应用设计方法提供了理论基础和指导。

第一节　概念界定

一、设计学的学科属性

设计学作为一门相对年轻的学科，与其他社会科学相比，涉及的对象更广泛，研究范围更广阔，几乎没有明确的边界。中国设计经历了从向国外学习、模仿到本土意识觉醒的过程，形成了具有中国特色的现代设计思想。中国现代设计教育也经历了从最初的“工艺美术”到“现代设计”的转变，从“艺术门类”向“交叉学科”的发展。设计学的外延不断扩展，与其他学科相互渗透，形成了独特的学科门类。

随着设计方法和工具的普及，设计不再受传统的边界和限制的束缚，展现了新的可能性，导致设计的边界逐渐模糊。正如文艺复兴推翻了学科之间的“隔离墙”一样，设计学的理论建构也需要在认识论和方法论上实现跨学科融合。设计与科学之间的界限变得模糊，二者相互渗透、相互促进。建立设计学理论需要跨越学科门类，实现不同学科之间的融合与协作，创造出一种创造性的和谐共存。当然，设计学理论的发展还需要克服不同学科之间的认知差异，将不同学科的方法融入设计学理论的建立，以形成跨门类、跨学科的设计学理论，实现设计学理论跨学科建构的核心内涵。

1.“学科属性”概念内涵

“学科属性”是区分一个学科与其他学科的本质特征和内在特质。这反映了一个学科研究的核心关注点，也是学科形成的基础，决定了学科的理论体系、研究方法以及学科内涵。各学科都有其相对稳定的学科属性，这些属性便构成学科的领地。学科属性具有稳定性和内在一致性，可以清晰地区分各个学科的研究对象、问题视角和方法取向。因此，学科属性使学科能够在复杂的知识体系中被区隔开来，形成相对独立的学科领域，并且在知识领域中占有一席之地。

在学术界中，"学科"指特定领域的学问及知识主体的特定分支。从教育学角度来看，"学术科目"是学术共同体，规定研究对象，提出核心概念并形成理论，采用研究方法，为学者提供交流渠道和共享研究成果。各学科都有自己的基本要素，如现象、假说、认识论、概念、理论和方法。这些要素相互关联，构成整体学科视野。

由此可见，"视野"应该被视为区分不同学科的主要标准。"学科视野"是一门学科独特的现实观。学科视野反映学科的世界观和价值取向，会影响学科发展方向，并决定学科关注的问题和采用的方法论。

在设计学领域，设计学作为一门独立的学科，需要具有区别于其他学科的独特学科视野，即研究在现实环境中最重要的问题。设计学的学科视野决定了设计学的基本要素之间是如何相互关联、相互作用的。

因此，当前研究者在设计学研究的对象、方法、范式和导向上的模糊性，表明学界对设计学的学科属性尚未形成统一的认识。

2. 设计学跨学科化的理论依据

20 世纪早期，学科间界限分明。库恩范式理论（Kuhn Paradigm Theory）认为，同一学科共享统一的学科视野，但跨学科之间存在根本差异。该观点启发学界开始反思学科差异的来源。20 世纪中期，传统学科分类体系受到冲击，设计学作为新兴的学科，其学科属性成为大众关注的焦点。

设计学借鉴工程与艺术学科的视角，形成了跨学科属性的综合性特征。学者唐纳德・A. 舒恩（Donald A.Schön）提出设计学有其独特的"事物逻辑"，其"问题化"和"复杂化"过程打破传统学科边界。这说明了设计学学科边界的开放性和动态性。这种边界特征支持设计学实现跨学科化发展。

（1）设计学的学科属性与边界形成

设计学作为一门新兴的交叉学科，其学科形成具有独特的过程。它源自工程和艺术两个传统领域，通过整合两者的视角和方法形成了自身的学科属性。设计学不仅注重产品和系统的功能性与实用性，同时强调对美感和艺术价值的追求。这种功能性和美学价值的有机结合，成为设计学区别于传统学科分类的标志。

英国伯明翰在 1962 年和 1966 年分别举办了一次"设计方法运动"的会议。这宣告着设计研究正式进入设计领域。巴克敏斯特・富勒（Buckminster Fuller）与西蒙（Simon）等学者提出了"设计科学"的概念，强调了设计是偏工程、技术和结构的理念。这促使了设计学学科边界的形成。设计学在先驱人物的推动下，构建了科学与理性的设计活动。它吸收了工程学中对系统分析和对材料科学的认识，也吸收了艺术学科对视觉语言和形式美学的研究。在知识整合的过程中，设计学构建起了独特的理论体系和研究方法，用来指导具体的设计实践。这表明，设计学学科的边界呈现出动态演变的状态。设计学在对设计问题的进一步探索中，不断扩展研究的边界，并持续吸收新知识；这种开放的态度为学科发展提供了强大的推动力。

总体来看，设计学学科属性的综合性以及边界的开放性，成为其生生不息的源泉。设计学以其独特的交叉融合特性，推动了设计领域的整体进步，使其能够更好地解决复杂的社会问题。

（2）设计学学科边界的扩展与调整

当前，全球面临地缘紧张局势、公共健康危机、气候危机和数字世界黑暗面等问题。在复杂的背景下，设计学的边界随着社会热点不断变化，以应对这些复杂问题的挑战，响应人类命运共同体的理念。

首先，设计学的边界扩展是对社会需求变化所作的回应。随着社会的发展变革，人们对产品和服务的需求也在不断变化。传统的产品设计已经无法满足人们多样化的需求，因此设计学不但关注功能性，还注重产品、用户、环境以及服务之间的相互关系。这使得设计学的边界不再局限于产品的功能设计，而是向服务设计的领域延伸。

其次，设计学关注社会和文化因素对设计的影响，这也是边界扩展的重要方面。不同的社会背景、文化背景塑造了人们对产品功能、美感和符号的不同理解，因而设计者需要在设计过程中考虑到不同群体的需求、生活方式和价值观，以满足多元化的需求。因此，设计学与其他学科领域之间的交叉日益增多，设计学学科边界得以进一步扩展。

最后，设计学内部各学科专业的边界也在调整，形成交叉综合性的特征。不同专业之间的界限变得模糊，如产品设计、环境艺术设计、视觉传达设计、数字媒体艺术等领域相互渗透、相互影响。这种交叉综合有利于促进各学科之间的合作与创新，为解决复杂问题提供了更为全面的视角。

这一发展趋势使得设计学能够更好地应对当下的复杂问题，并为其创新提供了更广阔的领域和可能性。

（3）设计学跨越基础与应用研究的界限

设计学在其研究范围中，跨越了基础科学与应用科学的传统界限。传统基础科学追求对世界及自然规律的理解，而应用科学则在此基础上解决实际问题，但设计学打破了这种界限，将理论和实践进行了结合。

为了全面地了解设计学跨学科研究的现状，我们通过对知网平台上关键词“设计学跨学科”的检索，观察到近 10 年的趋势变化。检索结果显示，在设计学跨学科领域，应用研究占 40.32%，开发研究占 16.07%，学科教育教学占 13.57%……这表明设计学的跨学科研究主要集中在应用领域，也涉及开发、教育等多个领域。这种趋势反映出设计学正在逐渐渗透到其他研究范围，并且特别关注应用方面的研究，还积极探索开发新的理论与方法，其主要表现如图 1-1 所示。

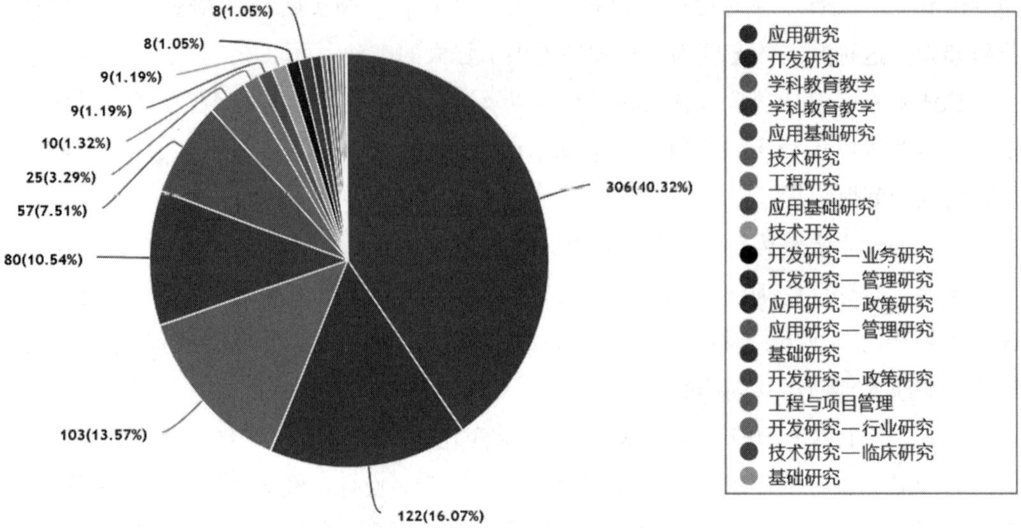

图 1-1　研究层次分布图

这样的研究层次分布，有利于对设计学基础设计原理和规律的探索。作为设计者，建立与设计理论相关的美学、人体工程学、心理学、材料科学等方面的知识体系是必要的。这属于理论研究的范畴，具备基础科学的特征。同时，设计学也重视对实际设计过程和设计案例的研究，主要分析真实的设计活动，总结经验，表现出应用科学的性质。

设计的理论研究和实践是相辅相成的，理论指导实践，而实践又反过来完善理论。从图中大量的开发研究与学科教育教学的关系来看，设计学的知识既来自教学中的理论，也来自应用的实践探索。例如，基础研究中的人体工程学原理，来源于对大量实际设计案例的总结，但也需要在实践中不断完善，才能适用于应用研究。

此外，设计学研究还模糊了基础与应用之间的界限，更加关注知识的适用性。设计者在解决实际问题时，可以提取并应用相关的理论原则，追求知识的适用价值，不会被基础研究或应用研究的标签所限制。这也是其跨越传统界限的特征之一。

总而言之，设计学的研究融合了基础科学与应用科学的特点。它既探索设计的根本规律，又解决实际问题。这种跨越界限的知识整合，使设计者能更好地揭示设计奥秘，也是设计学与传统学科之间的显著区别。

二、跨学科的定义

从词源学上来说，“跨学科”源于“跨”和“学科”两个词。其中，“跨”表示“跨越、穿过”的意思；而“学科”则表示一类学问的总称，含有一定的专业性和系统性。因此，“跨学科”一词的含义可以理解为“跨越、穿过不同学科领域的研究或实践”，即将不同学科领域的知识、理论和方法相互结合，以解决复杂问题。

在实践中，跨学科研究通常需要跨越不同学科的边界，整合不同学科的知识和方法，以产生更深入、更全面的分析和解释，从而为学科领域的创新发展提供支持。

1. 跨学科概念

20 世纪 20 年代，随着社会需求与自然环境的复杂化，众多科学问题仅凭单一学科知识难以揭示其规律，需要众多学科协调开展研究。因此，“跨学科”（Interdisciplinary，又称“交叉科学”）萌发，由美国哥伦比亚大学心理学家 R.S. 伍德沃斯（R. S. Woodworth）于 1926 年最早提出，发展至今已有百年历史。但是，学界对跨学科概念并没有形成共识。国内外众多学者试图对“跨学科研究”进行定义。例如，1997 年，纽厄尔（Newell）等指出，跨学科研究是解决某个问题，该问题的复杂程度超过某一个单一学科或行业处理的范围，需要整合各学科特点来解决。2004 年，美国国家科学院、国家工程院等单位联合发布题为《促进跨学科研究》的报告，并指出跨学科研究团队或个人，把两个以上的学科知识综合起来了，解决那些不能用单一学科解决的问题。2008 年，艾伦 · L. 波特（Alan L. Porter）等指出，跨学科研究没有统一的定义以及评估的方法。2013 年，安格尔斯塔姆（Angelstam）等认为，跨学科研究整合不同学科，是解决问题的一种创新性方法。

在许多文献中，我们经常可见“交叉学科”这个词，而“交叉学科”是“跨学科”的另一种说法，对应的英文术语也为“Interdisciplinary”。在 1985 年全国首届交叉科学学术讨论会举办之前，“Interdisciplinary”一直被译为“跨学科”，直到会上钱学森发表了对“交叉学科”的看法，强调这是超越一个已知学科的边界而进行的，涉及两个或两个以上学科的实践活动，“Interdisciplinary”才有了另一概念的界定。从前人研究来看，早期的跨学科研究仅指学科之间的合作，并非后来的跨学科研究。在对跨学科进行的探讨中，也有与其相关的一些学科概念的说明，如“多学科”（Multidisciplinary）、“超学科”（Transdisciplinary）、“横学科”（Crossdisciplinarity）等。开展跨学科研究的前提，是认识和界定学科的概念、边界以及特征，这样才能更好地理解跨学科的内涵。

2. 跨学科研究的特征

跨学科研究的特征在于它能够整合不同学科领域的知识和方法，为探索新领域、解决复杂问题，提供了全面、多维度的视角。下面利用共现矩阵分析方法，以文献中的共现关系为基础，探讨跨学科研究的特征。

为了深入了解跨学科研究领域的文献之间的关联模式、共现频率和相关度，在知网平台输入关键词“跨学科研究”，并将时间范围限定为 2013 年至 2023 年，便导出了关键词共现矩阵分析图 1–2。

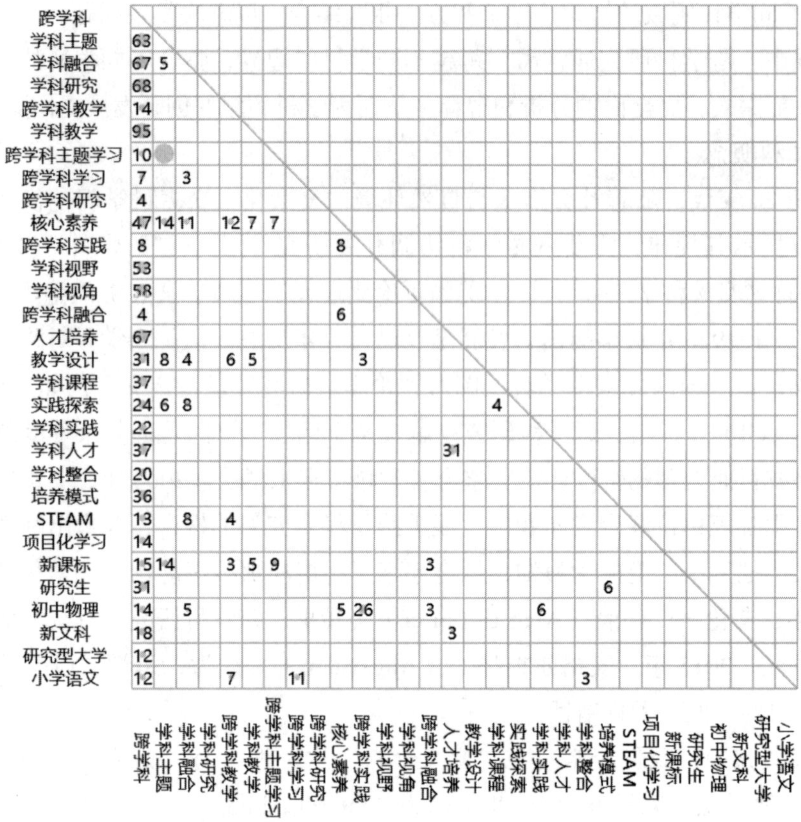

图 1-2　共现矩阵分析图

通过分析这个共现矩阵，我们发现其中一些关键词的共现次数较高，这反映了它们之间的密切关联。具体而言，共现次数最多的是“学科教学”与“跨学科”，共现了 95 次；其次是“学科研究”与“跨学科”，共现了 68 次；再次是“学科融合”与“跨学科”，共现了 67 次。这些结果表明，在跨学科研究和教育领域中，学科教学、学科研究和学科融合与跨学科的关联非常紧密。

我们还观察到其他一些关键词与“跨学科”之间存在共现关系，如“核心素养”“学科主题”“学科融合”“跨学科教学”和“跨学科主题学习”等。这意味着在跨学科研究和教育中，掌握跨学科研究方法已逐渐成为必备的核心素养。同时，学科主题、学科融合和跨学科教学等方面的研究也得到了广泛关注。

此外，应用 VOSviewer1.6.18 进行可视化分析，我们可以观察到关键词共现视图（如图 1-3 所示）中节点的大小，反映了关键词的重要性。通常情况下，较大的节点表示更为重要的关键词。在该关键词共现图中，出现频次排名前五的节点分别是“跨学科”“跨学科研究”“人才培养”“人工智能”和“设计方法”。

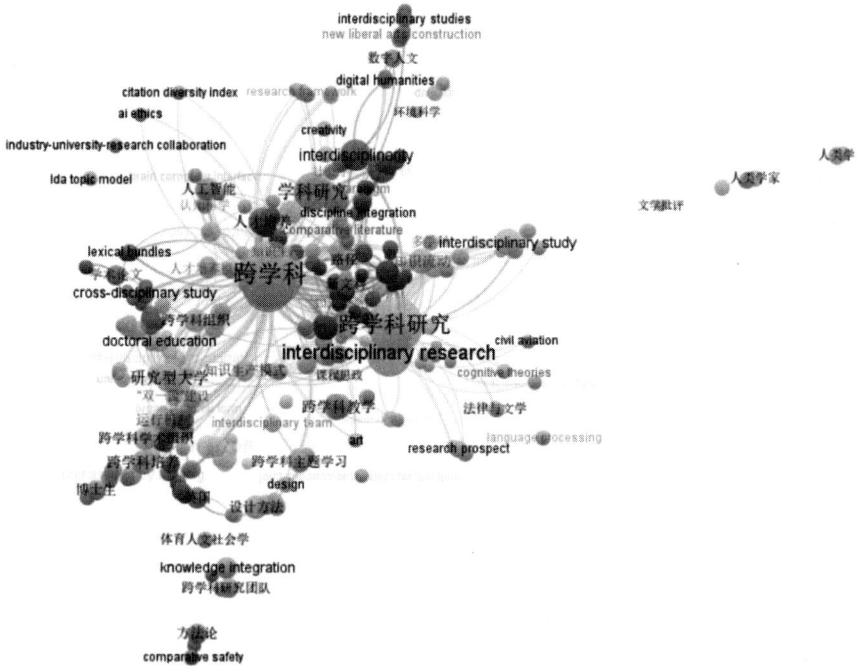

图 1-3　关键词共现视图

同时，根据分析，我们也意识到跨学科研究具有共性特征。这是对学科属性的一种理性概括，需要我们从多角度去理解该特征。首先，共性特征在于不同事物之间存在内在联系。设计学作为一门综合性学科，与多个学科存在内在联系，涉及心理学、人类行为学、工程学、美学等多个领域的知识理论。跨学科研究通过整合这些学科的知识，揭示它们在设计过程中的相互作用关系。其次，共性特征是事物的本质属性，是事物存在的基本特征，该特征强调不同事物之间存在相同的特征或功能等。跨学科研究在设计学中的一个重要任务，是抽象出设计中的共性特征；该特征是设计理念、设计原则、设计方法等方面的普遍规律。最后，共性特征是世界的普遍性和一致性的体现。从哲学层面看，共性特征是人们认识和理解世界的基础，也是人们对世界普遍性和一致性的认知。通过对事物共性特征的抽象与总结，设计学跨学科研究可以提供通用的设计准则和指导标准，并用语言描述这些共性特征，有利于形成丰富的系统性设计概念理论。

因此，通过对共现矩阵分析图与关键词共现视图的分析，我们可以深入探索跨学科研究领域中不同关键词之间的关联模式和共现频率，更为全面地了解跨学科研究的发展趋势。

3. 跨学科、多学科以及超学科概念

跨学科、多学科和超学科是根据学科之间的关联程度进行区分的。这三个概念描述了不同学科间合作与整合的程度，从学科之间的相互交流到并列应用，再到融合形成新的整体性研究领域。因此，了解这三者之间的关系，有助于促进学科间的交流与合作，为我们提供多元化的视角和方法，如图 1–4 所示。

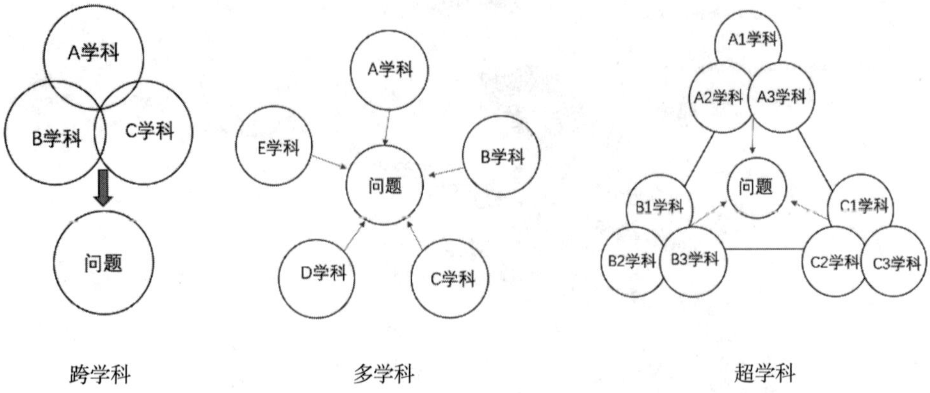

图 1–4　跨学科、多学科和超学科关系图

跨学科研究强调不同学科之间的交叉融合，将两个或多个学科的理论、方法和概念结合起来，以解决特定问题。跨学科研究通常需要学科专家之间的合作协同，注重学科间的交叉性，以促进不同知识的互相整合，从而共同解决某个问题。

多学科研究是指在解决一个复杂问题时，运用多个学科的知识和方法，但各学科之间相对独立，彼此并不深入交流或整合。每个学科专家先在自己的领域内进行研究，然后将各自的研究结果进行组合。例如，在医学研究中，多学科团队可能包括医生、生物学家、心理学家等不同学科的专家，他们各自负责研究特定方面的问题，为解决同一个医学难题进行合作。同时，多学科研究也存在不足；强调学科专业性和独立性，但缺乏对学科之间相互影响的深入理解。

超学科是全新的综合学科，完全跨越传统学科分类和固有边界。它形成了自身完整的理论体系，以应对复杂的现实问题。其主要特点是学科之间的相互渗透、协同创新，鼓励学科专家共同参与问题定义、研究设计和结果解释等过程。

从以上分析来看，学科间的界限在当前被逐渐打破，学科合作的形态呈现出继承与发展的关系。跨学科作为这一过程的开端，直接打破了传统学科分类的壁垒，实现知识体系间的交叉与借鉴，为后续的多学科合作奠定了基础。在多学科合作中，各学科保持相对独立性，为解决复杂问题进行了短期合作。多学科合作的不断深入促成了超学科的产生。最终，超学科形成完全统一的理论体系，实现各学科的真正融合。

总之，跨学科、多学科、超学科代表了学科发展的不同阶段，三者之间存在递进关系。跨学科开启交流，多学科实现合作，而超学科最终达到统一。当然，三者的差异也依旧明显，在实际应用中，研究者需要根据具体问题的特点和需求，选择适当的研究方法。

三、东西方视角下的跨学科研究

1. 东方智慧：跨学科之“道”

中国古代哲学思想蕴含着跨学科交叉研究的有关概念，对跨学科交叉研究具有诠释意义。其中，老子提出的“道通万物”就是一个重要的概念，他认为宇宙万物都源于“道”，而“道”贯穿于万物之中，是宇宙的根本法则和本质规律。

这意味着宇宙万物之间，存在着内在联系和相互依存的关系，该相互关系是通过“道”来实现的。“道通万物”可以被理解为不同学科之间存在着相通的规律，只有将它们整合起来才能更好地理解问题的本质。当然，孟子也有类似的观点，他认为“天下大同”，强调人类之间的相互理解和合作。这说明各个学科应当通力合作，这样才能实现“大同”的目标。朱熹认为“大学之道，在明明德，在亲民，在止于至善”，指出各种学问之间的联系与互动，他认为只有在追求“至善”的过程中，才能达到各种学问之间的和谐统一。

总而言之，中国古代“道”观念带有浓厚的跨学科色彩。“道”贯通一切，融通学科，达至大同。这为跨学科研究提供了重要的智慧资源。我们只有汲取“道”思想中的整体视野和合作精神，才能使各领域知识实现最高度的融合。

2. 西方哲思：跨学科之“思”

在西方哲学中，“辩证思维”是一个重要的跨学科研究方法论。这种整体思考的思维模式，强调对矛盾和问题的全面思考，从而得到更为深刻的认识。

比如，亚里士多德（Aristotle）的“整体论”思想认为“整体优于部分之和”，一个系统的整体性质，不能仅仅由它的各个组成部分来解释，而必须考虑它们之间的相互作用和关系。这一观点奠定了系统科学的基础，也为跨学科研究提供了重要指导，即人们需要采取整体性的系统思维来理解复杂问题。

艾瑞克·弗洛姆（Erich Fromm）在著作《健全的社会》中指出，个人只有在社会中才能实现自我，社会进步也需要个体的自由发展。这一“自我与社会的辩证法”阐释了跨学科研究的社会价值，即学科应当服务于社会进步，不同学科要超越界限，实现知识融合创新。此外，卡尔·波普尔（Karl Popper）在《开放社会及其敌人》中倡导允许不同观点交流讨论，对于跨学科研究的开放性和创新性具有指导价值。他认为社会应该是一个开放的系统，允许不同的观点和理论相互竞争与交流，以实现创新进步。这也启示跨学科研究要坚持开放、包容，让不同见解碰撞产生智慧火花。

总之，西方哲思中辩证思维的系统性、社会性和开放性，为跨学科研究提供了重要的理论资源，指引学科实现新陈代谢、融通创新。

3. 现代探索：跨学科之“践”

虽然跨学科研究的定义在国内外学界存在差异，但现代中西方学者通过理论与实践的探索，推动了跨学科研究的飞速发展。

20世纪60年代，美国社会学家罗斯（Ross）首次明确提出“跨学科研究”概念，指整合不同学科知识和方法以解决复杂问题的研究。这一观点，开启了跨学科研究的先河。之后，芬兰学者瑞波（Repo）提出“五阶段模型”，阐明了跨学科研究的主要步骤；德国学者克莱因（Klein）提出“四维模型”，研究了问题、知识、方法和人员等要素。

在当代中国，越来越多的学者致力于跨学科研究的理论建设和方法论研究。他们的努力推动了中国跨学科研究的快速发展。有学者提出从多个维度建立设计学的跨学科模型，具体包括时间维、空间维、结构维、关系维、过程维和要素维，以及各个维度对理解设计学的跨学科属性的独特作用。这一模型全面系统地剖析了设计学的跨学科特征。此外，夏燕靖对设计学专业进行了深入解读，重点剖析了学科体系的调整变化，阐释了设计学专业作为独立学科的优势，并提出“交叉学科＋设计”模式在国家规划战略中发挥举足轻重的作用。张凌浩提出了处理学科差异性和一致性的理论框架，并强调了关注设计学的社会责任和可持续发展。他指出，从“设计伦理”出发，秉持伦理原则，关注环境、社会和人类福祉，通过跨学科研究来解决现实问题，推动设计的社会影响力和可持续发展。潘云鹤关注构建设计学开放性的知识体系，主张对设计背后的文化价值进行深入研究，挖掘设计与文化之间的关系，推动设计学在文化传承和创新方面的跨学科研究。祝帅从宏观的角度对设计学的学科体系进行了梳理，反思了传统的“设计学”体系，在面向新时代变革的背景下，提出新的“设计学”定义、学科内涵、学术定位，并开展了对交叉学科一级学科“设计学”“元”问题的探讨，为新的交叉学科“设计学”指明了方向。

中西方学者主要从跨学科属性、特征、方法论等不同角度，阐释了跨学科研究的内涵，并积极推动不同领域之间的交叉与合作。前人的研究奠定了跨学科研究的理论基础，使中西方的跨学科研究走上了健康发展的轨道。

由此可见，跨学科研究是一种研究方式，主要是通过整合多个学科领域的知识、理论和方法来解决复杂问题。它要求研究者跨越学科边界，融合不同学科的知识和方法，以实现更深入、更全面的分析和解释。通过整合不同学科的视角和方法，跨学科研究能够产生全面且深入的研究结果。这种研究方式强调学科之间的交叉和融合，为解决复杂问题和追求创新提供了多元化的思路。

四、作为“工具”的跨学科概念

“工具性价值”是一个哲学概念，是指某种物品或事物在被用作工具时所具有的价值。这种价值是相对的，即需要根据物品或事物的使用目的来决定。在学术研究中，“工具性价值”也被用来描述某种研究方法的价值，即该方法在解决问题和推进学科发展中所具有的实用性。

1. 实用主义角度

工具性价值被视为一种重要的价值形式，指一种物品或事物在被用作工具时所具有的价值。实用主义哲学认为，知识和理论应该是实用的，而不仅仅是纯粹的学术探究。因此，对于跨学科研究方法，其工具性价值的评价应该是基于其实际应用的效果，而不仅仅是理论上的完备性。实用主义哲学家威廉·詹姆斯（William James）认为，知识和理论应该是实用的，而不是纯粹的学术探究，并主张将哲学应用于实践中，强调应用哲学的实用性。此外，19 世纪英国哲学家约翰·斯图尔特·密尔（John Stuart Mill）也认为，一个行为的道德价值在于它的实用性，是否能够产生有益的影响。

在设计活动中，跨学科研究的价值在于它能够帮助设计者更好地解决实际中的设计问题，提高设计方案的实用性。设计学作为一门综合性学科，需要汲取多个领域的知识来创新解决方案。因此，从这个角度来看，跨学科研究方法是设计者的一种重要工具。

2. 科学哲学角度

首先，科学哲学强调理论的可验证性和预测能力。工具性价值被视为一种科学理论的重要评价标准，其目的是解释和预测自然现象。其次，科学理论的工具性价值主要是看其在实践中的有效性，还要考虑其科学性和可验证性。里克·绍斯塔克（Rick Szostak）在其著作《跨学科方法：研究实践与问题解决》中提到，跨学科研究可以作为一种工具，帮助研究者整合来自不同学科和领域的知识和方法，形成一个综合性的研究框架。他认为，跨学科研究可以帮助研究者更好地理解和解决现实生活中的问题，如贫困、疾病和歧视等实际问题。

设计学作为一门融合人文艺术与科学技术的学科，其研究需要兼具科学性与实用性。跨学科研究使设计学能够借鉴自然科学、社会科学等领域的方法，从而提高研究的系统性和多样性，进一步增强了设计学研究的科学性。

3. 学理性角度

跨学科研究的学理意义在于它提供了一系列可重复应用的分析工具和概念框架。这些工具具有强大的解释力和适用性。此外，研究者可以运用这些工具，深入理解和表述复杂问题。例如，系统科学中提出的“输入—过程—输出”系统模型，已经被广泛应用到交互设计、体验设计、服务系统设计等领域的研究当中。

这类跨学科工具帮助研究者把握问题的全貌，发现不同领域之间的内在联系。同时，研究者还可以尝试将这些工具应用到全新的研究情境中以期产生预料之外的效果，启发自己的想象力，拓展自己的研究视野。可以说，跨学科工具的运用极大拓展了我们认识世界的可能性。不过，任何工具都有其局限性。研究者在使用过程中，需要不断验证和优化这些工具，保证它们的实际效用。

由此可见，从工具性价值的角度看，跨学科研究是推动设计学发展的重要手段，跨学科研究为研究者提供了一套强有力的工具体系。

第二节　设计学跨学科研究的内涵

跨学科研究能够将不同学科的知识和方法结合起来，使人获得更全面、更深入的理解和解决方案。然而，跨学科研究也面临着许多挑战，如学科之间的差异、沟通和合作难度、评价标准等。研究者深入探究跨学科研究的发展历程、内在本质和核心要素，对于推进跨学科研究的发展具有重要意义。

一、跨学科研究的兴起

跨学科研究的开端可以追溯到人类最早的文明时期。在古代，人类的知识和技能虽然相对简单，但在不同领域之间已经开始出现交叉融合。古代医学和哲学的联系很密切，古代医生通常也是哲学家，他们将自然和人类的本质联系起来，以探索治疗和预防疾病的方法。

在中世纪，科学研究开始出现了分化和专业化的趋势，学科之间的壁垒开始变得更加明显。然后，随着科学技术的发展和应用，人们意识到单一学科无法解决复杂的问题，跨学科研究便成了解决问题的新出路。

1. 国外跨学科研究发展历程

文艺复兴时期，西方发生了跨学科研究的革命，艺术家和科学家之间的交流和合作，推动了人类知识的发展。随着科学技术的发展，科学研究领域出现了新的问题与挑战，需要跨学科方法来解决。20 世纪 50 年代，跨学科研究开始在美国得到重视，一些学术机构和研究中心相继成立，推动了跨学科研究的发展。例如，“分子生物学”概念被提出。该概念将物理学、化学和生物学等多个学科相结合，用物理化学方法研究生物大分子的结构和功能，其成功应用为跨学科研究提供了一个案例。

另一个典型例子就是人类基因组计划（Human Genome Project）。该项目于 1990 年启动，旨在解读人类基因组的所有 DNA 序列。这个项目涉及生物学、基因组学、计算机科学、统计学等多个学科领域的合作与交叉。通过整合各学科的知识和技术，科学家成功地完成了人类基因组的测序工作，为人类遗传学、疾病研究和个性化医疗等领域带来了革命性的进展。还有一个重要的案例就是脑科学领域的发展。脑科学涉及神经科学、认知心理学、计算机科学等多个学科。通过整合不同学科的研究方法和工具，科学家对人类大脑的结构和功能进行了深入研究。这项跨学科研究的成果不仅增进了人们对大脑工作原理的理解，也推动了人工智能领域的发展，如脑机接口技术和神经网络模型的设计应用。

20 世纪 70 年代，跨学科研究开始在欧洲和其他地区得到重视，并在环境和能源等领域得到广泛应用。到了 80 年代，跨学科研究的应用范围进一步延伸，开始涉及更多学科领域。90 年代，跨学科研究的概念和方法逐渐成熟，扩展到各个领域。这时，跨学科研究开始在信息技术和生物技术等领域发挥重要作用。到了 21 世纪，跨学科研究得到了学界和社会的共同认可，许多大型科学计划和研究项目都采用跨学科研究方法，以解决复杂的科学问题。

2. 国内跨学科研究发展现状

20 世纪 80 年代初期，国际上出现了跨学科研究的热潮，而我国在这方面的发展起步较晚。从我国公开发表的文献来看，刘仲林教授在专著《跨学科学导论》中介绍了国内外跨学科学研究的主要观点和趋势，这对我国的“跨学科”研究起到了引领性的作用。为了进一步了解我国跨学科研究的现状，我们在知网平台对“跨学科”研究进行关键词搜索，以了解当前“跨学科”研究的趋势（图 1–5）。搜索关键词和时间如下：主题（% = 跨学科研究 or 题名% = 跨学科研究）AND（发表时间 Between 2013-09-07，2023-09-07）；检索范围：中文文献。我们检索了这 10 年的相关文献数据，总数为 7873 篇。从论文发表的时间分布特征看，2013 年至 2014 年出现了一个大的增长；2021 年至 2022 年又出现飞速的发展，一年时间增加了 49.47%。我们通过进一步精炼文献，形成文献的主题识别，制成主题分布图（图 1–6），显示数量为 40 个主题，其中主要以“跨学科”为主题的有 1902 篇文献，跟跨学科相关的有“学科融合”“跨学科教学”等。这说明学科之间的互动交流在逐渐增多，反映了学科研究的热点趋势和主题方向。

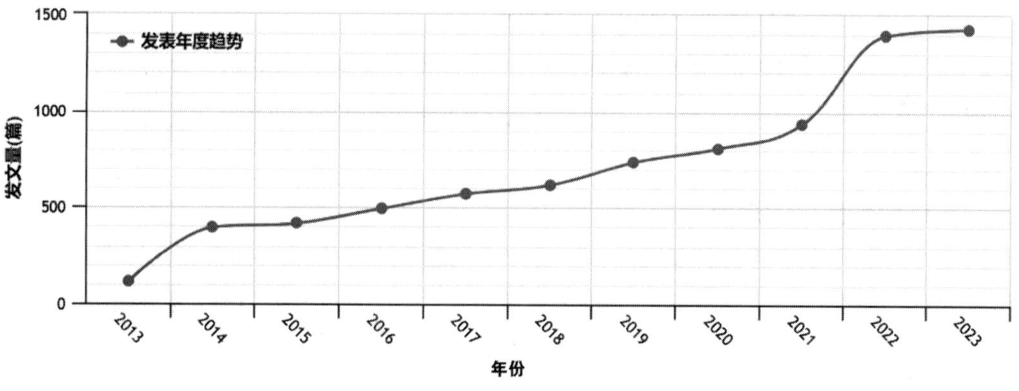

图 1–5 总体趋势分析

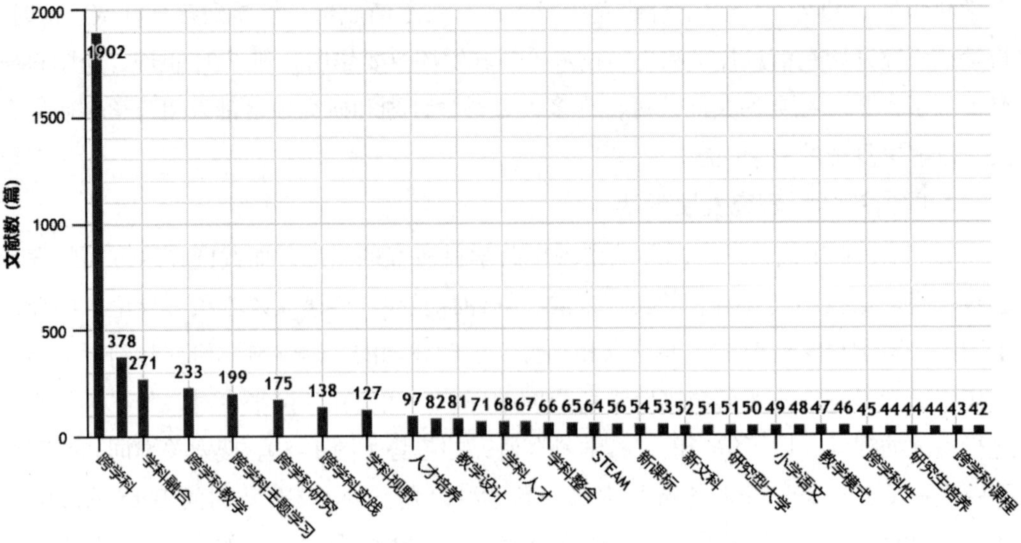

图 1-6　主要主题分布

跨学科研究的发展趋势，是由对复杂问题的需求和学科之间的相互渗透所驱动的，这使得学者开始探索不同学科之间的联系和交叉点。跨学科研究的兴起为设计学研究提供了探索多学科交叉融合的新途径，促进了学科之间的互动与交流，也为解决复杂问题提供了更全面、多维度的视角。同时，这也反映了我国的跨学科研究正朝着更深入、更广泛的方向发展。

二、设计学跨学科研究的内在本质

设计学跨学科研究的本质，是通过跨越不同的学科领域和范畴，将不同学科领域的理论、方法和技术相互融合，以解决涉及设计学领域的复杂问题。主要体现在如下三个方面。

1. 综合性问题的理解

设计问题往往是复杂而多维的，涉及技术问题、用户需求、社会文化等多个方面。传统的学科研究往往只能从某一个特定角度来解决问题，跨学科研究要求研究者超越单一学科的视角，将多个学科领域的知识和理论结合起来，以对问题进行综合性的理解。通过跨学科的研究，研究者可以获得不同学科的视角和方法的互补优势，从而更全面地理解问题的本质、背景，以及复杂性。

从解决问题角度来看，设计学跨学科研究旨在寻求跨越学科边界的解决方案，将不同学科的知识和方法相互融合，以解决复杂设计问题。这种综合性的问题解决方式可以提供给研究者更创新、有效的解决方案，因为它整合了多个学科领域的专业知识和技能。

2. 跨学科视角的拓展

跨学科研究为设计带来了更广阔的视角和思维方式，通过将不同学科领域的专业知识和方法相互交叉融合，激发研究者创意思维的产生。

随着社会的发展和科技的进步，许多问题已经不再局限于单一学科领域，而是涉及多个学科领域。研究者的创新视角和思维方式会影响他们对问题的理解和认识，进而影响学科研究的发展方向。有的研究者注重基础理论研究的创新，有的研究者则更关注解决实践问题的创新。通过基础理论与实践的不断交叉，研究者可以创造出新的理论、方法和技术，拓展学科领域的范围。

举例来说，在设计智能交通系统时，结合交通工程学、人机交互设计和社会心理学等学科的观点，研究者向用户提供更智能、高效且符合用户需求的交通解决方案。进一步看，设计学跨学科研究的创新性体现在对传统设计范畴的超越，为设计带来更多可能性。通过将不同学科的知识和方法融合在一起，研究者能够超越传统思维模式，发掘新的可能性，从而为设计领域带来新的突破。

3. 跨学科合作的促进

跨学科合作与交流，是跨学科研究的核心。它强调不同学科领域的专家之间的相互作用和交叉影响，并鼓励他们共同参与研究。这有助于促进知识的共享交流，加强学科之间的互动合作。通过团队合作，不同学科的专家充分发挥各自的优势，共同解决复杂的设计问题。

例如，在设计健康医疗产品时，医学专家、工程师和人机交互设计者等多个学科的合作是至关重要的。医学专家能够提供对疾病和患者需求的深入了解；工程师可以运用他们的技术知识和创新能力，设计功能强大且安全可靠的设备；而人机交互设计者则关注用户体验和界面设计，确保健康医疗产品易于使用。

这种跨学科合作不仅在健康医疗领域发挥着作用，还在其他领域产生了积极的影响。例如，在可持续发展领域，需要自然科学家、社会科学家和经济学家等不同学科的专家合作，以综合考虑环境、社会和经济因素，制定出可行的可持续发展策略。

总之，设计学跨学科研究的内在本质体现于综合性问题的理解和解决、跨学科视角的创新，以及跨学科的合作与交流。通过整合不同学科的知识和方法，跨学科研究能够向大众提供更全面、创新和实用的设计解决方案。

三、设计学跨学科研究的核心要素

设计学跨学科研究的核心是将不同领域的知识和技术进行融合，以解决现实世界中的复杂设计问题。这种研究方法在当前社会中越来越受到重视，下面将从多方面的角度来探讨设计学跨学科研究的核心要素。

1. 学科交叉

学科交叉是设计学跨学科研究的主要特色之一。它涉及不同学科领域的知识和技能相互融合的过程。在学科交叉的过程中，研究者需要深入理解和掌握不同学科领域的理论与方法，并能够将它们应用于设计学跨学科研究中，从而形成新的知识技术，以解决实际设计问题。

2. 合作协同

合作与协同是设计学跨学科研究的重要因素。首先，在设计学跨学科研究中，不同学科领域的研究者需要共享知识经验，相互协调配合，以达到设计学跨学科研究目标。其次，研究者需要具备沟通和合作的技能，以及对不同学科领域的知识方法的理解。最后，在整个过程中，合作双方还要建立起信任和尊重的关系，这样才能有效地沟通和协调。例如，在设计城市公共空间时，需要建筑师、城市规划师、社会学家等多个学科的专家共同合作，以确保公共空间的功能性、可持续性和社会包容性。

3. 系统思维

系统思维是设计学跨学科研究中的关键要素，它代表了一种综合性的思考方式，核心理念在于将事物看作相互关联和相互作用的系统。在中国传统文化中，如《黄帝内经》等著作以及太极、八卦元素等理念，均体现了古代中国对系统思维的深刻理解与应用。这有助于人们构建对宇宙的全面认知。在设计学跨学科研究中，常常面临复杂的问题，而系统思维可以帮助研究者从整体的角度思考问题，并找到综合的解决方案。强调系统的整体性和相互作用，有助于避免单一学科或单一视角的片面性，为有效地解决问题创造有利条件。

4. 创新开放

创新性和开放性是跨学科研究的基础要素。学者爱德华·康斯坦特（Edward Constant）曾提出科技进化理论，他认为几乎所有的生物演化的基本原则，也同样适用于科技创新。这为研究设计的本质提供了全新视角：设计创新的不断拓宽，促使了新技术、新材料、新方法层出不穷。因此，研究者需要灵活运用不同学科领域的理论、方法和技术，开创出新的研究方向，解决设计学跨学科问题。

第三节　设计学跨学科研究的演化脉络

“跨学科”（Interdisciplinary）一词最早出现在20世纪20年代的美国，又被称为“交叉学科研究”。这一专门术语最早由美国哥伦比亚大学心理学家伍德沃斯于1926年在美国社会科学研究理事会上率先使用，主要用来研究超过一个学科范围的研究活动。1937年，《新韦氏大学词典》首次收录了“跨学科”这个词，从此便有了“跨学科”这个专业术语。现代化的进程推动了生产力的飞速发展，同时带来了社会、环境等方面的问题，如城市化、资源短缺、环境污染等。这些问题可以通过设计手段来解决，因此，设计学跨学科研究也逐渐成为一种重要的研究范式。

设计学跨学科研究按时间演化，可以划分为三个阶段：一是“崛起阶段”，开始探索将设计学与其他学科领域进行交叉的可能性；二是“发展阶段”，这一阶段的跨学科研究主要关注设计与人类行为、环境、科技、文化等方面的关系，并得到了学术界和行业的广泛认同；三是“拓展阶段”，关注设计与全球化、智能化、未来化等方面的关系，涉及更多的领域。

一、崛起阶段：设计学跨学科探索的先锋

从 19 世纪英国的“艺术与手工艺运动”，到德国魏玛包豪斯大学的创立，再到德国乌尔姆设计学院的兴起，设计一直以来都扮演着融合理性主义和实用主义的现代性特质的角色。它被视为提升工业化生产效率、满足现代生活需求，以及推动资本全球流动的工具。

19 世纪末，艺术与手工艺美术运动为设计学的崛起奠定了基础。其中威廉・莫里斯（William Morris）是该运动的重要人物之一，他强调工艺美术的重要性，关注设计的人文主义和注重细节的价值，并提倡恢复手工艺制品的价值。

20 世纪初，包豪斯学派成为设计学发展的重要里程碑。瓦尔特・格罗皮乌斯（Walter Gropius）、拉兹洛・莫霍利 – 纳吉（Laszlo Moholy–Nagy）和米斯・凡・德・罗（Mies van der Rohe）等学者倡导将艺术与工业相结合，强调功能主义和合理化的设计方法。他们的观点对现代工业设计和建筑产生了深远的影响。

20 世纪 50 年代至 60 年代初期，这个阶段充满了前瞻性和创新性的气息。世界各地都在经历第二次世界大战后的重建和发展，工业化和现代化的趋势不断加强，人们对产品的需求也在不断增加。

德国乌尔姆设计学院顺势而为，借势而起，进一步深化了设计学的发展。

不过，随着不同领域的交流与合作加深，研究者开始意识到，单一学科的研究已经无法解决复杂的设计问题。因此，开始寻求跨学科研究的方法。1969 年，赫伯特・西蒙（Herbert Simon）在其著作《人工科学》中，第一次将“人造物”置于人工科学的语境中进行探讨。20 世纪中期，奈杰尔・克罗斯（Nigel Cross）通过历史学的视角，系统地思考了设计学学科是否属于设计科学的问题。唐纳德・诺曼（Donald Norman）在他的书《设计心理学》中提出了“用户体验设计”这个概念，他认为好的设计不仅要考虑功能和美学，还要考虑用户的体验，即用户在使用产品或服务时的感受。他还提出了“设计思维”这个概念，即将设计的思考方式和方法应用到解决各种问题中。以上表明，研究者开始探讨人类视觉认知、人类行为、文化差异等问题，进一步探索了如何将设计与人类行为、文化紧密结合起来，以满足人们不断变化的需求。

二、发展阶段：设计学跨学科的繁荣时期

20 世纪 70 年代，设计学跨学科研究已经被学术界和行业广泛认同，研究者通过不断探索创新，拓展了跨学科研究的范围与深度。

在这个阶段，研究者主要是将实践经验和理论知识相结合，以应对实际的设计问题。他们将跨学科研究的方法和思想，应用到实际的设计项目中，以验证和完善相关的理论与方法。设计学研究开始关注更广泛的问题，如设计与技术的关系、设计与环

境的关系等。由此，设计的重心不再局限于外观与功能，逐渐拓展到系统关系方面。

在这一时期，许多重要的设计理念和方法得到了发展。例如，维克多·帕帕内克（Victor Papanek）提出了“社会责任设计”和“可持续发展设计”的概念，强调设计应该服务于人类社会和环境，设计者需要承担起社会责任，创造出更加人性化和可持续的设计。约翰·克里斯·琼斯（John Chris Jones）提出了“系统性的设计方法和设计思维”的理论，强调设计者需要具备多学科的知识和技能，以应对复杂的设计问题。马克·桑德斯（Mark Sanders）提出了“用户参与设计”和“共创设计”的概念，指出设计者需要将用户作为设计过程的重要参与者，要与用户进行密切的合作，以创造出更加优秀的设计。

此外，设计学的研究领域也不断涌现出新的前沿领域。20 世纪 90 年代，建筑设计、景观设计、工业设计、平面设计等成为主要研究领域。随着互联网技术的兴起，交互设计、信息设计、可视化设计、界面设计等新兴领域应运而生。如今，设计已经扩展到更广泛、更复杂的社会领域，包括社会创新设计、服务设计、数字化设计、生成式设计、智能设计等。这些新兴领域丰富了传统设计的范围，使设计学的内涵变得更加多样化。

总之，设计学研究在理论与实践层面，不仅改变了学科研究的边界，让设计实践成为研究的重要基础，还改变了原来单一方法的结构。新概念与新方法的不断涌现足以表明，设计已经将生活、信息、资源和人联系起来，成了一个万物互联的系统。跨学科研究方法作为一种重要力量，把设计学推向了全面发展的繁荣时期。

三、拓展阶段：设计学跨学科创新的全球化

21 世纪以来，全球化的加速和信息技术的发展促进了设计学跨学科研究的全面发展。设计领域经历了模拟智能的延伸，并引领了信息设计时代的到来，这个时代被称为“赛博空间”。在该空间中，赛博倡导的是一种“非中心化”的思维体系，追求权力分散、全球化、和谐与赋权。相对于传统的“权力中心论”，这种思维体系更符合泛民主思想，并促使全球人类设计与消费的共同体时代的到来。

在应对全球化的复杂问题中，人们不再局限于单一的地域和文化背景，而是涉及多种不同的文化、语言、价值观和审美观念。设计者需要考虑如何在不同的文化和语言环境中，设计出符合用户需求的产品与服务。1992 年，理查德·布坎南（Richard Buchanan）指出设计是一种力量，旨在满足个人或集体的目标和需求，涉及构思、规划和制造等方面，最终为人类提供服务。2013 年，克雷格·布雷姆纳（Craig Bremner）、保罗·罗杰斯（Paul Rodgers）提出了设计的“跨学科性”，强调了不同学科之间的合作。2022 年，OpenAI 首次对外发布了通用人工智能语言大模型 ChatGPT，促使人工智能的生成式设计工具大量出现，由此开创了一个崭新的“人机协同”的设计新时代。

面对全球化时代的设计问题，设计者开始尝试与不同国家和地区的研究者进行合

作，以共同解决全球性的设计问题。从传统设计到社会设计再到未来设计的转变，设计机制始终以社会、实践和未来为导向，不拘泥于习惯、传统以及先例。因此，跨国合作和跨文化交流成为当今设计学跨学科研究的重要内容之一。我们只有需要了解不同文化和语言环境中的用户需求，才能创造出符合本土化的设计。同时，只有关注文化生态的多样性，发展具有本土特色的设计理论和实践，才能适应全球化的趋势。

此外，国际智能技术融合为设计学跨学科创新提供了新的机遇。随着大数据时代的发展，数据的产生、利用和共享成了一种重要的资源。在以数据为中心的背景下，全世界将迎来新的“智能文明”。斯塔夫里阿诺斯（Stavrianos）在著作《全球通史》中写道：“人类有史以来第一次在地球上只面对自己，而不再有敌人和伙伴。”数字化技术帮助设计者实现跨文化交流和跨国合作，并能高效地解决全球化的设计问题。同时，它能快速和准确地分析用户需求，更加有效地帮助设计者进行设计创新。可见，未来的设计研究将广泛涉及数据、人工智能、自主技术、量子力学、生物技术以及材料等领域，这些颠覆性的技术革命将对设计产生重要影响。

综上所述，互联网时代设计主要集中于如何解决“人—物—系统”的一系列冲突，而以人工智能为代表的全球化时代更关注人类命运的未来问题。未来的设计研究将密切结合新技术、新材料、新工艺等领域的创新。新的创新引入将重塑设计者的身份，重新定义设计的边界，推动科技与设计之间的交叉应用，为学科建构和跨界研究提供全球化的视野。

第二章　设计学跨学科研究的底层逻辑

我们只有将设计学与其他学科领域进行有机结合，才能深入地理解其底层逻辑。如何更好地理解不同学科的理论与方法，并将它们应用于设计问题的解决上，可以从以下层面去探究。

第一节　跨界探究：设计学中的系统思考

在设计学中，系统观念是一种非常重要的思维方式。设计问题往往是一个复杂的系统，包含了多个方面的因素。通过系统思考，设计者将设计问题视为一个整体，综合考虑各种因素之间的相互影响关系，全面地把握设计问题的本质。

一、系统思考在设计学中的应用

系统思考是一种跨学科的思考方式，它结合了多个学科的理论和方法，如系统论、控制论、信息论、运筹学、统计学、心理学等。卢德维希·冯·贝塔朗菲（Ludwig von Bertalanffy）提出了一般系统论，强调从系统的观点来看待问题，重视系统内部要素之间的关系。其核心在于对系统的整体性认识，系统是由多个相互作用部分组成的，这些部分之间存在着相互联系和相互作用，整个系统的行为不仅取决于单个部分的性质，更取决于它们之间的相互作用。

在设计学中，系统思考具有重要的应用价值。它通过以下几个方面实现了在设计中的应用。

1. 系统化的需求分析

在设计过程中，设计者需要全面了解产品的使用场景、用户需求等各种因素，并将这些因素进行系统化的分析，以确定产品的设计方向。

系统是一个随时间变化的过程，当用户需求发生变化时，它可能会受到内部和外部因素的影响而发生变化。系统中存在着大量的信息，以及复杂的相互作用关系，这使得系统的行为很难预测。

设计者需要采用系统思考的方式，将各种因素进行综合考虑，运用各种工具和技术，如模型建立、仿真、数据分析等，更好地理解和管理系统的复杂性，从而确保产品的设计能够满足用户的需求。

2. 系统化的设计思路

在系统思考中，关注系统各个部分之间的相互作用非常重要。系统中的每个部分都有其独特的功能性。系统思考强调了对系统各个部分之间相互作用的关注，以便更好地预测和管理系统的行为。因此，设计者需要采用系统性的思维方式，在设计过程中将不同学科的知识和方法融合在一起，以实现产品的多方面要求。

3. 系统化的设计评估

设计者需要对设计方案进行系统化的评估，以确定设计方案的优劣。在评估过程中，设计者应该考虑多种因素，如产品的美学价值、功能性、用户体验等，以实现综合评估。通过系统化的设计评估，这样才能确定最优的设计方案。

4. 系统化的设计实现

系统思考是一种能够帮助设计者从整体上把握设计问题的思维方式。彼得·圣吉（Peter Senge）作为学习型组织的提出者，主张运用系统思考来持续提高组织的绩效。在系统思考的视角下，整个系统的行为是由各个部分的相互作用所决定的。因此，在设计实现过程中，设计者需要综合考虑产品的各个方面，包括设计构想、设计概念、设计方案、设计模型等。运用系统性的思维方式，将不同的设计要素进行协调统一，这样才能更好地确保设计方案落地实现。

二、系统思考与跨学科研究

在设计学中，设计者不仅要跨越不同学科的边界，而且要关注多个学科的知识与方法，这样才能实现跨学科的研究。

1. 系统化的学科融合

随着科学的发展，传统的学科分类正在变得愈发模糊。原先明确区分的学科边界开始消融，不同学科的理论、方法和研究对象都开始互相渗透，并逐渐向系统化的学科融合发展。这要在认识论层面找到学科间的内在联结点。不同学科都在探索这个客观存在的世界，只是研究侧重点和研究角度有所不同。因而，系统化的学科融合需要解析学科间的相同点与不同点，从更深的层面建立统一的世界观和方法论，还要打破学科壁垒，鼓励学者进行跨界研究，使不同学科的理论能够相互印证、补充和融合。这就需要社会各界在教育和科研中支持这类学科融合，以及建立相应的制度保障。

2. 系统化的知识交叉整合

系统化的知识整合，需要社会各界在组织层面建立跨学科合作的平台。不同专业的科研人员通过共同组建跨学科研究团队，集思广益，综合各方专长，用全面的角度思考问题。另外，要实现知识的交叉整合，就需要打破学科间的壁垒，建立灵活的跨学科体系。例如，高校设置融合多学科视角的新兴交叉学科，开设兼容多个学科的课程，培养复合型的设计交叉人才。这既促进传统学科之间的交流碰撞，也催生全新的学科，推动知识体系的交叉整合、重组创新。

系统化的知识整合，需要在组织、制度、理论等多个层面进行构建。只有超越学科界限，构建起连接各学科的桥梁和纽带，并在更高的层次上达到统一，才能真正建立系统化的设计学学科知识体系。

3. 系统化的跨学科合作

当代问题的复杂性，需要不同学科研究者进行协作，以获得更全面的认识。只有实现系统化的跨学科合作，才能更好地发挥学科专长的正向作用。

首先，建立常设性的跨学科研究机构或团队，由不同专业背景的专家成员组成，让他们共同对某一问题进行长期研究，系统性地汇集各学科的视角。这种长期协作可以形成跨学科合作的群体智慧。其次，要建立灵活的项目式合作模式，针对具体的研究任务，快速组建短期的跨学科团队，进行一定阶段的合作，并根据问题的需要，实现对各领域专长的有效调度。最后，还要加强对跨学科人才的培养重用。这类人才是既具备某一主导学科专业，又对相关学科有所涉猎的复合型人才，这是实现系统跨学科合作的关键所在。

三、系统思考在设计中的实践

系统思考是一种以系统为中心的思维方式，它强调综合性、系统性和可持续性，在设计实践中具有重要的指导作用，主要是处理问题时要考虑各个要素之间的关系，以及它们与整体环境的动态互动。

首先，系统思考强调综合性和系统性，帮助设计者全面考虑设计对象的各个方面。在产品设计的实践中，设计者需要对目标和需求进行分析，以全面了解用户的需求。一方面，在分析过程中，设计者要考虑多个方面，如产品的市场定位、用户的需求和产品的应用场景等，以确定产品的设计方向。另一方面，设计者要考虑产品的造型美观性、材质多样性、色彩协调性等多个方面，以实现产品的综合性要求。

其次，在设计实践中，系统思考与可持续性紧密相连。可持续性是当今社会发展的重要指导思想，设计者要考虑产品的可持续性和环境友好性，以适应时代需求。例如，在设计一款电动汽车时，综合考虑电动汽车的用户体验功能与环境生态保护的平衡，从而既满足用户使用需求，又实现低碳环保的要求。

最后，通过系统思考，设计者实现产品设计的持续优化改进。随着市场和用户需求的不断变化，产品的设计需要不断地进行更新迭代，以保持市场竞争力。设计者需要将产品的各个方面进行综合考虑，从而实现产品在市场中保持销量的可持续性。

第二节　思维剖析：认知科学与设计研究

人类的认知过程包括感知、注意、记忆、思维等多个方面。这些方面都对设计过程产生重要的影响。在设计实践中，认知心理学能够帮助设计者更好地理解用户认知需求，从而实现优秀的设计。设计学也可以应用于认知心理学研究中，以实现研究目的。因此，深入剖析认知心理学的知觉和注意力理论，对于设计研究具有重要的指导作用。

一、知觉导向的设计

感知是认知心理学重要的概念，这是人类记忆的第一步，也是最基本的一步。当人类接收到感官信息时，这些信息会被传递到大脑的感觉皮层中进行处理。在这个过程中，信息会被加工和筛选，只有与当前任务或目标相关的信息才会被进一步处理。

首先，知觉理论研究了人类感知世界的方式。其核心原理是“感知归纳”。这是人类基于所接收到的信息，通过归纳和推理，对世界进行认知和理解的方式。知觉理论的研究者认为，人类的感知过程并不是被动地接收外界信息，而是通过主动地感知和归纳，将外界信息转化为有意义的概念和知识。

其次，注意力理论研究了人类如何分配和控制注意力。其核心原理是“选择性注意力”。该理论主要指人类在面对复杂的信息时，通过选择性地关注某些信息，来减少认知负荷和提高认知效率。注意力理论的研究者认为，人类的注意力是有限的，需要通过选择性注意力来调节和控制自身的认知活动。此外，大卫·马尔（David Marr）从神经生理学角度研究视知觉过程，揭示了视觉系统分析视野不同维度特征的机制。例如，颜色、形状、大小等元素都可以影响人类的感知过程；不同颜色的组合可以引发用户不同的情感共鸣，而形状和大小则会影响用户对于物体的识别和分类。因此，设计者需要根据注意力理论，在设计实践中选择合适的颜色、形状、大小等，来引导用户的感知过程。

最后，在认知心理学的注意力理论中，人类的注意力是有限的、易分散的。在设计过程中，设计者可以根据这些原理，选择合适的设计元素进行布局，来引导用户的感知和注意力，以实现满意的用户体验设计。

二、记忆增强的设计

在认知心理学的记忆理论中，人类记忆是由多种类型的记忆组成的，包括感性记忆、工作记忆和长期记忆等。1956 年，认知心理学家乔治·A. 米勒（George A. Miller）提出了“短期记忆容量有限为 7±2”的观点，对于认知心理学的发展有着重要的意义。

首先，感性记忆是指人类对于感官信息的记忆，它包括视觉记忆、听觉记忆、触觉记忆等，感性记忆通常只能持续几秒钟到几分钟不等。其次，工作记忆是指人类在进行认知任务时暂时存储信息的记忆，它可以持续短暂时间，通常被认为是人类认知能力的核心之一，它对于人的智力和学习能力有着重要的影响。最后，长期记忆是人类长期存储信息的记忆，它可以持续数小时到数十年不等，该记忆又可分为显性记忆和隐性记忆两种类型。显性记忆是人类能够有意识地回忆和表达的记忆，包括事实、知识以及经历等；而隐性记忆是人类无意识地存储和记忆，包括技能、条件反射等。

记忆理论认为，人类记忆的形成和存储是由多种因素共同作用的。其中，感知和注意力是影响感性记忆和工作记忆的因素，而重复和关联是影响长期记忆的因素。此外，情感和情境也可以影响人类记忆的存储。在这样的作用下，设计者需要根据这些记忆类型的特点，选择合适的设计策略，来增强用户的记忆效果。对于长期记忆，设计者通过重复与关联，增强用户对于信息的记忆效果。对于工作记忆，设计者通过简化信息和减少认知负荷，提高用户的工作记忆能力。特别是针对数字弱势群体，在电子产品的使用上，应尽量地减轻其记忆负担；在设计操作界面和使用上，要简单易用。

三、情感驱动的设计

“感人心者，莫先乎情。”情感驱动的设计强调设计的目标，通过触发用户的情感驱动力，激发其情感上的共鸣，从而影响用户的态度、行为和体验。情感与设计有着密切的关系，设计者合理利用情感，能够创造感人的作品。

1. 理论基础

情感动机是人类行为的重要驱动因素。情感是人类对外界刺激的情绪反应，而动机是人类行为的内在驱动力。情感动机直接影响人类的决策与行为。根据亚伯拉罕·马斯洛（Abraham Maslow）的需求层次理论，人类的需求分为不同层次，当一个层次的需求得到满足后，人类才会追求更高层次的需求。在设计过程中，设计者首先要满足用户的基本需求，如人体工程学、人机交互等，以确保设计的可用性；其次要满足用户的社交需求，如社交媒体、在线社区、线下社群等；最后要满足用户的尊重需求和自我实现需求，设计者通过创新的设计，提供更好的用户体验，赢得尊重与认可。

从心理学角度来看，设计者需要关注个体情感体验的产生、表达和调节机制，以及情感对行为和决策的影响。情感驱动的设计理论将情感视为设计中的重要因素，通过理解情感心理学的原理，设计者可以有针对性地在设计中引发用户的情感共鸣。

情感驱动的设计理论借鉴了用户体验设计的概念和方法。用户体验设计关注用户在使用产品时的整体感受和情感反应，强调设计应该创造积极的情感体验，以提升用户满意度和忠诚度。因此，设计者在设计中要以用户情感作为重要的设计目标，通过用户研究和情感设计方法，创造更好的用户体验。

2. 研究方法

情感驱动的设计研究方法主要包括以下几个方面。

（1）市场调研：通过与目标用户进行深入的访谈、问卷调查、焦点小组讨论等方式，了解用户的情感需求、偏好和体验。观察用户在实际使用情境中的行为和情感反应，收集相关数据和信息。包括他们的痛点、期望和行为模式，以指导设计过程，为情感化设计提供丰富的前期素材。

（2）情感元素设计：通过调查、访谈、用户测试等方式，收集用户反馈和意见，制订明确的目标，以确保设计的一致性。此外，运用形式、颜色、材质、声音等设计元素，综合应用，创造能够引发特定情感反应的多感官体验。

（3）情感故事叙述：创造出能够引发用户情感和动机的设计元素，吸引用户的注意力和兴趣，并将元素转化为直观、简单、易于使用的体验设计，利用故事叙述和情感化的设计手法，以情感共鸣的方式传递信息和价值观，增强用户与设计之间的情感联系。

（4）用户情感模型和画像：基于研究数据，设计者可以建立用户情感模型和画像，将用户的情感需求和特征进行归纳。通过数据了解情感模型的个体差异，进一步理解用户情感需求的多样性，从而指导设计的具体实践。

（5）情感评估与迭代：通过用户调查、情感评价和用户反馈等方法，对设计的情感效果进行评估和改进，以不断提升情感驱动的设计效果。最终，通过情感的引发和塑造，使用户与设计者产生更深层次的情感共鸣，该方法可以帮助设计者深入了解用户的情感需求和体验。

3. 情感驱动设计的基本原则

情感驱动设计的基本原则包括理解用户情感需求、创造积极的情感体验、与用户建立情感连接、引发情感反应、提供个性化和情感表达的空间，以及持续关注用户情感体验。这些原则帮助设计者创造出更具吸引力的设计解决方案。

其一，设计者需要深入了解目标用户的情感需求和心理状态。这可以通过用户研究、用户调查和用户测试等方法来实现。设计者了解用户的喜好、价值观和情感偏好，有助于更好地满足他们的情感需求。

其二，设计者应该致力于创造积极的情感体验，让用户在使用产品或服务时感受到快乐、满足和愉悦。通过运用色彩、图形、音效、动画等设计元素，以及提供流畅的交互和直观的界面，引发用户的积极情绪，并调动用户的情感参与度。

其三，设计者应该努力与用户建立情感连接。通过运用故事叙述、情感化的语言和图像，以及创造有情感共鸣的用户场景，设计者可以拉近与用户的距离，建立起情感上的联系，让用户产生情感共鸣。

其四，设计者应该有意识地设计触发用户情感反应的元素。这可以包括意想不到的惊喜、情感化的反馈和回应，以及与用户互动时的情感互动设计。通过这些设计，可以增强用户的情感参与度和情感投入感。

值得注意的是，情感驱动的设计并不仅限于产品的初次交互，设计者应该持续关注用户的情感体验，给予用户个性化和情感表达的空间，让用户能够在设计中展现自己的个性情感，并根据用户反馈和用户需求进行改进优化。通过不断改善用户情感体验，设计者可以建立起用户的信任度与忠诚度，最终提高产品的竞争力。

总而言之，情感驱动的设计是一种重要的设计方法，情感和动机理论与设计学有着密切的关系，只有深入理解用户的情感与动机原理，才能创造出用户满意的设计。

案例——Airbnb

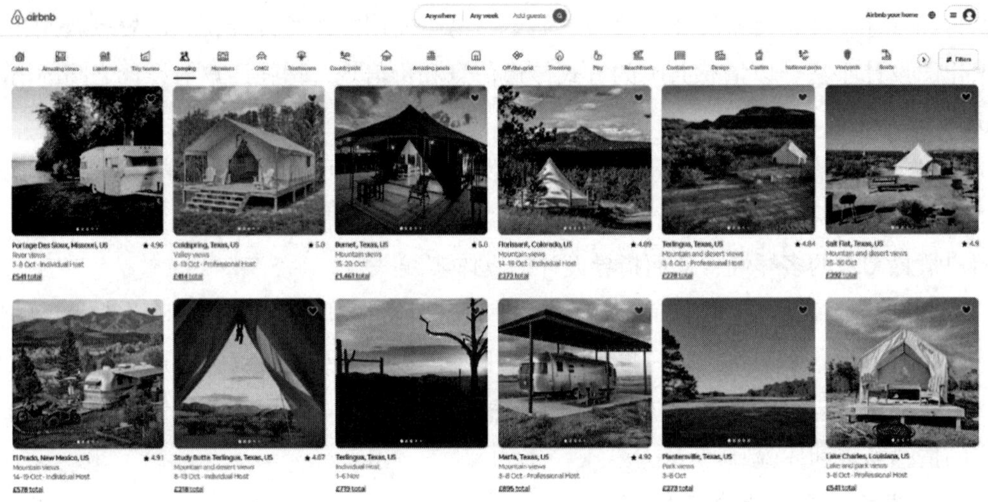

图 2-1　Airbnb 平台

Airbnb 是一家全球知名的在线房屋短租平台（图 2-1），通过连接房主和用户，向用户提供独特、个性化的住宿和旅行体验。Airbnb 通过故事叙述和情感连接来增强用户的情感参与度。在 Airbnb 的平台上，房源页面通常会附带详细的描述、照片和故事，展示房屋的个性和独特之处。这些故事和情感化的叙述，可以激发用户的好奇心和情感共鸣，让用户在选择住宿时更加有感情投入。同时，Airbnb 通过情感化设计来营造温暖、亲密和个性化的旅行体验。总之，通过社区感和归属感、故事叙述和情感连接、个性化和情感表达的空间，以及情感化的平台体验，Airbnb 努力让用户在旅行中感受到更多情感上的满足和共鸣。这种情感化设计，使得 Airbnb 成为用户心目中的旅行伴侣，赋予用户更加丰富和有意义的旅行体验。

第三节　理论模型：跨学科研究的框架

跨学科研究框架的核心是理论构建与模型应用，理论与模型提供了对设计领域的系统性解释。在设计学跨学科研究中，不同学科的理论和方法相互交叉与整合，形成综合性的研究框架，帮助研究者从多个学科的视角来解决设计问题，向其提供更全面深入的认识。

一、理论与模型

1. 理论

在设计学跨学科研究中，理论的重要性不可忽视。理论是对特定现象或行为，在一定边界条件下提出解释的一套系统性相关命题。相比于单一命题，理论代表了多个构念和命题的体系，具备更复杂、更抽象、更广泛的适用范围。不过，理论并非与事实或实践对立，而是与之相辅相成。事实与实践是检验理论有效性的必要组成部分。一个优秀的科学理论应该具备事实支持，并具备实践价值。相反，没有充分界定的理论，往往缺乏这些可行性。库尔特·列文（Kurt Lewin）认为，没有实践的理论是枯燥无味的，而没有理论的实践是盲目的。因此，理论与实践在科研工作中不可或缺。

首先，设计理论为跨学科研究提供了理论基础和框架。它涵盖了设计的基本原则、思维方式和方法论，帮助研究者理解设计活动的本质；它可以提供关于设计目标、用户需求、创意生成、决策制定等方面的概念和模型，为研究者提供研究的起点。

其次，设计理论用于解释设计领域中的各种现象之间的关系。它通过提供概念和原理，帮助研究者理解为什么的问题。另外，揭示某些设计决策会产生特定的效果，为设计活动中的行为和结果提供解释。通过设计理论的运用，研究者能够更深入地理解设计过程、设计决策和设计效果等方面的现象。

最后，设计理论为设计实践提供了指导支持。它提供了一系列的原则、方法和工具，可帮助设计者在实际设计中进行决策，进一步指导设计者如何理解用户需求、进行设计创意的生成与评估等方面的实践活动。在设计理论的指导下，设计者可以更加系统和有效地进行设计工作。

2. 模型

模型是与理论紧密相关的术语，模型代表着所研究体系的表达方式，涵盖该体系全部内容。与理论的解释性不同，模型则用于表达与描述。模型可以采用各种形式，如数学模型、网络模型和路径模型。按功能和目的分类，它们可以分为描述性模型、预测性模型、规范性模型。

描述性模型常用于复杂体系中，用于描述其中的多个变量和各种关系。描述性模型旨在描述和解释已有的设计现象、过程或系统。这种模型通过观察和分析设计对象的实际情况，提供对设计对象的详细描述。该模型可用来揭示设计趋势、用户行为、设计语言和风格等方面的规律。例如，通过对不同文化背景下的建筑设计进行描述性模型的研究，揭示不同文化对空间布局、材料选择和建筑风格的偏好。

预测性模型（如回归模型）用于预测未来事件，旨在根据已有的数据和模式，预测未来的设计趋势、用户需求或设计结果。这种模型利用统计分析、机器学习和数据挖掘等方法，从历史数据中学习规律，以便预测未来的设计发展方向。预测性模型可以用于市场趋势预测、用户行为预测和产品销售预测等方面。

规范性模型是一种指导性的优化模型，旨在寻求最佳决策或最优解决方案，以满足特定的目标和约束条件，可以用于制定设计的标准、指南和规范。这种模型基于专业知识和经验，提供一套规范化的设计原则和指导，以确保设计的可行性。规范性模型可用于设计教育、行业标准和设计评估等方面。例如，人机界面设计中的用户体验规范模型，提供了关于界面布局、交互设计和可用性要求的指导，帮助设计者创建用户友好的界面。

思维模型在设计研究中非常关键，该模型可视为一种描述性模型，用于描述人类思维的过程和模式。这是一种认知工具的方法，主要用于表示处理思维过程中的概念、关系和推理。它在人脑中建立了一种抽象结构，帮助研究者组织和理解信息，并推导生成新的知识。描述性模型提供了对思维活动背后的规律模式的解释，帮助理解思维模型的构建和运作。

在设计研究中常用的思维模型有如下几种（省略部分理论）。

SWOT 模型：SWOT 模型是一种用于分析组织或项目的优势（Strengths）、劣势（Weaknesses）、机会（Opportunities）和威胁（Threats）的方法。通过对这些方面的评估，可以帮助研究者制定战略和决策，发现潜在的竞争优势和应对风险。

设计冲刺：设计冲刺（Design Sprint）是一种迭代式的设计过程，旨在在短时间内解决复杂问题并快速验证解决方案的可行性。它通常持续 5 天，包括理解问题、设计解决方案、原型制作和用户测试等阶段，通过团队合作和用户反馈来迭代改进设计。

双钻模型：双钻模型（Double Diamond Model）是一种创新设计方法，用于指导产品或服务的开发过程。该模型由四个阶段组成：问题定义、发散阶段、收敛阶段和解决方案定义。发散阶段鼓励大量创意的生成，而收敛阶段则着重于筛选和深化最有潜力的解决方案。

卡诺模型：卡诺模型（Kano Model）是一种用于理解和分类用户需求的工具。该模型将需求分为基本需求、期望需求、感动需求和无差别需求四个层次。它帮助产品开发团队理解不同需求的重要性，并为产品功能的优先级排序提供指导。

上瘾模型：上瘾模型（Hook Model）是一种用于设计和构建具有成瘾性的产品或服务的框架。该模型由四个阶段组成：触发（Trigger）、行动（Action）、变现

（Variable Reward）和投入（Investment）。通过触发用户的行动、提供奖励和引导投入，上瘾模型旨在建立用户与产品之间的强大黏性和长期参与。

由此可见，模型可以是静态的（表示系统在任何给定时间点的状态）或动态的（表示系统的演化）。科学研究的本质在于通过归纳和演绎推理的不断反复，对已有理论进行扩展、修正或提出更好的理论。模型是这一过程的结果，并且可以通过实证检验。模型是发展理论的重要手段，也帮助决策者作出重要决策。

总之，理论和模型在理解特定现象时扮演的角色略有不同，但对科学研究都具有重要帮助。通过构建适当的模型，设计学跨学科研究可以得到有效的分析工具，以更深入地理解和探索设计领域的现象。

二、理论的构建模块

1989年，大卫·A. 惠顿（David A. Whetten）提出了理论的四个构建模块，即概念化、主张、逻辑、环境条件 / 假设。它们之间存在密切的关系和作用，相互支持、相互补充，共同构建了一个完整的理论体系结构。这也为设计学跨学科研究，提供了一个综合研究的框架，有利于研究者从不同的角度和层面来探索设计现象，并将它们整合到统一的理论体系中。理论结构中的概念化模块，帮助研究人员理解设计中的概念形成和认知过程；主张模块关注设计中的目标和价值观；逻辑模块关注设计的逻辑和推理方式；环境条件 / 假设模块考虑了设计过程中的环境因素和假设条件。

1. 概念化

概念化是理论构建的起点，它涉及提取和定义理论中的核心概念，阐述理论解释现象所必需的重要概念。而它们又是理论的基础和核心要素。概念化模块通过明确和界定这些概念，为理论建设提供了基础框架。在设计学跨学科研究中，研究可能关注设计创新、用户体验、可持续性等概念。例如，研究老年人如何使用智能家居设备，把“用户体验”概念化为涉及设备易用性、用户情感反应，以及用户对设备的信任感等方面的综合体验。通过明确这一概念，研究者可以进一步细化用户体验的各个维度，从而设计针对老年人的优化方案，并测试这些方案对用户满意度的影响。也就是说，通过概念化，研究者可以明确这些概念的作用，为后续的研究提供基础。

2. 主张

主张描述了概念之间的关系和结构，即概念是如何相互联系和相互作用的。主张通过提出假设来表述这些关系，它们可以是定量或定性的表述。例如，在研究交互设计时，研究者提出一个主张，认为“高度直观的交互设计能够减少用户的挫败感，并提高用户的情感满意度”。通过实验设计，研究者可以观察用户在使用不同交互界面时的情感反应，并通过心理测量工具评估他们的满意度。通过数据分析发现，直观的设计确实降低了用户的挫败感并提高了满意度，这一主张得到了验证。这说明了主张在理论中的关键作用，它们不仅帮助连接概念，还为研究设计和数据分析提供了明确的方向，使得理论更加系统化和连贯。这些主张通过假设来表述，为研究提供理论指导。

3. 逻辑

逻辑阐述了理论中概念之间的因果表示和推理，即为什么概念之间存在相互关系和相互作用的逻辑基础。逻辑提供了理论中的论证和解释机制，通过推理和演绎，揭示了概念之间的因果关系或相关性。假设研究者正在研究用户界面设计中的色彩使用对用户体验的影响，他们提出逻辑推理："色彩对比度高的界面设计可以减轻用户的视觉疲劳，从而提升用户体验。"这个推理基于视觉心理学的原理，认为高色彩对比度能够帮助用户更容易地识别和处理信息。通过实验验证，如果高色彩对比度设计确实提高了用户满意度，那么这一逻辑推理就为理论提供了可靠的解释基础，从而使理论具有可靠性，并能够为现象的解释提供合理的推断。由此可见，研究者可以使用逻辑推理，解释特定设计策略如何影响用户体验，逻辑推理的运用使得研究具备合理可靠的科学性。

4. 环境条件 / 假设

环境条件 / 假设阐述了理论的适用范围和条件，即什么情况下、何时、何地以及对于何种对象，这些概念和关系才能成立。环境条件 / 假设考虑了理论的局限性和适用性，它们可以是对研究对象、研究环境或其他相关因素的前提假设。环境条件 / 假设提供了理论应用的背景，使得理论的适用性更具实践意义。研究者要考虑特定文化背景下的设计实践，或者特定技术限制对设计创新的影响。例如，一个研究团队正在开发一种基于虚拟现实（VR）的教育平台，旨在帮助老年人提高数字技术的使用能力。假设他们的研究是在先进的 VR 设备环境下进行的，那么如果这些技术设备在实际应用场景中使用成本过高，这个假设就会限制研究结果的推广和应用。因此，研究者可能需要考虑低成本设备的环境，并调整他们的假设，以便使研究结果更具适用性。

这四个模块之间的关系和作用是相互依存的。概念化提供了理论的基本元素，主张描述了概念之间的关系和结构，逻辑提供了概念之间的推理论证，而环境条件 / 假设则限定了理论的适用范围条件。四者共同构成了一个完整的理论框架，使得理论能够解释现象，引导研究，并在特定条件下得到应用。

三、建立理论的方法

构建设计理论体系有利于研究者将零散的设计知识和经验进行系统化整合，形成一套有组织的理论框架。这样能够更好地帮助研究者理解设计现象的本质和规律，准确描述和解释设计结果，为设计实践提供科学依据。设计学中构建理论的方法包括归纳观察、利用预定义框架、扩展或修改现有理论，以及类推方法。

研究者可以借助归纳观察的方法构建设计理论。研究者通过仔细观察和分析设计实践中的事件和行为模式，从中归纳出设计理论。例如，研究不同设计项目中的成功案例，分析其中的共同特征模式，以建立关于成功设计的理论。这种方法存在困难，因为容易受到研究者主观偏见的影响，可能导致伪相关性。因此，在设计学研究中，研究者需要保持客观，并尽量减少主观偏见的影响，以确保所构建的理论具有准确性。

研究者也可以利用预定义框架的方法构建设计理论。选择适当的理论框架，如人机交互、创新过程或用户体验等，通过对与设计现象相关的各种预测变量进行概念性分析，构建起自下而上的理论。例如，研究者分析设计中的用户需求、界面设计、交互过程和情感体验等因素，通过对这些变量进行研究分析，建立关于设计用户体验的理论。这种方法要求研究者具备较高的归纳能力和分析能力，能够将观察到的设计现象与预定义框架进行关联，形成具有实践指导意义的设计理论。

扩展或修改现有的设计理论，也是构建设计理论的一种方法。研究者利用已有的设计理论，将其扩展或修改以适应新的设计情境和问题。例如，将个人学习的理论扩展到团队学习的理论，以探索设计团队中的知识共享和协作机制。这种方法可以充分利用已有的设计理论的优势，同时通过对新的设计领域进行补充和适应，推动设计学的进一步发展。

此外，还有跨越不同设计领域界限的方法——类推法。这种方法依赖于类比和类推的思维方式，能够在设计领域中，提供创新的理论构建途径。例如，假设研究者在研究传统建筑设计中的空间布局原则时，发现在这些设计中人们常常追求平衡、流畅和功能性等特征，联想到数字界面设计中也存在类似的问题，就可以据此提出一套适用于数字界面设计的理论框架。该方法的关键在于识别不同设计环境之间的共性和相似性。通过观察和分析，发现不同设计领域中的共同问题和设计原则。将这些共性和原则进行类推，并应用于新的设计环境中，以推导出适用于该环境的理论原则。

四、设计学中常用理论

常用的理论为设计学跨学科研究提供了坚实的理论基础。这些理论涵盖了各个领域的知识和概念，帮助研究人员理解和解释设计现象。一方面，通过运用这些理论，研究人员可以从多个学科的角度来分析和探索设计问题，提供深入的见解和解决方案。另一方面，理论还可以提供研究方法和工具性的指导。理论通常与一系列的研究方法和分析技术相结合，帮助研究人员收集分析数据，从而得出科学、可靠的研究结论。通过运用这些方法，研究人员可以更系统地研究设计问题，提高研究的可信度和可重复性。常用理论具体如下。

场域理论：由心理学家吉布森（Gibson）提出，指物体或环境属性提供给个体的行为可能性。场域理论关注设计与用户之间的互动，强调设计应该提供清晰的指示和反馈，使用户能够直观地理解和使用设计。

沉浸理论：沉浸理论关注用户在与数字环境交互时的感知和情感体验。它将用户沉浸在虚拟世界中的程度，视为衡量交互体验质量的指标，强调设计应该创造出让用户全神贯注融入体验的环境。

创新扩散理论：该理论探讨新产品或新理念在社会中传播和采纳的过程。它识别了不同类型的用户（如先驱者、早期采纳者、主流用户等），并探讨了影响创新采纳的因素，以指导设计和推广策略。

地方感理论：地方感理论强调环境对于人们的情感和意义的重要性。它研究人们如何与环境建立联系和认同，并探讨设计如何通过创造独特和富有意义的环境，促进用户的地方感。

符号互动理论：该理论关注人与符号之间的相互作用，强调符号对人的意义和行为的影响。在设计中，符号互动理论可以帮助设计者理解和设计符号、图标、标志等元素的使用以及传达的意义。

格式塔心理学理论：该理论强调对整体的认知和感知，认为人们倾向于将元素组成整体，并且整体的性质超出了各个部分的简单总和。在设计中，格式塔心理学理论可以指导设计元素的排列、组织和关联，以创造出更好的视觉效果和用户体验。

共情理论：共情理论强调设计者能够理解和共享用户的情感和体验，以便更好地满足他们的需求。通过共情，设计者可以更好地创造出与用户情感共鸣的设计，提高用户满意度和情感连接。

具身认知理论：具身认知理论认为人类的思维和感知是与身体经验紧密相连的。在设计中，具身认知理论强调将身体和感官体验纳入设计过程，以更好地满足用户的认知需求和体验期望。

空间句法理论：空间句法理论研究空间布局和环境结构对人的认知与行为的影响。它探讨了环境中的空间关系和布局如何影响人们的导航、交流及使用行为。在设计中，空间句法理论可以帮助设计者创造出易于理解和使用的空间布局。

耦合理论：耦合理论关注人与环境之间的相互依赖和影响关系。它认为人与环境形成一种耦合状态，相互作用和相互影响。耦合理论可以帮助设计者理解用户和设计环境之间的相互作用，以创造出更符合用户需求的设计。

劝导设计理论：劝导设计理论关注设计如何影响和改变人们的行为和态度。它研究设计如何利用心理学原理和策略来引导用户采取特定的行为，并提供可行的解决方案。劝导设计理论在设计中常被用于激发用户的行动和积极改变。

心流理论：心流理论描述人在高度专注和全神贯注的活动中的心理状态。在设计中，心流理论强调设计者应该提供适当的挑战和反馈，以帮助用户进入心流状态，提高用户体验和参与度。

无意识设计理论：无意识设计理论关注设计如何通过潜意识的方式影响用户的认知和行为。它认为设计中的某些元素和决策，可能会在用户的无意识层面产生影响，从而塑造用户的感知体验。

叙事设计理论：叙事设计理论强调设计中的故事性和叙事元素的应用。它认为通过将设计元素组织成有意义的故事结构，可以增强用户的参与感和情感联结，使设计更具吸引力和影响力。

循证设计理论：循证设计理论强调在设计决策中，使用科学研究和实证证据的重要性。它鼓励设计者基于可靠的数据和研究结果作出决策，以确保设计方案的有效性和可行性。

隐喻设计理论：隐喻设计理论认为设计中的隐喻和比喻，可以帮助用户理解和解释复杂的概念与信息。通过引入隐喻元素，设计者可以借用用户已有的知识和经验，提供更直观和易于理解的界面和交互。

以上理论，主要从设计层面进行了简要解释。虽然每个理论都有其独特的观点和应用领域，可以为设计研究提供有益的指导和理论支持，但这些理论的详细内容和应用范围，远远超过了上述解释，还需要研究人员进一步研究，深入地理解和运用这些理论。

五、如何判别理论的好坏

在设计学跨学科研究中，评估理论的好坏需要考虑多个因素。以下是评估设计学理论的几个重要标准。

1. 一致性

一个好的理论应该具备内在的逻辑和一致性。理论的概念和原理应该相互连接和支持，构建起一个完整的理论框架。它应该能够解释和预测设计现象，并在不同情境下保持其适用性和稳定性。一致性不仅体现在理论的内部逻辑上，也包括理论在不同设计情境中的统一性表现。

2. 解释力

理论应该能够提供对设计现象和实践的深入解释。它应该能够揭示设计决策、创新过程、用户体验等方面的内在机制和原因。通过实际设计案例的解释，好的理论能提供深刻的洞察和理解，帮助研究人员更好地把握设计过程的本质。例如，一个能够解释用户行为和设计决策关系的理论，能为设计实践提供宝贵的指导。

3. 预测能力

优秀的理论应该具备预测设计决策和实践结果的能力。它应当能够提供有关设计决策后果和效果的预测，使研究人员能够根据理论指导作出有效的设计决策。理论的预测能力可以通过实证验证和实践案例的验证来评估。通过对理论预测的准确性进行评估，可以判断理论的可靠性和适用性。

4. 可验证性

理论应能够应用于实际项目或案例中进行检验和评估。可验证性是科学研究的重要特征之一，通过验证可以检验理论的有效性。理论的可验证性不仅在于实验室中的测试，还应体现在实际应用中的可靠性上。例如，一个在多次设计项目中均被验证有效的理论，说明其具有较高的可验证性。

5. 学术界的认可

学术界的认可也是评判一个理论好坏的重要标准之一。一个好的理论应该得到同行专家的认可和引用，在学术界中具有一定的影响力，并进行广泛的应用。学术界的认可不仅体现在引用次数上，还包括在相关领域的学术会议和期刊中的讨论与应用。

综合来看，理论的好坏也需要根据具体研究问题和背景进行评估。因为，不同的研究目的和情境需要不同的理论来支撑，不能一概而论，需具体问题具体分析。评估理论时，应综合考虑其一致性、解释力、预测能力、可验证性和学术界的认可程度，以全面把握理论的价值和适用性。

六、理论化的模型方法

理论化的模型方法是指在研究和分析领域中，使用理论框架和概念来构建与解释模型的方法。这种方法依赖于已有的理论知识和概念，通过将其应用于具体的研究问题，构建抽象化的模型来解释现象。

首先，理论通过模型进行具体表达和实现。模型是对理论假设、概念和关系的具体操作，使理论可以被量化、验证和应用。在解释理论时，模型扮演着重要的角色，可以是数学模型、计算模型、统计模型、图形模型等，用于描述理论中的关系、机制和预测。通过模型，理论中的抽象概念和关系可以被转化为可计算操作的形式，从而具有可验证性。

其次，模型用于解释理论中的各种因果关系、相互作用和依赖关系。它们通过建立变量之间的数学方程、算法或规则，表示理论中的假设，并通过数值计算、模拟实验或数据分析等方法来测试理论的有效性和适用性。通过模型的解释，研究者可以更清晰地理解理论中的概念和机制，并对其进行实验验证。模型帮助研究者探索理论中的因果链条、交互作用和条件依赖等，通过模拟和预测来研究不同变量之间的关系效应。

最后，模型还可用于理论的应用和推广。通过模型，理论可以被应用于实际问题的解决和决策支持。模型帮助预测和评估不同设计选择的结果，为决策者提供理论基础的指导建议。

案例分析

当涉及设计学研究时，模型和理论也是相互关联的。

下面是用户体验设计领域的一个例子，它能很好地说明这一点。

（1）从模型角度

研究者使用用户行为模型与心智模型，描述用户与产品的交互过程。这种模型可以基于设计心理学、人类行为学和人机交互的原理，用于描述用户在使用产品时的认知、情感和行为。例如，人机交互模型描述用户通过输入和输出与计算机系统进行交互的方式，从而帮助设计者了解用户的需求和期望。心智模型能够考虑用户的情感体验，如情感、满意度、喜好等。通过了解用户情感的心智模型，设计者可以创造出更具吸引力和令人愉悦的用户体验，从而提高产品的用户满意度。

（2）从理论角度

在设计学中，存在一些理论框架，用于解释设计决策和用户体验之间的关系。例如，心理学中的认知负荷理论，解释用户在使用复杂界面时的认知负荷程度。通过简化界面、提供清晰的导航反馈，设计者可以改善用户体验，使用户更轻松地完成任务，为用户减轻认知负荷。这些理论基于对人类认知和行为的研究，帮助研究者理解用户的心理过程。

在这个例子中，用户行为模型是对用户与产品交互过程的具体化描述，用于分析和改进用户体验；而认知负荷理论是一个解释用户体验和设计决策关系的理论框架，基于心理学原理。通过模型和理论的相互作用，研究者可以更好地理解用户的需求行为。

综上所述，模型是对现实世界中系统的简化描述，提供了理论实现的框架工具，使得理论的概念与关系更加清晰可操作，而理论是一种解释这些模型的框架。模型可以是理论的一部分，用于具体化和验证理论的假设。理论也可以基于已有的模型构建，以提供更全面和一般化的解释。模型和理论的关系是相辅相成的，共同促进了对现实世界的理解和知识的发展。

第三章 跨学科方法论与设计整合

通过理解和建立设计学跨学科的方法论，我们可以促进设计学的学术反思、规范完善和理论创新。这一过程有助于进一步指导设计研究，帮助其摆脱单一学科的局限，达到更高的理性化、科学化和系统化要求。跨学科研究是设计学迈向更高层次的重要途径，确保其在复杂多变的学术和实践环境中持续发展。

第一节 通悟万象：跨学科方法论的解构与适用

一、设计学跨学科研究方法论的特征

设计学跨学科研究方法论是指在设计学领域中，探讨和规范跨学科研究所应遵循的方法、原则和规范的理论体系。它关注设计学跨学科研究的共性方法原则，以确保研究的有效性。具体特征如下。

1. 普遍性

设计学跨学科研究方法论适用于所有设计学领域，无论是视觉设计、产品设计还是用户体验设计等。同时，它关注的是设计学研究的共性问题，超越特定领域的限制。学者奈杰尔·克罗斯（Nigel Cross）认为，设计学的核心是解决问题的过程，而跨学科研究方法论能够提供一种通用的方法和框架，帮助研究者有效地解决设计问题。

2. 规范性

设计学跨学科研究方法论对研究活动提出了“应该怎样做”的标准。它指导研究者在问题定义、数据收集、分析和解释等方面，进行合理而系统的操作，以确保研究的科学性。

3. 反思性

设计学跨学科研究方法论要求研究者对研究的出发点、过程和结果进行审视。这种反思性促使研究者对自身的研究方法和假设进行批判性思考，从而提高研究质

量的可靠性，并不断改进完善研究方法。

4. 理论性

设计学跨学科研究方法也是理论哲学的一个组成部分，它对设计学研究中的方法问题进行理性探讨和理论建构。它不仅关注实际操作层面的方法，还涉及方法背后的理论基础和思维方式。因此，设计研究需要建立起一套自己的理论框架，以支持研究者在实践中的决策。

5. 开放性

开放性和多样性是设计学跨学科研究方法的表现之一。跨学科研究鼓励引入新的视角、方法和工具，以应对不断变化的研究需求。设计学跨学科研究方法论不是僵化的规定，而是灵活适应不同研究情境的理论框架。因此，设计研究需要保持开放的态度，接纳不同学科的观点，以促进创新与跨界合作。

6. 学术性

设计学跨学科研究方法论追求理性、严谨和系统。它要求研究者在研究过程中遵循明确的学术标准，进行合理的理论构建、数据收集和分析，以确保研究的学术价值和贡献。因此，设计研究需要具备科学性和可重复性，以推动设计领域的发展和知识积累。

二、跨学科研究方法论的重要性

设计学跨学科研究方法论，是连接和改进设计研究理论体系的重要环节，是实现设计学学科发展的关键路径之一。

首先，设计学跨学科研究方法论是对设计研究的理论反思和方法探索。通过对设计研究存在问题的反思，拓展设计研究的理论视角和方法途径。设计研究本身就具有高度开放性，需要不同范式方法的支持。例如，布坎南提出，设计研究在借鉴科学方法的同时，应关注自身发展规律和创新需求。跨学科方法论丰富了设计研究的理论体系，有助于打破单一研究范式的局限，实现理论方法的创新。例如，IDEO 设计公司通过结合人类学、心理学和工程学等多学科方法，成功开发了创新的设计思维方法论，这一方法论不仅推动了设计创新，也广泛应用于商业和社会领域。

其次，设计学跨学科研究方法论要关注学科融合的过程。方法论探讨如何在设计研究实践中有效实现不同学科知识的交叉融合。在明确学科融合的目标后，可以反思和改进学科融合过程，构建系统的跨学科研究模式。比如，MIT 媒体实验室通过融合计算机科学、艺术和设计等学科，创造了众多创新项目，如可穿戴技术和交互媒体装置。这些项目展示了跨学科方法论在推动学科融合和创新中的重要作用。

最后，设计学跨学科研究方法论推动设计研究向科学化方向发展。方法论使设计研究在综合不同学科优势的基础上，提升了自身的理论系统性和严谨性。这不仅拓宽了设计研究的视野，也增强了其社会影响力。例如，斯坦福大学的设计学院结合工程学、商业和社会科学，开发出一系列设计课程，通过科学化的研究方法和实证研究，提升了设计研究的严谨性和可靠性。这种方法论的应用不仅提高了设计学学科的学术水平，还促进了其社会应用价值的提升。

第二节　交融共鸣：跨学科方法论的融合方式

方法论的研究可以对跨学科方法与设计研究进行系统性整合。通过研究不同学科之间的共性和差异性，可以深入理解各学科在设计研究中的作用，为学科整合提供指导框架。

一、系统整合多学科研究方法

在设计研究中，系统整合多学科研究方法是一种重要的途径，主要是充分利用不同学科领域的理论、方法和工具，来解决复杂的设计问题。这种方法的核心思想是将多个学科的视角和方法有机地结合起来，形成一个综合性的研究框架，从而提供更全面、深入的洞察和解决方案。

首先，系统整合多学科研究方法能够拓宽研究视野。诺贝尔奖获得者赫伯特·西蒙（Herbert Simon）认为，复杂的问题往往需要跨学科的知识和视角。每个学科都有其独特的理论和方法，通过整合多个学科的研究方法，可以获得广泛的知识观点。其次，系统整合多学科研究方法能够提供跨学科的理论支持。不同学科的理论体系可以相互补充和丰富，通过整合这些理论，可以建立更为综合完整的理论框架。再次，系统整合多学科研究方法，能够提供多样化的研究工具。不同学科领域，常常使用各自特定的研究方法，通过整合这些工具技术，可以更好地收集和分析数据，支持研究的实证过程。在设计研究中，可以结合问卷调查、访谈、观察、原型制作等多种研究方法，以获取丰富的数据，并从不同角度对设计问题进行评估和验证。最后，系统整合多学科研究方法，并非一种简单的组合或堆砌，而是要求研究者具备广泛的学科知识和批判性思维能力。因而，研究者需要深入理解不同学科的核心概念，同时具备整合综合的能力，以确保研究的有效性。

二、参与式研究实现协同创新

参与式研究是一种基于合作和共同参与的研究方法，旨在促进研究者与参与者之间的互动合作，以实现协同创新。在设计研究中，采用参与式研究方法可以有效地融合不同领域的知识经验，激发创新思维，并为解决复杂的设计问题，提供更具可行性的解决方案。

传统的研究方法往往将研究者视为主导者，而参与者则被视为研究对象。相比之下，参与式研究鼓励研究者与参与者平等合作，研究者充分倾听和尊重参与者的意见与经验。通过与参与者密切合作，研究者能够深入了解他们的意愿，从而更好地理解设计问题的本质，并共同探索创新的解决方案。

一方面，协同式设计是参与式研究的一种重要实践方式，它强调设计过程中不同利益相关者之间的合作与协同。通过协同式设计，设计者、用户、利益相关者等多方参与者可以共同提出创意和解决方案，并进行反馈和评估。这种协同工作模式有助于融合不同视角和专业知识，促进创新的产生。另一方面，参与式研究和协同式设计促进实践与理论的结合。研究者通过与参与者的密切合作，能够更好地了解实际需求，从而使研究成果更贴近实际应用。同时，协同式设计强调实践经验和反馈的重要性，通过不断实践反思，改进和优化设计方案。

此外，布莱恩·劳森（Bryan Lawson）等学者提出了“设计探索”（design exploration）的概念，强调设计过程中的试错和探索性思维。参与式研究和协同式设计为设计探索提供了平台，通过研究者与不同参与者的合作交流，可以开拓设计的可能性。

三、设计研究整合性方法论体系

建立设计研究整合性方法论体系，可以帮助设计研究者更好地应对复杂的设计问题。下面我们从本体论层面、认识论层面以及方法论层面来阐释该体系。

1. 本体论层面

（1）复杂性思维

首先，关注设计问题的非线性特点，采用系统思维来探索设计问题的复杂内在机制。设计问题存在多种可能的解释路径和解决方案，不可用单一线性逻辑推导，而是需要从更宏观的系统角度考察设计问题的机制，发现问题诸要素间的动态变化规律。例如，传统的线性思维将人机交互问题简化为界面设计的布局和功能设计；然而，采用复杂性思维，我们会从系统角度探索人机交互的复杂内在机制，需要考虑多个因素对人机交互的影响，如用户特征、任务需求、环境条件等。这些因素之间存在相互制约和相互促进的关系，并且随着时间的推移可能会发生动态变化。比如，考虑到用户的认知特点和行为习惯，设计者需要了解用户在使用产品时的心理模型、信息处理能力、注意力分配等方面的特点。通过采用非线性系统思维，设计者可以更深入地理解人机交互问题的复杂机制。

由此可见，系统思维强调发现多个变量之间的相互作用规律。对某一设计问题，系统思维首先会区分出相关的关键变量，然后分析这些变量之间是如何相互影响、相互依存的，最后形成一个有机的系统，从而掌握问题的根本内在机制。

其次，分析设计问题中的相关要素及其相互制约的关系。设计问题中的诸要素相互联系，研究者应当整体考虑。如果孤立地分析其中某一要素，可能会忽略它与其他要素的相互制约，从而得出片面的结论。例如，改善城市公共空间设计，不仅需要考虑人们活动的需求，也需要兼顾资金预算、业主意愿、政府法规等其他制约因素，采用综合性方案。从系统论角度来说，设计问题的每一个要素都不是孤立的，它们之间存在相互制约、相互促进的关系。研究者如果只关注个别要素，很可能会在不知不觉中被其他要素所影响，导致得出的设计方案存在偏颇。因此，研究者需要解析出设计问题的所有相关要素，并透过它们之间的关系，来理解问题的整体情况。

最后，从时间维度把握设计问题变化的动态及其影响。设计问题具有时间性，其定义、条件和解决方案都在持续变动，设计需要关注时间向度。例如，互联网产品设计不能只考虑当前用户需求，也要预测未来需求趋势，以产生持续适用性。抓住问题及其解决的动态变化特点，这是进行设计的重要基础。综合来说，关注设计问题的时间维度，主要体现在两方面：一方面，问题本身的定义会随着时间的推移而变化，设计需要关注问题在时间轴上的演变过程；另一方面，解决问题的条件也会变动，设计方案需要不断更新以适应新条件。

（2）关系联结

一方面，理解设计问题之间的关系，深入探索设计问题的内在关联性，如用户需求、环境限制、资源条件等。设计问题涉及用户、环境、资源等多个方面，这些方面存在复杂的内在关联性。设计需要深入调研，发掘这些要素间的关联性，如不同用户的需求是否存在矛盾，环境条件如何影响设计资源的配备，等等。只有明确要素间的关联机制，才能对设计问题形成合理的认识，提出兼顾各方面的设计方案。

另一方面，构建设计问题、设计主体、设计过程之间的关系模型。通过构建关系网络模型来展现设计问题的内在关联逻辑。这个模型中的节点既可以是设计问题的各个要素，也可以是设计主体的不同角色，设计过程的不同阶段等；边表示这些节点间的相互关系和影响。构建网络模型有助于直观地呈现设计过程的全貌，发现问题的关键节点和边之间的关系。

2. 认识论层面

（1）多角度思维

整合各方主体的视角，形成对设计问题的多维认知是非常有必要的。对设计问题的全面认识需要整合不同主体的视角，这是设计研究中多视角法的核心理念。

在设计活动中通常涉及设计专业人员、目标用户群体以及相关领域专家三类主体。这三类主体基于各自的经验和知识背景，形成有差异的视角。其中，设计专业人员关注创意、技术等方面，用户重视使用体验，专家代表提供了管理、法规等制约视角。研究者将这些视角综合起来，能对设计问题形成立体的多维认识，有助于提出兼顾各方面考量的设计方案。

多视角融合有助于提高设计方案的全面性和适应性。综合多角度的视点，可以使设计方案从不同维度进行考量，解决方案涵盖面更广，更具备全面性。学者奈杰尔·克罗斯强调了跨学科方法论在设计研究中的重要性，他主张构建一个综合性的方法论体系，将设计研究与其他学科领域相连接，促进知识的交流和创新的发展。同时，吸收不同主体的观点，也可使设计方案更好地适应各方的需求，在不同的使用环境场景中展现出强大的适应性。

（2）情境化理解

首先，深入分析设计问题的实际情境，了解其时空语境中的复杂性。设计问题并非脱离语境而独立存在的，而是需要考察其所处的实际情境。这种情境分析需要深入具体的时空坐标，而不仅停留在抽象层面。在心理学中，情境是指在特定模式下，刺激引发主体的内在心理状态，是人的行为与环境的关联关系。不同语境会对同一设计问题产生不同的解释。设计者需要采用访谈、实地考察等方式，深入分析问题情境的复杂性，发现其中的社会文化因素及其相互作用，避免设计脱离实际语境。

其次，设计方案与具体情境要形成高度契合关系。德国心理学家库尔特·勒温（Kurt Lewin）指出，人的行为是在心理需求与周围环境的相互作用下，产生的一种主客观的关系。设计方案需直接面向具体情境，并与之形成内在关系，而不是停留在通用抽象层面。设计者需要持续验证方案在具体情境中的可行性，通过持续的方案调整逐步提高其适应性，直至最终解决具体情境中的实际问题。因此，这需要具体化的设计思维，而非抽象化思维。

最后，根据新情境调整设计方案，使之动态适应。实际设计情境并非静态的，会随时间演化而产生变化。设计者需要跟踪这种变化，并据此动态调整设计方案，保持其持续适应的能力。这需要设计者时刻关注新情境，并进行快速响应。

3. 方法论层面

（1）动态管理过程

首先，关注设计的连续性，每个阶段都是问题定义和方案优化的新起点。设计是一个持续演化的过程，而不是一次性的闭环活动。前期的设计阶段为后续阶段提供了基础，具有连续性。与此同时，每个新的设计阶段也会带来新的视角，可能会重新定义设计问题，或者针对已有方案提出优化意见。设计者不能将前期的问题定义和设计方案视为固定不变的，而要在整个设计过程中，持续优化问题框架和解决方案，使每个阶段都成为设计演进的新起点。

其次，持续跟踪外部环境变化，并进行设计方案的动态调整。设计过程不是封闭的，需要考虑外部环境的变动对设计带来的影响。环境变化包括政策调整、技术更新、用户偏好演变等。设计者需要建立对环境变化的持续跟踪机制，根据环境变化及时调整设计方案，使方案保持在最优匹配状态，具备动态适应性。

最后，设计过程需要以灵活性原则为指导。设计过程很难完全标准化，需要保持开放性与灵活性。标准的设计流程可以提供一般指导，但设计者还需要视具体情况调整设计过程，如缩短或延长某阶段时间。设计只有平衡标准化和灵活性，才能使过程有效率且能适应环境变化。

（2）关系原则

明确要素之间的内在关系是设计的基础。设计问题中的各个要素之间并不独立，而存在复杂的内在关联。这些要素可以是人、环境、资源等。设计需要弄明白这些要素之间的相互制约和促进关系，发掘问题的内在联系和逻辑。只有明确了要素关系，才能制订针对性的设计方案。因此，关注要素关系是设计的基础，也是设计方法论需要重点强调的方面。例如，设计过程涉及多个参与主体，设计者需要妥善处理主体间的关系。这是设计成功的关键。主体间可能存在利益冲突，需要通过充分沟通获得理解和支持，达成合作共识，使各方关系和谐。一个稳定和谐的主体关系网络，有助于协同推进设计，实现以人为本的设计价值。

第三节　设计之翼：设计在跨领域的贡献与挑战

设计学跨学科研究方法论的贡献与挑战是一个备受关注的话题。随着社会的发展和问题的复杂化，传统的学科边界逐渐模糊，设计研究也越来越需要跨学科的视野。深入探讨设计学跨学科研究方法论的贡献与挑战，对设计研究的发展应用具有推动作用。

一、设计学跨学科研究方法论的贡献

1. 拓宽设计研究的方法和视角

设计学跨学科研究方法论为设计研究提供了多元化的方法和视角。传统的设计研究主要依赖于设计实践和美学理论，但这种单一的方法和视角已经无法满足数字化与人工智能技术迅速发展的需求。设计需要去适应这些新技术的发展，以创造更互联、更智能的产品，提升用户体验。设计学跨学科研究方法论促进设计学与心理学、社会学、计算机学等学科领域的交流，为设计研究注入新的思考方式和研究工具，以推动综合性解决方法的发展。

2. 促进设计研究的交叉性

设计学跨学科研究方法论推动设计研究向交叉融合的方向发展。以往的设计研究往往局限于特定的设计领域或专业，缺乏与其他学科的交流合作。但跨学科方法论的引入打破了学科的壁垒，促进了不同学科的交流。麻省理工学院教授尼古拉斯·尼葛洛庞帝（Nicholas Negroponte）认为，跨学科的融合是创新的关键，它能将不同领域的知识和方法结合，创造出更有价值的研究成果。通过与其他学科的交叉融合，设计研究可以借鉴各学科的知识经验，形成更综合全面的研究成果。例如，与工程学结合可以实现技术与设计的有机融合，与社会学结合可以深入理解设计在社会文化背景下的影响力。这种交叉融合的发展有助于推动设计研究的应用更广泛，使其更贴近实际需求。

3. 提升设计过程的科学性与人文性

设计学跨学科研究方法论提升了设计过程的科学性与人文性。一方面，跨学科方法论使得设计过程能够更加系统科学地进行。通过运用科学方法和数据驱动的研究手段，设计研究更准确地分析用户需求，评估设计方案的效果，并进行优化和改进。另一方面，跨学科方法也注重人文性，强调将人的需求、体验和价值观纳入设计过程。通过结合人文学科的视角，如哲学、社会学、人类学等，设计研究可以更好地理解人类行为、文化背景和社会影响，从而在设计过程中考虑到人的情感、认知，以及社会互动关系。意大利著名设计者马可·赞诺索（Marco Zanuso）认为，设计活动是艺术与技术、文化与生产、经验与表现之间的平衡，设计者应通过有创造性的实践来表达社会性。这种科学性与人文性的结合，使得设计过程更具有综合性。

二、设计学跨学科研究方法论面临的挑战

1. 学科融合难度

不同学科之间存在着语言、理论和方法的差异，跨学科研究需要克服学科间的不同属性，建立共同的交流与合作平台。尼古拉斯·尼葛洛庞帝认为，跨学科合作的最大障碍在于各学科之间的语言和文化差异，这需要大量的时间和精力来促进相互理解与协作。设计学与其他学科，如工程学、计算机科学、社会学等之间的融合，需要研究者不仅要具备各自领域的深厚知识，还要能够理解并应用其他学科的理论和方法。这种融合过程常常需要建立跨学科的研究团队，并通过长期的合作和交流来实现。

2. 知识边界模糊

设计学跨学科研究方法论涉及多个学科领域，知识边界变得模糊不清。这可能导致研究者在选择研究方向和方法时感到困惑，也增加了研究成果整合的难度。研究者需要具备广泛的知识储备和灵活的思维方式，以应对不同学科之间的交叉和融合。同时，研究者需要不断学习和更新知识，以适应不断变化的研究需求和方向。

3. 方法选择困难

跨学科方法论需要综合运用多种研究方法和工具，但如何选择和整合这些方法对于研究者来说是一个挑战。研究者需要深入了解各种方法的优缺点，并灵活运用于具体的设计研究问题中，以确保研究的有效性。这要求研究者不仅要有扎实的学科基础，还要有较强的实践能力和创新思维，以确保研究的有效性和科学性。

4. 跨学科合作障碍

跨学科研究中各学科领域的专家需要紧密合作，但学科之间的合作往往面临沟通障碍、权责分配不合理和目标协调不一致等问题。有效的跨学科合作需要良好的沟通渠道、足够的共享资源和确切的共同目标，以促进合作的顺利进行。

5. 学术评价不一

设计学跨学科研究方法论在学术界的认可和评价也是一个挑战。传统的学术评价

体系往往偏向于单一学科的研究成果，对于跨学科研究的评价标准和机制尚不完善。跨学科研究需要在评价标准上有所创新，既要考虑研究的学术价值，也要关注其实际应用和社会影响。学术界和相关机构需要共同努力，制定科学合理的评价标准，以激励更多研究者投身跨学科研究。

面对众多问题与挑战，设计学跨学科研究方法论的研究者需要保持开放的心态，积极寻求合作与交流，不断探索创新。同时，学术界和相关机构也应加强对跨学科研究的支持和鼓励，提供更多的资源平台，以促进设计学跨学科研究方法论的健康发展。

第四章　设计学跨学科研究认同与协作机制

第一节　跨学科的身份认同：知识与文化交融

身份认同是个体在认知、情感和行为方面对自我定义的归属感，是研究者在跨学科设计中自我理解和定位的基础。跨学科研究中，不同学科领域的个体在共同解决问题和实现目标的过程中，融合各自的专业知识、技能和经验，形成新的思维方式和创新性的解决方案。因而，研究者身份认同的构建是关键的议题之一。

一、跨学科中的身份认同

跨学科设计中的身份认同构建主要强调研究者在跨学科活动中如何建立自己的身份认同。通过身份认同的构建，研究者确定自己在团队中的角色价值，以便更好地为团队作出贡献。

1. 定义身份

在设计活动中，研究者需要定义自己的身份，包括自己的专业背景、技能和职责等。身份认同不仅会影响其自我概念、行为态度和价值观念等方面，还可以影响个体在社会中的地位和角色扮演，以及与他人的互动交流方式。若要建立对自己的认知和理解，研究者需要对自己的能力、优势和缺陷有一个清晰的认知和理解，从而发挥自己的优势。

与此同时，不同学科领域的个体需要明确自己在跨学科设计中的角色定位，如此才能更好地完成自己的工作任务。个体包括不同学科领域的设计者、研究人员、工程师等，他们来自不同的背景和文化，具有不同的专业知识和技能。此外，设计者还需要了解和尊重其他人的角色价值，通过与其他人的交流合作，提高自己的能力，以便更好地协同工作。

2. 建立价值体系

每个人都有自己的潜力和价值。作为设计者，个人可以通过自身的专业知识和技能，提供独特的见解，为项目提供创新性的设计方案，为团队作出贡献。比如，研究人员通过自己的科研成果和实验数据，为项目提供科学依据，为团队提供跨学科的研究思路；而工程师可以通过自己的工程技术和实践经验，为项目提供技术支持，保证项目的顺利进行。

总之，在跨学科设计中，个人需要不断思考，了解自己的优势和劣势，明确自己的目标方向，进而发挥自己的能力；突破自我，从而建立自己的价值体系，以实现自我价值的最大化。

3. 促进联结

在跨学科研究中建立个体与其他学科领域的联结是重要的原则。早期关于身份认同的研究主要关注个体如何建立自我概念和自我形象，以及如何与他人进行比较评价。随着研究的深入，身份认同的概念逐渐被拓展到不同的领域中，包括教育、文化、跨学科研究等，成为一个被广泛关注的议题。

个体需要建立与其他学科领域个体的联结，形成共同的身份认同。其一，不同学科领域的个体需要了解彼此的专业知识和技能。例如，外观设计者需要了解结构工程师的专业知识，以便更好地协同设计产品外观，使产品的外观能够与产品结构形成和谐的整体；结构工程师需要理解外观设计者的创意要求，这样才能共同实现预期的设计目标；产品策划师需要了解外观设计者和结构工程师的实践要求，以便一起完成项目任务计划。其二，在合作过程中，个体需要在对目标任务认同的前提下，建立良好的工作联结，并要对其他学科领域理解和尊重，以便更好地实现跨学科研究的目标。因此，有必要建立个体与其他学科领域的联结，这有助于个体与团队一起建立身份认同，促进交流合作。

二、跨学科中身份认同的交流与融合

不同学科领域的个体之间的交流和融合是跨学科成功的关键因素之一。它能够促进不同学科领域的个体在跨学科设计中的合作，形成创新性的解决方案。

1. 建立有效的交流措施

在跨学科交流中，建立有效的交流机制是必不可少的环节。不同学科领域的个体和团队，需要共同确定研究目标，以便更好地交流和融合各自的身份认同。这有助于建立共同理解和信任。

（1）确立清晰的沟通方式。不同学科领域的研究者需要明确地沟通交流，避免产生误解和信息不对称的情况。研究者需要选择合适的交流方式，并明确沟通的目的和内容，以便融合各自的专业知识和技能。

（2）实现学科交流的多样性。在交流和融合的过程中，研究者需要注意沟通的方式和方式的多样性，以便满足不同学科领域的需求。不同学科领域的个体和团队，需要充分利用学科交流的多样性特征，如运用文本、视频、图像等方式，促进学科交流的多元化。

（3）建立有效的沟通渠道。个体需要选择合适的沟通方式，如会议、讨论、分享、工作坊等，通过多种渠道，建立有效的沟通平台，如在线平台和线下平台。这有利于个体之间以不同的沟通方式发挥各自的专业知识技能，形成知识的共创与共享。

2. 实现跨学科的自我认同

实现跨学科的自我认同的本质是通过对自身的理解与认知，以及对不同学科领域知识方法的理解，建立起对于自身在跨学科研究中的价值认同。

首先，跨学科自我认同的核心在于整合不同学科的知识和方法，创造出新的、独特的理论和实践框架。设计学通过借鉴和融合其他学科的理论和方法，能够在创新过程中突破传统学科的限制，实现理论和实践的创新。

其次，跨学科自我认同是一个动态的、不断演进的过程。在不同学科知识和方法的碰撞和融合中，设计学的跨学科身份不断更新和发展。研究者积极参与跨学科研究项目，建立自己的学术声誉和影响力，这种自我身份认同感是设计学与其他领域合作的基础，这一过程体现了设计学对外部知识的开放性和吸纳性。

最后，跨学科自我认同要求研究者具备系统思维能力，能够从整体上把握复杂问题，理解和处理多层次、多维度的设计挑战。个体需要掌握跨学科研究的方法和技巧，并理解不同学科领域的基本概念和理论。这种系统思维有助于设计学在跨学科研究中实现理论和实践的高度整合。

3. 促进身份认同的协作

个体需要协同工作并融合各自的身份认同，才能形成创新性的解决方案。因为，协同工作能扩大研究者的研究视野，使得他们能够更好地了解、掌握不同学科领域的知识技能。

协同式设计是共同完成设计任务的一种设计方法，其通过协作、协调、共享资源等方式，将不同领域的设计者、用户、利益相关者等人员紧密联系在一起，让他们共同探讨和解决实际问题，以此满足用户的需求和期望。例如，克里斯托弗·亚历山大（Christopher Alexander）提出了“设计模式”和“模式语言”理论，主张设计应该从用户的需求出发，倡导协同式设计和参与式设计，并强调设计者需要通过与用户的交流、合作和反馈，改进和完善设计方案。

三、跨学科研究对身份认同的影响

在跨学科设计中，研究者的身份认同会受到多种因素的影响，如文化差异、专业差异、沟通障碍等。为了应对跨学科设计带来的身份认同挑战，研究者需要采取相应的策略。

1. 身份认同的转变

在跨学科设计环境中，研究者需要转变自己的身份认同，以适应跨学科设计的需求。

（1）研究者需要探索其他学科领域的专业知识和技能。跨学科设计要求不同学科领域的研究者合作，共同解决跨学科问题。通过学习和探索其他学科领域，研究者可以拓宽自己的专业视野和认知模式。

（2）研究者需要更新自己的身份认同。身份认同并非固定不变的，而是随着时间的推移和经验的积累而逐渐发生变化。在跨学科设计中，个体需要关注最新发展和趋势，不断更新自己的身份认同和专业定位，以适应不断变化的跨学科设计环境。

（3）研究者需要掌握跨学科设计的工具和方法。跨学科设计要求个体具备跨学科意识能力，能够运用不同学科领域的知识和技能解决跨学科问题，如交叉学科思维、系统思维、创新思维等，这些工具方法可以提高跨学科设计的效率。

2. 身份认同的特征

研究者在跨学科设计中需要保持专业性特征，发挥自身的专业优势，保持自身在专业领域的独特性。

（1）跨学科自我认同表现为知识来源和方法的多样性。研究者通过整合来自不同学科的理论、方法和实践经验，形成丰富多样的研究视角和方法。研究者需要适应跨学科设计的多元性和包容性，与不同学科领域合作，共同解决跨学科问题。

（2）跨学科自我认同强调团队协作和跨学科交流。设计者通过与其他学科专家的合作，促进知识和方法的互补和共享，提升研究的综合性和深度。在合作过程中，应尊重其他学科领域的身份认同，充分发挥自身的专业优势。

（3）研究者还应保持身份认同的连续性，并加强学习和经验积累。研究者需要持续不断地学习和积累经验，加深对所从事领域的理解与认知，以更好地应对未来的挑战。

（4）跨学科自我认同要求研究者具备反思能力，能够对自身学科的理论和方法进行批判性反思，从而推动学科的理论创新和方法改进。

3. 处理身份之间的冲突

在跨学科设计中，研究者的身份认同可能存在冲突与竞争，这会影响合作。为了处理这些问题，可以采取以下措施。

（1）尊重多元身份认同。理解并接纳不同身份认同，是处理冲突的重要一步。个体和团队需要意识到不同学科和研究领域的从业者可能具有不同的身份认同，并尊重其个体差异。

（2）建立良好的合作关系。建立相互信任、相互尊重的合作关系是成功跨学科设计的关键。个体和团队需要建立协作关系，尊重其他学科领域的身份认同，并发挥自己的专业优势。通过协商、调解、妥协等方式，解决身份认同之间的冲突。

（3）加强沟通和协调。建立共同的语言和价值观，有助于促进跨学科合作交流。个体和团队需要加强沟通和协调，以更好地理解彼此的专业视角，并解决身份认同之间的冲突和竞争。借助现代科技手段，如在线协作平台、即时通信工具等，可以更有效地进行沟通协调，提升工作效率，加强团队合作能力。

总之，处理身份认同之间的冲突和竞争，需要个体和团队保持灵活性和开放性，以适应不同学科间的合作要求。通过尊重多元身份认同，建立良好的合作关系。

第二节　从设计生产到理论对话：跨学科知识体系的建立

设计作为一种社会实践活动，其内在价值在于创造有益的变革，推动社会发展。我们需要从设计生产的组成要素入手，探讨设计研究如何通过生产关系与跨学科理论的形成原则，构建跨学科的对话理论体系。

一、设计生产的组成要素

设计生产要素是实现协同合作的重要组成部分，主要包括设计者、生产资料、生产工具以及生产组织，各要素之间的相互关系有效地组成了设计学跨学科系统。

1. 设计者

从生产性的角度来看，设计者具备典型的生产性特征。法国社会学家皮埃尔·布尔迪厄（Pierre Bourdieu）认为，生产性是个体在劳动过程中所拥有的能力，以及在社会中所占地位的重要标志。设计者凭借其专业知识、技能和创造力，成为设计生产活动中的关键个体。他们通过设计活动创造新的价值，推动着社会经济的发展。

具体而言，设计者通过系统的教育培训，掌握了专业的设计知识和技能。他们了解设计原理、设计方法和设计工具，并能够将其应用于实际的设计活动中。此外，设计者还通过学术性的学习实践，积累了设计的理论基础和实践经验，能够有效应对设计生产活动中的各种问题。在设计生产过程中，设计者发挥着关键的作用，其中他们的创造力和创新能力尤为重要。他们能够提供新颖的设计理念和解决方案，为产品、服务或系统的开发生产带来独特的价值。

设计者在设计生产活动中的重要性不仅基于其专业知识和技能，还与其创造力、创新能力以及对生产效率的关注密切相关。他们的贡献体现在设计的各个方面，推动着设计实践的不断进步和创新。

2. 生产资料

在设计学跨学科研究中，生产资料是指在设计和制造过程中用于生产和创造的物质和资源。这些生产资料包括设计活动所需的材料、设备、技术和知识等要素。

生产资料为设计过程提供了所需的原材料和物质基础。不同类型的设计可能需要不同的生产资料。例如，产品设计需要特定的材料，以实现产品的功能和外观要求，建筑设计需要合适的建筑材料来满足结构的需求。特别是在现代科学研究中，数据已成为跨学科研究合作中一种重要的生产资料。通过收集、处理、分析和应用数据，可以更好地协同合作。

生产资料的选择和使用直接影响设计的质量和实现程度。合理选择和使用生产资料不仅可以提高设计效率，还可以节省时间和资源。新兴技术如数字孪生技术、信息技术和人工智能技术，已成为设计学跨学科研究合作中不可或缺的生产资料。例如，在产品设计中，机器学习算法可用于识别用户的情感反应，帮助设计者调整产品外观和功能。在建筑设计中，计算机视觉结合增强现实技术，可以实时展示设计效果，帮助用户更直观地理解设计方案。人工智能算法可以生成多种建筑设计方案，设计者可以从中选择和优化，提高设计过程的效率。时尚品牌使用人工智能生成设计图案和服装款式，丰富设计灵感和产品线。

生产资料在推动跨学科研究中发挥着重要作用，提升了设计和生产效率，还推动了创新和优化，为各个行业带来了巨大的价值。

3. 生产工具

生产工具在设计活动中起着主要的作用，它们通过提供各种数字化工具、制造工具、软件工具和模拟工具等，帮助设计者实现设计概念的创造。这些生产工具可以被看作是一种“中介物”，即人与环境之间的物质或非物质媒介，用于完成任务目标。

在设计活动中，生产工具作为中介物，促进了设计各方的合作。生产工具也具备技术中介性，即技术与设计者之间的互动，为需求协作提供各种设计方案。同时，生产工具的使用对技术中介性的产生和发展具有重要影响。生产工具的类型和使用方式可影响设计者的创造力。

首先，生产工具推动了技术和方法的工具化。它们为跨学科研究提供了新的技术方法，促进了设计方法的工具化。例如，英国设计委员会提出了“双钻”模型，并开发了在线方法库，为该模型的应用提供帮助。类似地，英国皇家艺术学院的 IDEA 研究中心开发了“包容性设计工具包”，在设计方法方面有所贡献。其次，生产工具激发了创意灵感。它们可以帮助跨学科研究人员在设计和研究中寻找新的解决方案。例如，在产品模型检验中，使用 3D 打印机等生产工具能够快速制作原型，从而激发创意想法。最后，生产工具推动了跨学科融合。它们促进了不同领域专家之间的合作。例如，制造技术的发展使得机械工程师、电子工程师和计算机科学家能更好地协作。

从以上来看，生产工具的选择和使用，能够影响设计的效率、精确性和创造力，它们为设计者提供了实现设计目标的手段。

4. 生产组织

生产组织是设计活动过程中重要的组织结构方式，包括设计计划、设计流程和设计管理等，它们是设计活动中重要的要素。生产组织可以被看作是一种生产力，即在生产和制造过程中使用的资源技术，直接或间接地影响生产效率。

（1）生产组织与设计活动密切相关。生产组织是设计活动的关键组成部分，它对设计效率、质量和成本等方面产生影响。生产组织通过优化设计流程和制订设计计划，运用科学的设计管理方法，从而提高设计效率和质量。

（2）生产组织负责管理设计过程中的各个环节和阶段。它负责执行设计项目的计划和时间表，监督和控制设计活动的进展。生产组织通过有效的管理沟通，确保设计团队的协作配合，保证设计项目按时完成，并达到预期目标。

（3）生产组织负责管理设计活动中的风险控制。它制订实施相应的风险管理策略，监测和评估设计活动的质量。生产组织通过采取适当的措施方法，降低设计风险发生的可能性，并确保设计的质量符合预期标准。

通过有效的生产组织，设计活动可以得到良好的组织管理，从而提高设计的效率、质量以及创新性。

二、生产关系

在跨学科研究中，设计学与其他学科之间的合作被理解为一种生产关系。生产过程中各种生产要素之间的相互关系，其本质是不同学科领域之间相互依存的协作关系。

1. 生产资料与设计需求

生产资料与设计需求之间的关系是一种适应性关系。设计需求是基于市场需求、消费者需求、环境需求等多种因素而产生的，而生产资料则是为了满足这些需求而选用的。在设计过程中，生产资料需要适应设计需求的各种要求，以便实现设计目标。

生产资料与设计需求之间也存在相互作用关系。生产资料的选用和使用会影响到设计的实现，而设计需求则会影响到生产资料的选择。在设计活动中，生产资料和设计需求之间需要进行相互作用，并不断调整，进而实现最佳的设计效果。例如，在建筑设计中，设计者可能希望使用可持续材料来满足绿色建筑的需求。这种需求推动了可再生材料和高效能源系统的发展和应用；反过来，这些生产资料又影响了建筑设计的实际实施和效果。

生产资料与设计需求之间还存在一种价值关系。生产资料的选用会产生一定的成本，而设计需求则是为了创造价值而存在的，这需要在保证设计质量的情况下，控制生产成本，提升设计效率。在现代智能家居产品设计中，这些关系尤为明显。例如，智能恒温器的设计需求是提供高效、用户友好的温控解决方案。为此，设计者选择了低功耗的传感器和节能材料作为生产资料。这些资料不仅适应了产品的设计需求，还通过减少能源消耗提高了产品的市场价值。

总之，设计需求与生产资料之间的关系，是设计学跨学科研究合作中的一个重要方面。适应性关系确保生产资料能够满足设计目标，相互作用关系推动设计和生产资料的共同发展，而价值关系则强调在满足设计需求的同时，应控制成本和提高效率。

2. 生产工具与设计方法

生产工具和设计方法都是设计活动中的物质表现形式，它们之间存在着一种紧密关系，可以从实用主义和唯物主义的角度进行理解。

从实用主义的角度来看，生产工具与设计方法之间存在实用性关系。美国哲学家威廉·詹姆斯认为真理应该被视为一种活动的过程，而不是一个静态的状态，真理的价值在于它对实践和生活经验的影响。首先，生产工具和设计方法都具有实用性的功能，即它们被设计使用的目的是实现设计的目标。生产工具提供了具体的技术手段和操作方式，帮助设计者完成各种任务和操作。其次，设计方法提供了一套系统的步骤和策略，指导设计者在设计过程中进行决策实施。再次，实用主义还强调了经验主义的思想，并认为知识和理解应该基于经验实践，而非理论推断。在设计活动中，生产工具和设计方法的实用性需要通过实践来验证。设计者在实施设计活动时，根据实际情况选择和使用生产工具，并采用合适的设计方法。最后，通过实际应用，验证生产工具和设计方法是否能够实现预期的设计效果，从而检验它们的实用性。

从唯物主义的角度来看，生产工具与设计方法是一种物质性关系。唯物主义认为，物质是客观存在的基础，意识和精神是物质的产物。在设计活动中，生产工具和设计方法作为物质的表现形式，它们之间的关系可以被理解为一种物质性关系。生产工具作为物质实体，为设计活动提供了实质性的支持与实现的手段。生产工具可以是各种工具、设备、软件等，它们的存在依赖于物质的存在。同时，设计者通过使用适当的生产工具，可以进行各种设计实施。设计方法作为一种物质性的表达，是设计者在设计活动中采取的具体行动策略。由此可见，设计方法是一套系统的指导工具，最终通过物质的实际应用来发挥作用。

总之，生产工具和设计方法之间存在着一种相互依存、相互作用的关系。生产工具为设计者提供了实质性的支持和操作手段，而设计方法则为设计者提供了指导的规范框架。设计者在实施设计活动时需要根据具体的设计需求和情境，选择合适的生产工具，并结合相应的设计方法来进行操作。

3. 生产组织与设计流程

生产组织在设计过程中起着重要作用，对设计活动的效率产生影响。德国社会学家马克斯·韦伯（Max Weber）强调了官僚型生产组织对现代工业社会的重要性。官僚型生产组织具有高效、规范和可预测性的特点，能够提高生产效率和组织稳定性。传统型生产组织是基于传统和惯例的生产方式，权威和决策往往基于传统社会组织形式。相比之下，官僚型生产组织采用正式的组织形式规则，更适合现代化社会。

建立明确的组织结构与规则来管理跨学科设计活动大有可为，其具体表现关系如下。

（1）职权等级制与设计流程

在职权等级制中，领导者可以根据职权等级和职责划分，给下属指派不同的任务，以确保设计流程的顺利进行。设计部门可以制订产品设计方案，生产部门可以根据设计方案进行生产，质量控制部门可以检测产品质量并确保符合标准。通过明确职责和权限，避免各部门之间的混乱，从而促进设计流程有序化。

在生产组织中，采用职权等级制来管理和组织设计流程，通过明确不同职能部门之间的职责，可以确保设计流程的顺利进行。在一个制造企业中，应该设立设计部、生产部和质量控制部等不同职能部门，每个部门都应有明确的职责和权限，以确保设计流程的高效运行。

（2）科学化制与设计流程

在科学化制中，企业采用流程管理和数据分析等技术，监控设计实施情况，及时发现并解决问题。例如，通过应用项目管理软件，实时监控设计流程的进展情况，及时发现问题并采取措施解决；通过数据分析工具，对设计流程中的数据进行分析和处理，从而更好地控制设计流程的每个环节。生产组织采用科学化的管理方法和技术，如设计绘图软件、设计管理软件、数据分析工具等，促进设计流程的稳定性。运用科学方法和技术，能更好地控制设计流程的各个环节，提高设计流程的效率。

（3）市场经济制与设计流程

设计学跨学科研究的设计活动，被视为一种特殊的生产组织形式。从经济学理论的角度来看，生产组织和设计流程之间的关系对于设计活动的效率、市场竞争力和资源配置具有重要影响。

第一，设计学跨学科研究有助于促进生产效率的提高。通过将经济学理论与设计流程相结合，帮助设计者优化生产要素的组合，从而提高设计活动的效率。生产组织和设计流程之间的关系可以通过生产函数的理论来解释。生产函数是生产要素（包括劳动力、资本、原材料等）与生产成果之间的函数关系。生产组织和设计流程的选择直接影响生产要素的组合和生产函数的形式，从而影响生产效率。设计流程是设计活动中各个阶段的有序组织和执行过程。通过采用系统化的设计方法、信息共享平台和协同工作方式，跨学科研究可以推动设计流程的优化，减少重复劳动和资源浪费。

第二，设计学跨学科研究有助于增强设计机构的市场竞争力。产业组织理论认为，企业的市场竞争力取决于市场结构和企业行为。在市场竞争中，生产组织和设计流程的选择也会直接影响设计机构的市场竞争力。跨学科研究帮助设计机构选择适应性强、灵活性高的生产组织方式，以及差异化的设计方法，从而在市场竞争中脱颖而出。

第三，设计学跨学科研究有助于优化资源配置。在生产组织和设计流程的选择中，需要考虑生产要素的配置和使用效率，以便实现资源的最优分配。设计活动需要消耗人力、物力和时间等资源，通过合理规划和管理设计流程，能最大限度地利用有限资源，实现设计活动的高效运作。

综上所述，在现代生产过程中，设计学跨学科研究与生产组织和设计流程之间存在紧密联系。这种综合性的研究方法为现代市场经济中的设计活动，提供了更有效的组织管理方案。

三、跨学科理论对话的形成

在理论对话中，不同学术观点之间的交流与辩论是一种矛盾和对立的辩证过程。辩证方法是一种重要的思维方式，强调在对立中寻找统一，以及在矛盾中寻找发展的方向；而辩证思维则可以帮助研究者，在矛盾和对立中找到理论对话的研究路径。

1. 跨学科理论对话的特点

设计中的跨学科理论对话是指在设计活动中，不同学科领域的研究者之间的跨学科交流合作。这是一个相互交流，整合各学科知识学习、反思和改进设计实践的过程。

（1）多元性。设计学跨学科研究包含众多学科，如美学、哲学、社会学、心理学、人类学等，每个学科都有其独特的视角，呈现出多元性的特点。跨学科理论对话不是各学科单独表达自己的观点，而是一种相互交流的过程，各学科之间的理论交流和互动是对话的核心。通过多元性的对话，设计学能更好地应对复杂的设计问题，各学科的知识也得到更好的整合。

（2）对话性。它是指在跨学科对话中强调相互交流互动，不是单向地传递知识。设计学理论对话需要各学科之间的理论交流互动，通过对话分享自己的知识经验，以便更好地理解和探讨某个问题，体现出群体智慧的设计特点。参与者之间通过协作和互动形成紧密的社会关系，从而促进设计的共同创造。

（3）实践性。跨学科理论对话关注的一个重点是设计实践，实践性是设计学跨学科研究理论对话的目标。理论对话的目的是指导设计实践，并通过实践来验证理论的可行性和正确性。只有在实践中，设计学理论才能真正地发挥作用，才能真正做到理论指导设计实践，从而解决实际问题。

以上表明，理论对话的最终目标是寻求共识，促进对某个问题的理解探讨，对推动设计学的发展创新具有重要的作用。

2. 跨学科理论对话原则

（1）实用性原则

实用性原则是确保理论构建与实践联系的关键。它强调将研究成果应用于解决实际问题，开发实用的设计方法和工具，支持实际设计决策。实用性原则还强调将用户置于设计的核心位置，通过与用户的合作和反馈深入了解他们的需求，提高设计的用户体验。了解用户的真实目标，有助于排除设计不需要执行的任务。布兰达·劳拉（Brenda Laurel）提到，设计目标要根据具体的情境来设定，要联系用户的目标和需求，如此才能够创作出优秀的设计。此外，实用性原则注重将研究与实践紧密结合，确保研究成果与实际需求相匹配，解决实际问题。

总之，实用性原则在设计学跨学科研究中，强调解决实际问题，提高设计效能。它确保研究成果能够直接应用于实践，并产生实际的影响。

（2）形式逻辑原则

形式逻辑原则旨在确保理论的逻辑严谨性。它要求研究者进行系统性的思考，根据已有的证据和理论进行论证，确保研究过程和结论的逻辑一致性和合理性。形式逻辑原则还鼓励对问题进行分析综合，将复杂的问题拆解为组成部分，并提供将各个部分综合起来形成整体的方法原则。此外，形式逻辑原则对于理论构建和验证也起到重要的指导作用，帮助研究者建立严密的理论框架。

从以上来看，形式逻辑原则在设计学跨学科研究中，强调逻辑思维、分析问题、推理论证、澄清思维过程以及验证理论。它提供了一种系统准确性的思维方式，促进研究的科学性。

（3）变化发展原则

变化发展原则能够适应不断变化的实践需求。它鼓励设计学跨学科研究不断探索新的设计方法和实践模式，超越传统思维模式，寻找创新的解决方案。变化发展原则促使跨学科整合，将不同学科的知识和方法整合起来解决复杂的设计问题。此外，变化发展原则还鼓励设计学跨学科研究进行反思评估，以此提升设计质量。

（4）本土化原则

本土化原则反映当地的文化、历史和社会背景。它强调将设计研究与当地文化和社会背景相结合，考虑当地用户的需求和期望。进一步来说，要求设计研究要考虑当地的自然环境和资源条件，提供环境适应性的本土化解决方案，以促进可持续发展。

3. 构建跨学科理论对话系统

通过构建跨学科研究的理论对话系统，不同学科领域的研究者可以共同探讨和解决跨学科问题，并提供更好的解决方案。

（1）物理层

跨学科研究的对话需要提供物理环境和工具，以便不同学科领域的研究者进行交流和互动。这个环境应该是一个舒适、宽敞、安静、明亮的空间，能够提供一个良好的交流氛围。例如，提供一个多功能会议室或者开放的共享空间，让研究者在一个舒适的环境下进行交流互动；建立实验室或工作坊等项目合作场所，在具体问题探索中进行头脑风暴和讨论。

此外，运用虚拟技术打通地域界限也很关键。例如，利用视频会议、虚拟现实系统等，不同地点的专家可进行虚拟对话。同时，还需要针对跨学科对话，提供共享的知识资源设施，如汇集各学科前沿成果的数据库或图书馆等。在空间设计上，可采用灵活的隔墙或家具布置，按对话活动需求进行调整，营造出开放流动而不失私密感的氛围。例如，谷歌的“20%时间计划”，鼓励员工利用20%的工作时间自由探索，与其他人自由讨论和交流想法，并提供开放共享的办公空间，有沙发区、咖啡厅等，营造轻松互动氛围。

总而言之，物理层面的系统性构建能为跨学科交流对话提供良好的环境基础。这是产生碰撞与融合的思想火花所必备的，它与连接层、文化层的建设相辅相成，共同促进跨学科理论对话系统的形成。

（2）连接层

跨学科对话最为关键的是学科之间的有效连接与沟通。这需要从组织形式、人才培养、学术平台等方面进行构建。

首先，应建立长期性和灵活性兼具的组织形式。例如，设立跨学科研究机构，不同学科专家进行长期互动合作；组织短期的专题研讨会，使跨学科对话更具针对性。这两种形式既保证对话的连续性，也提供及时响应的可能。

其次，加强对复合型研究人才的培养。培养既理解设计，又掌握多学科知识的人才，他们能够起到“翻译员”的作用，使不同学科语言获得互通。可以通过联合培养跨学科学员、设置多学科课程等方式进行培养。此外，搭建共享的学术交流平台也很必要，如创办学术期刊、组织论坛讲座、开发信息技术支撑的虚拟空间等，提供思想碰撞的渠道，从而构建起知识共享的基础平台，汇集不同学科的理论成果。

最后，完善的评价机制能推动跨学科合作。比如，设置奖励、改革评价体系等措施，提高合作积极性，使跨学科研究得到应有的肯定。

总之，从组织、人才、平台、机制等方面进行制度性建设，是打通学科壁垒、架起对话桥梁的根本措施，对构建跨学科理论体系具有重要作用。

（3）文化层

文化层的构建在于消除学科之间界限分明的固有思维定式，形成开放包容的学术文化氛围，为跨学科研究的对话，提供良好的学术氛围和价值观念，促进学科之间的相互理解与交流。

首先，在共同语言方面，建立一套设计学跨学科研究对话的共同术语体系，方便不同学科领域的研究者，共同探讨和解决跨学科问题。这个共同的术语体系应该是简明、准确、易于理解的，能帮助研究者进行有效的交流思考，如编制跨学科术语辞典，包括设计学、心理学、社会学、经济学等学科领域的共同术语，以便研究者使用共同术语进行交流。

其次，在跨文化理解方面，设置一个设计学跨学科研究的平台。这个跨文化理解的平台应该是基于相互尊重、相互理解、相互包容的原则而建的，能够帮助研究者理解不同文化背景下的思维方式、价值观和习惯。例如，建立跨文化交流的网络培训平台，使研究者了解不同文化背景下的思维方式，提高跨文化交流的水平。

最后，在文化交流方面，组建设计学跨学科研究所需的文化交流机制，帮助研究者从不同文化背景中汲取灵感，提高研究的创新性和实用性。例如，建立跨文化研究的合作社区，在此平台共享研究成果、交流研究经验和开展联合研究。

综上所述，通过从物理层、连接层和文化层三方面构建对话体系，能为跨学科研究提供一个良好的交流系统，能逐步转变学科孤岛的固有文化，能打造开放包容的跨学科研究环境，能为设计学者与其他学科建立融洽对话关系奠定基础。

第三节　跨学科协作机制：边界与间性

设计学作为一门新兴的交叉学科，理论和方法还不够成熟完善，所以进行跨学科研究对其发展具有重要意义。正确理解学科边界和利用学科间性，可以更好地推动设计学的跨学科研究。

一、学科研究的边界问题

伊姆雷·拉卡托斯（Imre Lakatos）在关于科学研究纲领“硬核”与“保护带”的

观点中，将学科划分为“内边界”与“外边界”。学科的内边界主要是区别于各学科的基本要素；外边界则是扩展到学科知识的边缘地带，外边界内容与学科内核存在各种联系。

学科内外边界主要表现在不同学科之间的分界线和交叉点上。这些分界线是学科体系的结构，或者是研究对象的不同；而学科之间的交叉点，既可以是共同的研究领域，也可以是研究方法。因而，学科边界问题的定义，不仅涉及学科体系本身，还涉及不同学科之间的交叉性问题。

对于学科边界问题的探讨，现将其分为三种类型：学科结构边界、学科研究边界和学科应用边界。

1. 学科结构边界

学科结构边界主要指不同学科之间的分界线，即在学科分类体系中的划分。学科分类体系是根据知识领域、不同特点和研究方法而划分的，不同学科之间的分界线在某些方面相互依存，但在其他方面则相互独立。科学知识图谱的奠基人之一德里克·德·索拉·普赖斯（Derek de Solla Price）曾提出，学科分类体系的最终目的是找到一种理性的方式，使人们能够看到科学体系的整体和部分，以及它们之间的联系。

设计学学科的结构边界强调在学科体系中的定位和范围。设计学作为一门独立的学科，其结构边界是由学科内部的分支，以及学科与其他相关学科的关系所决定的。设计学内部的分支和专业领域构成了其结构边界。设计学包含多个专业领域，如工业设计、平面设计、室内设计、服装设计等。每个专业领域都有其独特的研究对象、方法和理论框架，形成了设计学学科内部的分支结构。

由此可见，设计学的结构边界不断演变和调整，随着学科的发展和社会需求的变化，研究者在不同领域方法中探索创新，以此推动设计学学科的结构边界的发展。

2. 学科研究边界

学科研究边界问题是指设计学研究的范围和深度。设计学的研究范围越来越广泛，而且不断加深，不仅涉及设计问题的技术层面，还包括社会、文化、经济等方面的问题。

设计学的研究边界会受方法论和研究方法所影响。研究方法是研究者进行研究的工具和途径，不同的方法选择会对研究边界产生影响。从学界来看，设计学的研究方法包括实证研究、实践研究、文献研究等。研究者要根据研究目的和问题，选择合适的方法，而选择也会对研究边界的划定产生影响。例如，实证研究注重数据收集和分析，更侧重于客观事实和验证性的研究，而实践研究则强调实际设计、实践的反思。

此外，研究边界还受到理论框架的影响。设计学的理论框架包括设计思维理论、设计创新理论、用户体验理论等，不同的理论框架会引导研究的方向。同时，学术界的观点和研究动态也会对设计学的研究边界产生影响。

3. 学科应用边界

学科应用边界是指该学科在实际应用中的范围限制，不同学科之间的应用领域的不同会影响到应用效果。设计学是一门解决问题的实践性学科，它与其他学科有着交叉和重叠的关系。设计学的应用边界是由多个因素决定的，包括学科内部的范畴和方法。例如，平面设计主要涉及二维图像的创作和传达，而建筑设计则专注于三维空间的规划和构建。因而设计学的应用边界，在很大程度上受到设计者的专业领域和背景的限制。

同时，设计学的应用边界，也与其他学科相互作用。例如，设计学与科学、工程、社会学等多个学科都存在交叉互动关系，从这些学科中获取知识方法，为设计实践提供理论支持工具。不过，设计学的应用边界也受到其他学科的限制。设计学无法涵盖其他学科的所有方法，因此在实际应用中需要与其他学科进行合作，以获得有效的解决方案。

学科边界问题是一个多方面的问题，需要综合考虑学科分类体系、研究范式、社会文化因素等多个方面的因素。为了解决学科边界问题，需要建立跨学科研究机制、加强跨学科教育、拓展学科边界和加强学科交叉领域的研究。

二、设计学间性问题解析

理解设计学跨学科研究的间性问题，有助于认识到设计学在多学科融合中的作用，促进学科之间的交流合作，为设计研究提供更广阔的视野。间性研究起源于文艺美学，涵盖学科间性、文化间性、主体间性以及文本间性四个概念。其核心在于强调学科之间、文化之间、主体之间、文本之间的关系，体现出综合性、跨越性、开放性和互动性的特征。

米哈伊尔·巴赫金（Mikhail Bakhtin）最早提出“间性”这个概念，他在思考学科设立时认为，每一个学科都处于边界的位置，文化领域作为一个整体构成的问题，可以理解为是这一领域的边界问题。也就是说，每一种文化现象、每一个文化行为都有着具体的联系，它们既是自立的，又与整体相关。因此，领域的边界问题是充满生机和诱惑的，这也使得设计学学科必然会表现出间性的特征。在设计学中，间性反映了设计作为一个综合性学科的独特地位和作用。设计不仅要解决功能性问题，还要考虑美学、用户体验、文化背景等多方面因素。这种多维度的要求使得设计学需要不断吸纳和整合其他学科的知识和方法，形成一种动态的、开放的学科体系。

设计学界有关学者对设计学学科间性进行了探讨。例如，祝帅在《论设计研究的“学科间性”》一文中运用了“学科间性”这个概念，从文化人类学的“文化间性”问题中借鉴而来。他强调了设计学作为一门交叉学科，需要在不同语境中提出不同对策来应对其不同问题。设计研究必须同时兼顾人文科学、社会科学以及自然科学属性，设计学的学科间性已经成为学科建设和发展的一种新常态。祝帅的观点突出设计学的综合性和适应性，强调了多学科融合对设计研究的重要性。这种观点反映了现代设计学学科的开放性和跨越性，有助于提升设计学的理论深度和实践广度；然而，他对学科间性更多地关注静态特性，较少讨论设计学在实际操作中的动态交互。这使得他的分析在理论层面上具有较强的指导性，但在实践应用中，尤其是应对当下快速变化的技术和社会需求方面，显得不足。设计研究不仅需要在学科融合的背景下提出应对方案，更需要关注如何在实际项目、设计流程和用户需求的不断变化中灵活调整和创新。

针对祝帅的观点，周志发表文章《从范畴、路径与导向看设计学科的间性特质——兼与祝帅兄商榷》，对祝帅提出的设计学学科间性概念进行了辩驳。在文末，周志认为不能将设计学的“间性特质”孤立地看作一种静态概念，设计学作为一门独立的学科，在面对具体问题或真实情境时，会显现出动态特性。这种动态视角更贴近设计实践，有助于提高设计学在具体应用中的灵活性和适应性。设计学应该有自身的研究问题、理论、概念和方法，并为实践提供知识基础、方法论、专业技能规范和价值观。周志为设计学的应用提供了更具操作性的方向，凸显了设计学不仅需要理论支持，还应具有动态应变的能力。这一观点为设计学实践中的反思性操作提供了更加现实的指导，增强了设计学学科在多变环境中的实用性和适应力。

陆丹丹在前面两位学者研究的基础上，进一步深化了对设计学学科间性问题的探讨。她通过分析学科制度和学科惯性的影响，提出重新建构设计学学科边界的必要性。这一观点凸显出设计学不仅需要从动态视角理解其间性，还需要在学科发展和学术规范中对其边界进行反思和重构。陆丹丹的分析增加了对学科间性问题的复杂性理解，指出设计学不仅是跨学科的，还受到学科制度的约束，这为设计学学科的长远发展提供了战略性建议。

通过前人对学科间性问题的讨论，我们可以进一步明确设计学的学科定位和性质。设计学的学科间性可以被定义为：通过交叉学科的“知识修补”来克服知识差异，创造新的知识互动空间或规范的一种形式，强调了不同知识和学科间的对话、沟通与理解，突出了知识之间关联的特征。这些讨论表明，设计学的间性既包括不同学科间的静态融合，也涵盖了具体应用中的动态交互。理解和应用间性概念，有助于提升设计学的理论深度和实践广度，推动设计学学科的持续创新和发展。

三、建立设计协作机制

协同机制是跨学科研究中的一种协作方式，有助于提高研究效率、实现资源整合、优化决策结果，促进学科交流。要推动跨学科研究的发展，应建立“理念协同—管理协同—制度协同”三位一体的协同机制。

1. 理念协同

设计学跨学科研究的理念协同，为各行为主体的具体行为指明方向，并使设计活动的步调趋于一致。在设计学跨学科研究过程中，由于不同学科之间的知识和思维方式存在差异，各行为主体对同一问题会产生不同的看法。如果缺乏理念协同的指导，那么各行为主体的具体行为可能会效率低下。因此，只有达成理念协同的行为目标，才能达到跨学科研究的预期目的。

例如，建立在对本土文化认同的基础上，设计者深入挖掘本土文化中蕴含的独特的思维方式、审美观念和技艺传承。将本土文化与设计学跨学科研究相结合，可以激发新的创意和设计理念，将传统工艺与现代设计相结合，创造出具有本土特色的新型创意产品，传递本土文化的价值观和精神内涵。

在设计学跨学科研究的过程中，需要通过多种方式，如协同式设计、参与式设计等，协调各行为主体（包括设计人员、设计机构、企业、政府等）的理念，以达成共识，为设计实践提供指导思想。

2. 管理协同

管理协同是一种跨部门、跨领域的合作方式，能够实现资源共享、信息交流、风险分担和绩效提高。通过建立管理协同机制，可以有效地实现各学科之间的管理协同，从而提高跨学科研究的创新能力和效率。

第一，协同决策机制是保障跨学科研究协同的重要手段。在建立协同决策机制时，需要明确各学科和领域的职责、权利与义务。在决策过程中，应充分听取各学科的意见和建议，确保决策过程的公开、透明和公正。例如，在设计项目中，包括设计者、工程师、市场专家和用户代表的决策团队，通过定期会议和透明的沟通渠道，集思广益，达成全面而有效的决策。

第二，任务分工机制是保障跨学科研究顺利开展的关键。在设计学跨学科研究中，应针对具体的任务目标，明确各学科和领域的职责，建立任务分工机制和组织治理机制。例如，建立跨学科研究的项目管理制度，明确项目组织、研究内容、研究任务、进度安排和成果评估等方面的内容，以实现分工管理。

第三，协调机制是保障跨学科研究协同的主要因素。在建立协调机制时，应明确跨学科研究的目标，促进各学科之间的沟通和协作，避免出现跨学科之间的决策冲突。例如，建立跨学科研究的协同治理机制，明确各学科之间的职责和义务，方便协调沟通。定期举行工作坊和研讨会，促进不同学科之间的交流与理解。

第四，建立有效的领导机制是保障跨学科研究协同的主要措施。明确跨学科研究的领导者和管理者，赋予他们必要的权力和资源，使之管理跨学科研究的各方面工作。例如，在一个设计导向的跨学科项目中，项目经理应具备设计背景，同时熟悉其他相关学科，能够有效地沟通和协调各方，确保项目目标的实现。

3. 制度协同

设计学跨学科研究的制度协同是规范个体行为的有效手段。相比于金钱和道德，制度具有更强的约束力和保护利益的功能。在跨学科研究的过程中，必须制定相关的规章、准则与制度，明确各行为主体的责任、利益以及行为规范。通过制度协同，可以整合相关制度，形成系统的制度体系，确保各行为主体的利益得到保护，实现设计学跨学科研究的预期目标。

首先，治理机制是保障跨学科研究协同的重要手段。制定治理机制时，需要明确跨学科研究的目标，厘清各学科和领域的职责和义务，以实现有效的协同。同时，建立有效的组织结构和管理体系，可确保跨学科研究的顺利推进。

其次，知识管理机制是保障跨学科知识共享的关键。建立知识管理制度需要考虑知识产权管理、知识共享和知识创新等方面，以保护跨学科研究的知识产权并促进创新。知识管理制度应基于公正、公开和透明的原则，确保知识产权的合法性和合理性。此外，还需建立知识共享机制，鼓励研究者共享数据、设备、技术和人力资源等，促进跨学科研究的资源共享互补。

最后，项目管理机制是实现跨学科项目顺利开展的重要保障。完善的项目管理机制能够规范各主体的行为，包括研究内容、任务分配、进度安排和成果评估等方面。项目管理制度应该建立在目标明确、任务清晰和进度可控的基础上，确保跨学科研究的顺利开展。

因此，跨学科研究的发展需要建立一系列的机制，以保障其顺利开展和取得良好的成果。缺乏制度的协同，研究就没有刚性约束，各项行为也将变得混乱、无序与随意，难以达到预期目的。

第五章　设计学跨学科研究方法的思维模式

跨学科研究方法通过整合不同学科的理论、方法和实践经验，带来全新的视角和解决问题的途径。在此背景下，设计学作为一门多领域交叉的学科，具备丰富的跨学科研究潜力。探究跨学科研究思维方式，可为深入研究设计学提供启发。

第一节　思维与思维方式

一、认识思维

1. 脑思维活动

脑思维活动是指在人的大脑中进行的各种认知和思维过程。它涉及大脑神经元网络的活动，包括信息的接收、处理、存储和输出等过程。脑思维活动是人类思维能力的基础，通过这一过程，人们能够感知、理解、判断和解决问题。

罗杰 · W. 斯佩里（Roger W. Sperry）教授的割裂脑实验为人们揭示了大脑分工的奥秘。根据研究结果，大脑存在明显的左右区域不对称性，即左右脑分工理论。具体而言，左脑负责时间、逻辑记忆、语言、数学计算、排列、分类、逻辑分析等功能。这些功能对于完成日常工作和学习任务非常重要，尤其是语言表达能力和数学计算能力，对于人们的社交和职场发展至关重要。右脑主要负责形象思维、空间感知和创造力。这些功能主要应用于美术、音乐、设计等领域的工作。

当然，左右脑分工理论并不意味着大脑的两个区域完全独立，而是在协同作用下完成大脑的各种功能。大脑的左右两半球之间，通过丰富的神经纤维相互连接，并通过复杂的信息传递与处理实现整体的协调平衡。思维被视为大脑神经元之间的信息交流和处理过程。神经科学研究表明，不同的思维活动会在大脑的不同区域产生特定的神经活动模式。例如，语言处理活动主要发生在左侧颞叶区域，而空间推理活动主要发生在右侧顶叶区域。因此，了解大脑分工理论的同时，也需要认识到大脑高度整合的特性。

从大脑的生物学构成来看，视觉、空间、音乐等被认为是形象思维的基本单元，而时间、逻辑、计算、语言等则是抽象思维的基本单元。因此，可以将思维分为视觉思维、空间思维、逻辑思维、计算思维等类型。

总之，思维的价值作用在认知和实践中是十分重要的。通过了解思维的运作原理，我们能更深入地了解事物的动态特征。通过思维活动，我们能判断事物当前处于怎样的状态，预测其将来的状态，或推断其过去的状态。

2. 中西方对思维的认识

思维是人脑在与外部世界相互作用的过程中，对外部对象的观念反映。它不是在人脑内部发生的独立的纯粹主观运动，而是客观事物在人脑中的观念表现。思维具有内容性，这种内容并非人脑中固有的或主观自生的，而是对外部客观世界的能动反映。

人类通过感知、认知、理解、推理、判断等过程，获取知识，理解世界，解决问题。不同的人对于思维的本质有不同的理解。例如，马克思认为，思维是对外部物质世界的反映，是物质世界在人类头脑中的映像；人类的思维是物质生产和社会实践的产物，受到社会环境和历史条件的影响。笛卡儿则强调思维的本质和作用，认为思维是人类最基本的能力，只有通过思维才能证明自己的存在；思维是人类的天赋能力，是独立于物质世界之外的精神实体。康德则认为，人类思维具有先天的结构，它通过概念和范畴来理解组织经验，人类思维能力的本质是通过先验的概念来理解经验，而这些概念是人类思维的先天条件。列宁则强调了思维的辩证过程，即认识客观世界是从生动的直观到抽象的思维，再到实践的过程。由此可见，思维的实践性和辩证性是认识过程的本质。

中国传统哲学中有许多对思维的探讨。孔子认为思维的关键在于正确认识和理解，强调“知之为知之，不知为不知，是知也”，即只有正确认识和承认自己的无知，才能有正确的认识思考。老子则认为“虚其心以待其所不知”，思维的关键在于虚心，只有虚心求知，才能不断开拓自己的思路认识。庄子指出“大知闲闲，小知间间”，思维的关键在于放松和解脱，只有放松自己的思维，不断超越和解脱，才能获得更高层次的认识。

孔子、老子、庄子的思想都强调了思维的重要性，并且指出了不同的思维方式。孔子的思想强调了对于事物的准确理解认识，以及批判性思维的重要性。老子注重对自己的认识和开放性的思维方式。庄子则关注对于自我超越和解脱的境界，以及对于事物本质的深刻理解。这些思想使人们认识到在思考问题时，应该保持批判性思维、开放性思维和超越性思维，要对事物本质有深刻的理解。

当然，中西方哲学对于思维的认识有着不同的侧重点。中国哲学强调了正确的认识、虚心和解脱对于思维的重要性，而西方哲学则强调了逻辑推理分析。两者比较来看，不同文化和哲学传统对思维有着不同的理解。通过学习不同的思维方式，我们能避免单一思维模式的局限性，提高设计研究的创新性思维。

二、思维的基本类型

思维的基本类型涵盖了逻辑思维和形象思维。逻辑思维主要涉及抽象的概念、逻辑规则和推理，而形象思维则更注重感知、形象化和直觉。这两种思维类型在人类思维活动中呈现互补关系，并在不同领域中发挥作用。

1. 逻辑思维特征

（1）严密性

古希腊哲学家亚里士多德在《工具论》等著作中提出了逻辑思维的重要观点。他将逻辑思维分为范畴、命题和推理等概念，并建立了演绎推理的基本规则。这种逻辑思维理论体现了逻辑思维的严密性，对西方哲学和科学产生了深远影响。

首先，逻辑思维必须符合逻辑规律，这是逻辑思维建立的基础，它包括三段论、假言推理等。在逻辑思维过程中，人们必须按照这些规律进行推理，不能违背逻辑规律。其次，逻辑思维必须严格遵循推理过程，每一个推理步骤都必须是正确的，不能有疏漏，任何一个错误的推理步骤都会导致最终的结论出现错误。最后，逻辑思维必须具有可证明性，所有结论都必须是可以被证明的。

（2）抽象性

人们将事物中的某些共性特征提取出来，形成一个概念范畴，以此来进行思考推理，这便形成了抽象性的基本特征。抽象可以抽取客体中的本质、隐蔽的方面，并略去细节，抓住主要特征，加以抽象化、定量化、模型化和精确化，这便形成了抽象的过程。伯特兰·罗素（Bertrand Russell）在《数学原理》中提出了逻辑主义的思想，为逻辑思维的形式化和数学化作出了贡献。他认为所有的数学和科学，都可以被归结为逻辑的形式系统。他的研究推动了逻辑思维的发展，也为计算机科学和人工智能奠定了基础。

首先，逻辑思维通过抽象概念来进行推理。在该思维中，人们需要先从具体的事物中提取出共性特征，形成一个概念范畴，然后根据这个范畴来进行推理。

其次，逻辑思维需要通过抽象符号来进行表达。思维在运作时，主要是使用抽象符号来表示概念的。例如，在逻辑符号中，“P”可以代表一个概念，人们可以使用这个逻辑符号来表示命题与推理过程。

最后，逻辑思维以抽象模型来描述原理。抽象模型是对现实世界的简化和理想化的表达。它通过简化现实世界中的复杂性，提取出其中的要素和规律，并将其表示为符号或数学形式。这种抽象模型能够更清晰地帮助人们思考和分析问题，从而推导出逻辑上的结论。此外，使用抽象模型描述逻辑思维的好处，在于其消除了语言和个人主观的限制，提供了一种通用的符号系统，使得逻辑思维被更广泛地理解和应用。

（3）连续性

逻辑思维的连续性特点指的是在思考过程中，思维的发展和推理是基于已有的信息，并沿着一条有序的路径逐步进行。

首先，逻辑思维依赖于前提和已有的信息作为推理的基础。在思考过程中，人们会根据已有的知识、观察到的现象或者给定的条件，提出一系列的前提信息，以此为基础进行推理思考。

其次，逻辑思维是通过一系列推理链条来进行的，每一步推理都是基于前一步的结论，并进一步发展推导而来。这种推理链条的连续性，使得思维在不断深入的过程中，逐步建立起一个有条不紊的思考框架。

最后，逻辑思维通常是通过逐步推导来进行的。人们根据已有的信息和推理规则，进行一步步的演绎和归纳，从而得出新的结论，以及发现新的联系。这种逐步推导的过程使得思维在连续性中不断地积累拓展，从而形成更加全面深入的理解。

2. 形象思维特征

形象思维是跳跃的、不确定的、不精确的，它更注重感性认识和直观理解。该思维从具体的感性经验中发掘出新的模式规律，并将其抽象化为逻辑思维所需要的概念模型。形象思维在科学技术的发展中发挥着重要的作用，它启发研究者的新思路，创造新的科学理论和技术，具体特征如下。

（1）形象化

人们将原始数据和经验事实等转化为某些图景，从而使得这些信息更加具体、直观、形象化。这种形象化的过程是形象思维的第一步，也是形象思维能够灵活创新的重要基础。同时，这些图景可能还是模糊的、碎片化的。形象化过程不仅仅是将信息转化为图景这么简单，还包括了将信息在多维空间中进行组合、变化、演化等过程，使得这些信息能够更加丰富多样。该过程通常发生在人脑的潜意识状态下，通过对各种图景的组合、联想、变换等操作，形成更加复杂多样的图景，进一步丰富了人们的思维方式。

（2）不确定性

尽管形象思维存在不确定性，但这也是形象思维的优势所在。因为，在形象思维的不确定性中，人们可以从众多可能中，选择另一种可能正确的图景，这种反复尝试的过程也是科学研究中不可或缺的部分。

一方面，形象思维过程存在不确定性。形象思维何时达到思维势的阈值，从而实现科学研究的突破是不确定的，在这个过程中，形象化图景的组合在显意识状态下更具方向性，而在潜意识状态下则更加随机。这意味着形象思维过程中的方向性是不确定的。另一方面，形象思维结果具有不确定性。由于形象思维的跳跃性，它具有从众多潜在可能性中选择出合理图景的能力。然而，选择的结果是否正确是不确定的，因为存在很大的可能性所选择的结果，后来被证明是错误的。这种不确定性使得形象思维相对于逻辑思维更难以把握。

总之，形象思维的不确定性使其具备了灵活性和创造性，从而使人们能够从多个可能中探索并选择合理的解决方案。然而，这种不确定性也需要在科学研究中谨慎对待，因为结果的正确性可能需要做进一步的验证和评估。

（3）组合

人通过自身的感觉器官对事物进行重新认识，人的意识便与外界世界产生了联系。无论是在有意识还是在潜意识的情况下，人脑将感知的图景以及自己原有经验中的其他图景放在一起，进行自觉或不自觉、主动或被动的组合，形成对客观事物的创造性再现。如果在一段时间内人们高度集中地思考某个问题，那么这段时间内的潜意识可能集中用于与该问题相关的图景的组合处理。

（4）呈现

形象思维的结果最终会以某种形式呈现在人们的意识中，从而产生直观形象的感知和理解。这种呈现是形象思维的最后一步，也是形象思维最终产生意义和价值的重要环节。这些大量的组合过程，在某一时刻终于形成了一个网络的通路，或者形成了一幅新的具有意义的图景。这时，信息立即触发了意识，从而使人脑感觉“看”到了一个新的图景。

形象思维的跳跃性和不确定性可能会让人感到困惑，但它也是许多科学家在解决科学问题时高度洞察力的重要来源。人们虽然对形象思维的组合过程难以控制和察觉，但偶尔还是能够朦胧地感觉到即将达到某种全新的认识，如禅宗里面讲到的“顿悟”，艺术家常常运用到的“灵感”。

总之，在科学研究的发展过程中，逻辑思维和形象思维相互配合、相互促进。逻辑思维提供了坚实的理论基础，并具有推理证明的严密性；形象思维则能够激发创新思维产生新的科学理论。只有将逻辑思维和形象思维灵活运用，发挥各自的优势，才能推动设计思维的进步。

三、思维的本质

思维方式是人们在实践活动中形成的相对稳定的思维框架。人的思维结构是在实践中，由一系列基本观念、价值取向以及思想方法构成的。由此可见，人的思维是运用语言与知识在实践中产生的，没有头脑在实践中发挥思维功能，就没有思维成果。因而，人的思维是社会实践的产物。

首先，思维是一种内在规律和思考方式。这意味着思维方式不是自成体系的，而是与外部世界密切相关的。恩格斯说：“人的思维最本质的基础，正是人所引起的自然界的变化，而不仅仅是自然界本身。”这表明，人类的智力发展与人类在自然界的实践活动密切相关。人们在实践活动中，通过对外部世界的观察和认识，逐渐形成了自己的思维方式。因此，思维方式的形成具有历史性、时代性、共时性的特征，会随着外部实践方式和时间的变化而变化。

其次，思维方式对人们的思维能力的高低有着决定性的影响。好的思维方式能够指导人们准确地认识和解决问题，提高人们的创造力。人们需要不断拓展和深化思维方式，使之适应实践的需要。这一过程需要自觉调整、变革、改善思维模式，防止思维模式的狭隘和保守。

再次，一种新的思维方式的形成，既以传统思维方式作为前提性条件，又随着实践的发展变化而增添新的内容。此外，实践观念和思维方式的转变对于实践方式的转变具有重要的精神引导作用。可见，人们需要密切关注实践活动的变化，不断调整和改进自己的思维方式，以适应实践的需要。

最后，思维方式的变革需要不断进行反思和批判，这是因为反思和批判能够帮助人们突破传统思维模式的限制，开拓新的思维路径。通过反思，人们能够深入审视自己的思维方式、信念和假设，意识到其中的局限性。这种自我审视挑战了已有的思维模式，打破了思维的固化状态。批判则是人们对思维方式进行批评的过程。通过批判性思维，人们能够发现和纠正错误的逻辑、假设和推断，识别并纠正常见的认知偏差。

第二节　思维认识的过程及其规律

思维是一种高级的认知过程，它通过感觉、知觉和表象等基础元素，对客观事物进行概括和反映。客观事物直接作用于人的感觉器官，而思维则是通过运用各种智力操作对感觉信息进行加工处理，以反映事物的本质和内部联系。因此，了解思维认识事物的规律，对于跨学科研究具有基础支撑作用。

一、认识的过程

在实际的设计活动中，感性认识和理性认识相互促进。研究者需要通过感性认识能力，发现设计问题的本质和内在规律。并通过提高理性认识能力，深入理解设计问题的逻辑。通过复杂的心理认知过程（如图 5-1），最终发现新的结果。

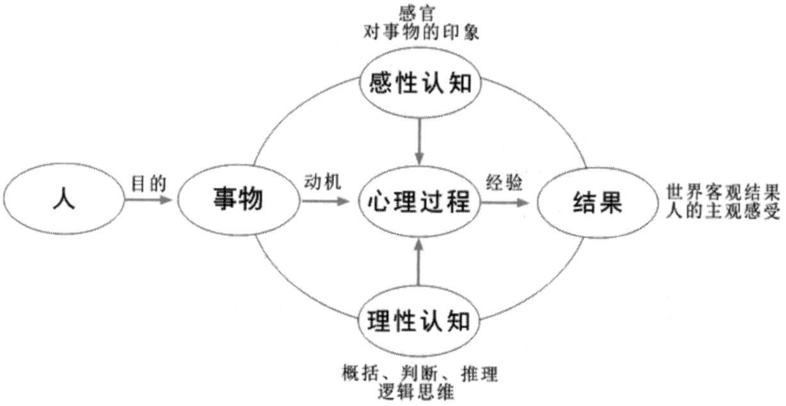

图 5-1　心理认知过程图

1. 从感性到理性的认识思考

感性认识和理性认识是辩证统一的，理性认识以感性认识为前提，感性认识以理性认识为归宿。

首先，认识和实践是相互作用的。实践是认识的基础，是思维能动地反映客观世界的前提。在实践中，人们获取感性材料，通过加工、分析、综合和概括，形成系统的概念、逻辑和理论，以获得对事物本质和规律的深刻认识。感性材料是认识的原始材料，是对客观事物进行反映的基础。

其次，在人类认识世界的过程中，矛盾性是普遍存在的。这种矛盾性体现在现象与本质之间的冲突上，决定了人类认识必须经历一个先认识现象、后认识本质的发展过程。在这个过程中，人们依靠感觉、经验和直觉等方式，进行表面的感性认识，但感性认识具有很强的主观性和局限性，无法全面把握事物的本质。大卫·休谟（David Hume）认为所有知识最终都来源于感知经验。他强调感性认识在知识形成中的基础性作用，主张经验和观察是理解世界的重要途径。因此，人类认识必须逐步上升到理性认识的层次，通过抽象思维和逻辑推理，去认识事物本质的内在联系。这个过程是一个认识和被认识的复杂过程，也是一个充满矛盾的过程。

再次，从感性认识到深入认识事物的本质。事物的表面现象是事物存在的显现，通常是外在的、可见的，而事物的本质属性则是事物存在的根本特征，通常是内在的、隐蔽的。感性认识是基于事物的表面现象，如感觉、形态、颜色、声音等外在属性；而理性认识则是基于事物的本质属性，如事物的本质特征、关系和规律等。巴鲁赫·德·斯宾诺莎（Baruch de Spinoza）认为知识分为感性知识、理性知识和直观知识，其中理性知识和直观知识能带来对自然界的深刻理解。如要真正深入认识某一事物，归根到底就是认识这一事物的本质，认识了事物的本质就达到了理性认识。理性认识是在感性认识的基础上，通过分析、推理和归纳等思维方式，深入认识事物的本质属性和内在规律，具有普遍的客观性。

最后，人们认识任何事物都是从感性阶段开始，再上升到理性阶段的，这是由事物的现象本质决定的。它们是认识发展过程中两个不同的认识阶段，前者是后者的前提。感性认识提供了初步的设计灵感，为设计者提供初步的设计思路。理性认识则是通过对感性认识的深入分析，发现设计问题的本质需求和内在规律。

2. 从具体到抽象的认识演变

感性认识和理性认识之间的转化过程，是一个从具体到抽象，再从抽象到具体的过程。在理性认识的阶段，人们通过思维的抽象和综合，逐步深入认识事物的本质、规律和整体性。在这个过程中，人们通常先把具体的感性认识进行思维抽象，形成抽象的概念，然后通过思维的综合作用，把这些抽象的规定进行整合，最后形成对事物的理性认识。

（1）*总体层面*

感性具体和理性具体的形成构成了认识过程中的两个不同阶段。感性具体是认识事物的表面现象，是从具体到抽象的过程中的第一步，主要通过感官和直觉等方式获得对事物的具体感知体验，是一个直观的整体。理性具体则是在感性具体的基础上，通过抽象综合的思维方式，深入认识事物的本质规律，这是从具体到抽象的过程中的第二步。在这个阶段，人们通过思维的抽象，逐步深入认识事物的本质、规律和整体性，把具体的感性认识进行思维抽象，形成抽象规定。

在认识过程中，抽象规定是从感性具体中抽象出来的单一规定，它是认识事物本质和规律的必要条件。不过，仅仅依靠抽象规定，还不能对事物进行全面的认识和把握，这是因为具体事物是由许多规定的综合构成的，而抽象规定只是其中的一个方面。在思维过程中，这种综合过程表现为对各种抽象规定的综合，最终形成对事物的整体认识。

（2）抽象到理性

认识在思维建构中包括两个方面的含义。一方面，认识结构的建立是主体对所获得的客体信息的重组，在认识的逻辑运动中，主体通过抽象思维选择、提炼、抽取客体信息，从而建构出各种抽象规定。当然，要想全面认识事物，就需要借助综合的方法，把各种抽象规定联系起来，形成关于事物的总体认识。具体事物之所以具体，是因为它是许多规定的综合，是多样性的统一。另一方面，主体把抽象规定按照主体观念把握客体的要求，重构为观念系统的理论体系，从而实现在精神上再现客体的具体总体。

思维的建构是认识过程中的重要环节，只有通过实践和思考，才能更好地实现从抽象到理性具体的过程。在认识活动中，人们需要不断发挥感性认识和理性认识思维的相互作用，通过选择、加工、改造所获取的信息，重新组合成观念信息系统，从而实现对设计问题的感性与理性把握。

二、从认知到悟性的洞察

人类通过不同的方式来获得知识和认识世界。中国古代哲学重视体悟与心证，讲究“诚意、正心、格物、致知”，认为心是获得知识的工具，而非大脑思维。知识获取的方式是“由内而外”，是由本体驱动，通过体悟和直觉的方法，从心中去看世界（如图 5-2）。

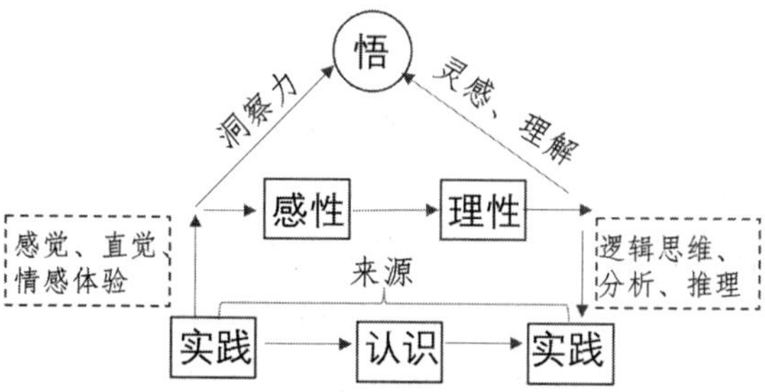

图 5-2　认知与悟性关系图

1. 中西方对“悟”的理解

对于“悟性”的认识，在中国的儒释道三家中都有提到。在禅宗中，禅修的目的是获得对事物发展的新见解，并将这种新的见解理解为“悟”。“迷人渐修，悟人顿契。自识本心，自见本性。”这句话说的是“顿悟”的意思。六祖慧能也主张“顿悟”，认为人人本具佛性，通过直接的内心体验和觉悟，可以立刻达到佛法的核心。悟性在于内心的直接觉悟，而不在于外在的修行。悟性是对自然和生命本质的直观理解。在儒学中，程颐、程颢提出“格物致知”，强调通过对外物的感悟和内心的反省，达到对理的认识。悟性在于内外结合，通过内心的直观体验把握天理。朱熹继承并发展了程颢和程颐的思想，提出“格物致知”的详细方法，认为通过内心的反省和对事物的研究，可以达到对理的深刻理解。悟性在于内心的深刻体认和思考。

中国传统思维对悟性的认识是非理性的，强调了主体的直接“体悟”，是非文字化的思维，提倡以“悟”的方式去参与现实，并遵循精神的升华。悟性认识是中国传统思维中的一种认识事物的方式，与西方的“理性认识”相并列，是被视为比感性认识和理性认识更高级的认识层次。

在西方经院哲学时代，信仰在理解自我和认识世界中扮演了重要的角色。文艺复兴之后，逻辑思辨哲学得到了发扬光大，认为通过逻辑推理和演绎的方式可以获得知识。古希腊时期的哲学家柏拉图提到了“有超乎理智与技艺之上的审美之悟，即把握世界本体的‘迷狂’”。表达了人类使用知识、技术和逻辑等理性手段去创造艺术品，并通过这些作品反映人类的工艺技术水平，以及对事物本质的把握。

这种创作过程是有规律可循的，其结果可以被理性地解释和分析。但是，“审美之悟”则是通过超越理性和技艺的方式去创造作品，超越了人类知识与技术的水平，达到了一种直觉与心灵的境界。

2.“悟”的认识解析

从中西方的理解来看，悟性认识形态既不同于主观而片面的感性认识，也不同于抽象思维的理性认识。悟性认识将感性认识阶段和理性认识阶段综合成具体化的思维，包含人类潜意识下的心理活动。当然，复杂的心理活动过程，具体表现为体验、直觉、消化、升华等思维活动，这种思维形态既不具有十分鲜明的形象思维的形态，也不显示特别清晰的逻辑思维的特征，而是长期认知的积累，构成具有透过事物的外观表象，直视事物本质规律的综合效能。因此，在“悟”的认识过程中，人们能够预见事物未来发展趋势，产生对事物的认知，以及精神的超越。

3.“悟”的认知过程

感性认识、理性认识和悟性认识在面对实践中的矛盾时具有不同的特点。感性认识将实践中的矛盾作为认识的客体，通过五感反映到认识主体的头脑中，形成感性认识。莫里斯·梅洛－庞蒂（Maurice Merleau-Ponty）强调感知在理解世界中的核心地位，认为感知经验是与世界互动的基础。

理性认识也将实践中的矛盾作为认识的客体，但是其特点是指导实践的客体，对不同难度的实践，具有不同的指导性。悟性认识不仅是认识的客体，更是应用的客体，并且具有特殊性。这种特殊性表现在悟性思维的出现条件，不是随时能够产生的，而是需要锻炼出来的，需要不断关注事物发生的新变化，以稳定和谐的心境去思考事物的变化规律。

从整体上认识悟性的产生过程，广义的认识过程是“实践→认识（感性→理性→悟性）→实践”。在这个过程中，实践是认识的基础，感性、理性和悟性的认识是在实践基础上产生的。

由此可见，感性认识是通过感官反映实践矛盾，在认识主体头脑中形成的；理性认识是通过抽象思维，去认识实践矛盾的本质和内部联系；悟性认识则是将感性认识和理性认识融为一体，直接应用于实践中去解决问题。

4.“悟”的实践性

悟性认识面对的实践具有直接性。感性认识和理性认识都有其局限性，无法全面把握事物的本质，只有悟性认识能够深刻理解事物的本质和内在联系，达到对世界深刻的认识。在实践活动中，感性认识获得经验和艺术等成果，而理性认识获得科学和理念等成果。弗里德里希·谢林（Friedrich Schelling）认为，自然和精神是同一现实的不同表现，直觉是理解这种统一性的关键。他强调“直观知识”，即通过直觉把握事物的整体和本质。这种直觉便是悟性的一种表现，悟性认识可以升华为灵感、智慧。这种灵感、智慧，并非理性认识升华为悟性认识的直接成果，而是融合了感性和理性成果的实践认识。

传统的二元对立思维，常常限制了创造性思考的可能性。但运用“悟”的思维方式，超越二元对立，将看似矛盾的概念进行融合，为解决问题寻找新的可能性和创新点。在设计实践中，应用悟性，设计者能够获得更深入、更富创造性的理解。首先，在设计实践之前，培养开放的感知能力，观察、聆听和体验设计对象，以全身心投入其中，通过沉浸式体验，尝试感知事物的本质和内在联系。其次，将设计问题抽象化，超越具体的表象，将其置于更广阔的背景环境中，观察其与周围事物的关系和相互影响，通过整体观察，揭示其隐藏的模式结构。最后，将实践经验与理论知识相结合，理论知识可以提供框架和指导，而实践经验为理论知识提供验证，将两者相互融合，形成综合的、富有悟性的设计实践。

三、悟性提升思维能力的方式

以中国传统的悟性思维为基础，提升设计思维能力，设计者可以通过以下方式进行培养。

1. 平静与专注

在中国传统悟性思维中，内心的平静与专注被视为提升个人认知和观察力的重要因素。庄子强调“道”的直觉体验，认为通过“心斋”和“坐忘”，可以超越世俗的限制，直接体验到“道”的本质。设计者的内心状态对于理解问题的本质至关重要。通过在体验中冥想与静心，放松思维、提升思考的深度和广度，设计者可以培养对于细微变化，以及用户行为的敏感性。此外，内心的平静与专注有助于设计者进行深度思考，理解问题的复杂性。这种深入思考的能力使得设计者能够挖掘问题的内在关联性，更精准地看到问题的本质。

总之，保持内心的平静与专注，为设计者打开了一条思维的通道，激发了其灵感与创造力。这种开放的心态，有利于设计者超越传统思维模式，尝试新的设计方法。

2. 知觉与观察

在悟性思维中，设计者提升思维能力的主要途径是知觉与观察。敏锐的观察是培养设计者知觉与观察能力的基础。

设计者需要以开放的心态和敏感的感官，细心观察用户的行为、需求以及环境的不同。设计过程中的细节往往蕴含着重要的信息，通过培养知觉和观察能力，设计者能够更好地捕捉细节，发现用户需求中隐藏的问题，并从中获得设计灵感。此外，设计者还需要提高对环境、行为和情感的深入感知能力。通过深入感知，设计者能够更好地了解用户所处的情感状态，从而更准确地把握用户需求。这种深入感知的能力，有助于设计者发现用户需求背后的真实动机和情感需求，为创造性的设计提供更有力的支持。

所以说，设计者需要进行多维度的观察，不仅要关注表面现象，还要深入挖掘背后的本质与关联。通过多维观察，设计者可以发现不同因素之间的相互作用，从而更好地理解用户需求的多样性，获得更多的设计灵感。

3. 直觉和洞察力

直觉是一种感知、理解和决策的能力，它基于个人经验、情感和潜意识的综合作用。在设计活动中，设计者需要面对各种复杂的问题需求，而直觉能力有利于迅速抓住关键点，发现非显而易见的解决方案。通过培养悟性思维，设计者可以提升直觉能力，从而更好地解决设计问题。

直觉和洞察力的发挥，需要建立在充分的经验和知识基础上。设计者需要通过学习和实践来积累专业知识经验，扩展自己的认知领域。这些知识经验为设计者提供更多的背景信息和启发。

当然，设计者还需要培养对自身思维过程和决策的觉察能力。这包括对自身思维偏见和盲点的认知，以及对潜在解决方案的评估。觉察能力主要体现在对用户需求的敏感性，以及对设计问题的洞察上。这都需要设计者通过观察、感知和体验来加深对用户行为的理解。同时，通过实践和反思来培养直觉判断的能力。这意味着在设计活动中，既要在不确定的情况下，运用自己的直觉作出决策，又要不断在实践中反思，逐渐提升直觉判断的准确性。

4. 深度思考与抽象概括

深度思考和抽象概括是悟性思维中的关键能力，对设计者在解决复杂问题中起着重要作用。深度思考是指对问题进行全面、透彻的思考和分析。在设计过程中，面临各种复杂的问题和挑战，设计者需要深入理解问题的背景、原因和影响。通过深度思考，从不同角度和层面审视问题，探索问题的本质根源。这种深度思考能力有助于设计者更全面地理解问题。抽象概括是指将问题从具体的、特定的情境中提炼出来，形成更一般化、普遍化的概念或原则。设计者在设计中需要将问题抽象化，以便获得更广泛的视角和洞察力。通过抽象概括，设计者可以将问题与相关领域的知识经验联系起来，寻找问题的共性和规律。

此外，批判性思维对问题进行客观、理性的分析和评估。设计者可以通过学习批判性思维的方法和技巧，培养对问题的深度思考能力。这包括提出问题、寻找证据、评估论据的合理性和逻辑性等。通过批判性思维，设计者可以更全面地理解问题，并从中获得深刻的洞察力。

与此同时，还可以通过引入新的观点、概念和领域来拓展思维的范围。设计者积极涉猎不同领域的知识和思维方式，以扩展自己的认知边界。这种跨学科的综合能力帮助设计者发现不同领域之间的相互影响，从而提供更多元化的解决办法。

综上来看，思维能力的培养过程极其规律，是一个复杂而又充满矛盾的过程。感性认识是认识事物的起点，理性认识是认识事物的深入阶段，而“悟性认识”是认识事物的最高境界。只有通过思维的不断深化，才能领“悟”到事物的本质规律。

第三节　科学思维的基本方法

在设计学跨学科研究中，需要运用科学思维方法，以更加科学、准确和有效的方式开展研究工作。现代设计学学科的发展必须有更加科学和实证的研究方法，以提高设计的可靠性和实用性。理解清楚科学思维的方法，也是学习设计学跨学科研究方法的不二法则。

一、科学思维概述

对于科学思维概念有两种理解：一种是“科学的思维”，主要指思维的科学化，以“科学”作为形容词来修饰思维，即在科学领域中运用的方法；另一种是在科学实践活动中所形成和应用的思维。本研究界定的是后者研究的范畴。

从知识论的角度来看，科学思维需要建立在科学知识体系之上，遵循科学的严谨性和规律性。人们需要以科学的态度去面对问题，注重证据、逻辑和实证的过程。理查德·费曼（Richard Feynman）强调科学思维的实验和观察的重要性，倡导用实验证据来支持或反驳理论，并提出了“科学精神”（scientific spirit）的概念，强调好奇心、怀疑精神和创造力在科学研究中的作用。因而，科学思维需要通过科学方法来寻找答案，并验证其正确性。

从过程论的角度来看，科学思维是一种系统性、连续性、循序渐进的思维过程，在这个过程中，通过实验和推理，逐步深入了解问题的本质规律，最终得出准确的结论。波普尔认为，科学思维的核心是批判性思考和过程验证，并提出了“反证法”（falsificationism）的概念。他认为科学理论应该是可以被证伪的，强调了论证的过程。由此可见，科学思维需要在创造性、批判性和逻辑性等多个方面进行协同，从而形成一个完整的思维体系，以此得出科学性的结论。

从综合论的角度来看，科学思维需要综合运用自然科学、社会科学、人文科学等多个领域的知识，以及逻辑思维、创造性思维、沟通能力等多种技能，从而完成对问题的全面分析和解决。科学思维需要将多个领域的知识有机地融合在一起，形成一个综合性的思维模式。

二、科学思维要素特点

1. 科学推理

科学推理是科学思维能力的一种重要的思维方式，指个体通过逻辑思维和科学事实进行推理，得出合理解释的能力。它是个体思维能力发展到一定高度之后所具备的一种能力，能够帮助个体进行假设检验和问题解决。

科学推理过程通常需要对多种推理方法进行综合运用，具体包括归纳推理、演绎推理、概率推理等。归纳推理是从具体的实例中总结出普遍的规律；演绎推理是从一般的规律中推导出具体的结论；概率推理则是通过概率统计方法，计算事件发生的可能性，从而得出结论的可信度。在跨学科研究中，这些推理方法可以互相补充，共同用于解决复杂的跨学科问题。

在科学研究中，拥有科学推理能力的研究者应具备以下几个特点。

其一，科学推理需要研究者能够通过理性分析、合理推断和严谨论证，得出科学结论。

其二，科学推理需要研究者具备独立思考和判断的能力，不仅能够理解和接受已有的结论和观点，还能够自主提出新的假设和产生新的思路。

其三，科学推理需要研究者具备实证思维，能够通过实验验证或证伪假设，得出更加可靠的结论。

其四，科学推理需要研究者具备综合思考的能力，能够将各种不同的因素和证据综合起来，从而得出全面准确的结论。

在设计领域中，科学推理可以帮助设计者更好地理解用户需求和行为特征，从而设计出更加符合用户需求的产品，并更好地应对复杂的设计问题与挑战。

2. 科学论证

科学论证是指研究者通过逻辑推理和实证验证的方式，来验证科学假设和理论的过程。其目的是得出可靠的结论，以支持某个假设或理论。研究者需要具备科学论证的能力，主要因为这种能力能够建立和验证科学假设。

设计者在进行设计工作时，需要经常提出各种研究假设，并通过实验来验证这些假设是否正确，确保设计方案的科学性和实践性。

具体来说，科学论证的能力包括以下六个方面。

（1）建立假设：设计者需要基于已有的知识和数据，提出各种设计假设，用以指导设计方案的开发。

（2）设计实验：设计者需要根据设计假设，设计相应的实验计划和方法，以验证设计假设的可行性和正确性。

（3）进行实验：按照实验计划，进行实验操作，记录实验数据和结果。

（4）分析数据：对实验数据进行分析和统计。

（5）得出结论：根据实验数据和分析结果，得出结论，并进行验证。

（6）改进设计：根据得出的结论，对设计方案进行改进和优化。

这表明，科学论证的能力能够让设计者更好地理解用户需求和行为特征。

3. 科学创新

科学创新思维是一种能够突破传统思维定式，寻找新的解决方案和创新思路的思维方式。当然，它不仅是一种思维方式，更是推动社会进步和发展的重要力量。

美国教育家爱德华·德波诺（Edward de Bono）将创新思维定义为一种解决问题的能力。在此基础上，许多学者和思想家对创新思维进行了深入研究。其中，托尼·博赞（Tony Buzan）从多元性的角度提出了新的思路，强调创新思维主要包括开放性、敏锐性、多元性和实践性等，这些能力共同推动了创新发展。

此外，科学创新思维能力使研究者能够创造新的研究方法和工具，以更好地应对研究挑战。这可能涉及新的实验设计、数据分析技术、建模方法以及人工智能技术的应用等。通过应用创新的方法和工具，研究者能够提高研究的效率和准确性，取得更好的研究成果。

通过对科学创新思维能力的分析我们可以发现，它包括开放思维、敏锐观察、多元思考和实践创新等方面。首先，创新思维要求设计者能够跳出传统思维模式，寻找新的设计思路方向，并培养敏锐的观察能力。设计者需要具备敏锐的观察和发现能力，深入了解用户需求和行为特征，发现用户的真实需求和痛点。其次，设计者应具备多元思考能力，能够从不同的角度和视角考虑问题，并具备市场洞察力和产品开发能力，以寻找设计的多种可能性。最后，在实践方面创新，设计者能够通过实践来验证设计方案。

总之，通过培养科学创新思维能力，设计者能够突破传统思维束缚，寻找新的解决方案和创新思路。这对于推动科学研究的发展具有重要作用。

案例分析

以下列举的是世界上典型的设计驱动型公司的创新方式。

苹果公司

苹果公司（Apple Inc.）以其创新的产品和设计而闻名。他们通过将设计、工程和技术相结合，不断推出具有前瞻性的产品和服务，如 iPhone、iPad、Mac 电脑等。苹果公司注重用户体验，在产品设计中融入先进的技术，以满足用户的需求和期望。通过对研发的投入，实现技术创新和产品的不断演进。

产品创新：打破传统手机使用方式，推出 iPhone、iPad 等具有划时代意义的产品。

设计创新：产品外观设计独特，改变用户使用方式。

技术创新：开发 iOS、Apple Pay 等前沿技术。

特斯拉公司

特斯拉公司（Tesla Inc.）是一家以电动汽车和可再生能源解决方案为核心的公司，主要通过整合先进的电池技术、自动驾驶技术和创新的设计，推动汽车行业的科技创新。特斯拉公司致力于开发高性能、高效能的电动汽车，并通过不断改进和升级车辆的软件和硬件，提供卓越的用户体验。此外，特斯拉公司还推动可再生能源的发展，通过太阳能和储能技术等解决方案，推动能源行业的创新。

技术创新：电池技术、电动驱动系统、一体化压铸技术、自动驾驶技术等。

理念创新：加速汽车行业电动化进程，以更优的设计和技术满足消费者需求。

销售创新：直接面向消费者的销售模式创新。

谷歌

谷歌（Google LLC）是一家全球领先的科技公司，以其在搜索引擎、云计算、人工智能和大数据等领域的创新而著名。谷歌不断推出新的产品和服务，如谷歌搜索、谷歌地图、谷歌云平台等。他们还推动人工智能和机器学习的发展，将其应用于各个领域，包括自动驾驶、语音识别、智能助手等。谷歌的创新驱动力源于他们对技术的深入理解和持续的研发投入。

技术创新：开发谷歌搜索引擎等技术产品，利用算法创新改变搜索方式。

模式创新：基于技术创新开拓网络广告业务，开创性地将免费服务与网络广告业务结合。

组织创新：灵活的派遣式管理，激发员工的创业精神。

创新文化：创新是谷歌公司的核心价值观，鼓励员工提出新的见解。

4. 科学思维的层次和水平

科学思维层次和水平的划分有助于人们更深入地了解科学思维的本质。一方面，可以帮助人们更深入地了解科学思维的本质和发展过程，从而理解科学研究的意义和价值；另一方面，其可以更好地将科学思维应用到科学研究实践中，提高研究实践的效果。

科学思维的层次和水平划分的科学依据，主要来自科学哲学和认知心理学等领域的研究成果。科学哲学中的归纳、演绎、实证和理论等观念，以及认知心理学中的认知层次和认知水平等概念，都为科学思维的层次和水平的划分提供了科学依据。

（1）按层次划分

科学思维按层次可以分为描述性思维、解释性思维、探究性思维和创造性思维。

描述性思维：描述性思维是指对事物的客观描述。它侧重于观察、描述和解释现象、事物或概念的特征、属性与关系，旨在提供客观的、事实性的描述，以便更好地理解和表达所研究对象的本质特点。

解释性思维：解释性思维是指对已有事实、观点或现象进行解释的思维方式。它关注的是如何提供合理的解答，通过推理和归纳来理解已知信息的意义关系。解释性思维涉及分析、比较、概括和推断等过程，旨在揭示事物之间的原因、逻辑和联系。

探究性思维：探究性思维是指在解释性思维的基础上，进一步探究事物的未知领域以及未解决的问题。它强调主动思考、主动学习，鼓励探索问题的多个角度和多个解决途径，以获得新的发现。

创造性思维：创造性思维是一种能够产生新的观点、想法和解决方案的思维方式。它强调独立思考和创新思维的能力。进一步看，创造性思维能够突破常规的思维模式，结合不同领域的知识和想法，从而生成新颖、有创意和有价值的成果。

（2）按水平划分

科学思维按水平可以分为认知水平、实践水平和创新水平。

认知水平：认知水平是指个体或群体在认知过程中所达到的思维、理解和知识处理的程度。它反映了个体对信息的接收、加工、存储和应用的能力。认知水平与个体的认知能力、知识储备、思维方式和学习经历等因素密切相关。认知水平不是固定的，而是可以通过学习得到提高的。

实践水平：实践水平是指个体在实际应用操作中所达到的技能经验的程度，主要强调个体在特定领域或任务中的实际应用能力。实践水平是通过实践和经验积累而形成的，与理论知识和概念相互补充，共同促进个体的专业发展。在设计中，实践水平非常重要。设计学是一门实践性很强的学科，要求设计者能够将理论知识和概念转化为实践，运用各种工具、技术和方法进行创意表达、原型制作、用户测试等活动，为解决实际问题提供解决方案。

创新水平：创新水平是指个体或组织在科学探究实践中所体现的创新程度。具体表现为在创新思维、创意生成和创新实践等方面的能力。创新水平不仅包括创新的能力、创新的成果以及对创新过程的掌握程度，还包括对新思路、新方法和新理论的创造。

三、科学思维方法

科学思维方法是系统性的思维方式，可以帮助研究者更好地认识和理解世界，其基本特征是系统性、精确性、可重复性和可验证性。

1. 分析与综合法

（1）综合比较

综合比较法是通过对多个对象的比较分析得出结论的方法。它通常用于研究不同文化、不同社会群体、不同地区和不同时期的差异性，以更好地理解它们之间的关系特征。

在设计学中，综合比较法主要用于对多个设计方案、解决方案或设计选择进行全面的比较评估，旨在通过综合考虑各个方面的优势和劣势，为设计者提供决策支持和选择指导。首先，设计者要确定用于评估和比较的标准。这些标准可以包括功能性、美观度、可用性、可持续性等。根据设计项目的需求目标，选择合适的评估标准。其次，对各个方案在不同方面的优劣势进行评估。

在具体应用中，设计者应该根据实际情况选择合适的比较方法，以便更好地进行研究分析。

（2）归纳演绎

归纳演绎法是从具体到一般的推导方法，通过对具体实例的分析总结出规律性结论，并将其推广到一般情况。在设计中，归纳演绎法帮助设计者从具体实例中获取普遍性的认知规律，并将其应用于具体的设计过程中。归纳演绎法使设计者的决策和创意过程更具逻辑性和科学性。

归纳演绎法主要包括两个步骤：归纳与演绎。归纳是从特定的观察、实例或案例中提取共同特征、模式或规律的过程。归纳通过对多个具体实例进行观察和分析，找到它们之间的共同点，并从中得出普遍性的结论。演绎是根据已知的普遍规律或原则，推导出具体情况下的结论。在演绎过程中，设计者基于已有的理论或规则，将其应用于具体情境，以得出特定的结论。

在设计学中，归纳演绎法可应用于研究和解决设计问题，案例如下。

案例分析：研究用户行为模式

研究目标：了解用户在购物网站上的行为模式，以优化用户体验和提高转化率。

归纳：设计者通过观察和分析大量用户的行为数据，包括点击流、浏览路径、购买记录等，找出用户行为中的共同模式规律。例如，观察到用户在购物时经常会先浏览同类产品，然后添加到购物车，最终完成购买。

演绎：基于归纳得出的用户行为模式，设计者可以推导出一些设计原则，以提升用户体验和转化率。例如，设计更突出的相关产品推荐、简化购物车流程、提供个性化推荐等，以引导用户更好地完成购买行为。

通过归纳演绎法，设计者可以从具体的用户行为实例中，总结出普遍的规律，并将其应用于设计决策中，以优化用户体验，从而达到设计目标。

从以上案例来看，归纳演绎法是一种在设计学研究中常用的方法，通过从具体实例中提取共同特征和规律，将其应用于特定情境，以推导出解决方案或设计原则。它能够帮助设计者理解问题的本质、发现规律，并指导设计实践。

2. 推理法

（1）归纳推理

归纳推理是从特殊到一般的推理方式，它是通过对实例的分析，得出一般性结论的方法。归纳推理的核心思想是从具体到抽象，从部分到整体，从事实到规律，在科学研究领域中有广泛的应用。

该方法是基于归纳学习的基本思想，即通过观察和分析多个样本的共性和差异性，得出一般性结论。归纳推理需要收集和整理大量的实例，然后从这些实例中总结出规律性结论，从而推广到更广泛的情况。

在学术上，归纳推理是基于感性经验和实证数据的方法，用于归纳出某个领域的一般性规律。因而，归纳推理是一种不确定的推理方法，从有限的实例中推断出的结论可能不一定适用于所有情况，但是这种推理方法可以提供一些启发和引导，以便更深入地探究某个领域的规律特征。

通常在具体应用中，设计者需要通过对市场上同类型产品的分析和总结，得出一些产品设计的规律性结论。例如，通过对不同品牌电视机的外观、功能、材料和用户评价等方面的分析，得出一些电视机设计的共性特征，如大屏幕、高清晰度、智能化等，为设计研究提供参考。

（2）演绎推理

演绎推理是从一组已知的前提出发，推导出一个特定的结论。演绎推理的核心思想是从抽象到具体，从整体到部分，从规律到事实，在科学研究、数学、哲学等领域中都有广泛的应用。

该方法基于逻辑学的基本原则，从已知的前提出发，通过推理得出一个结论。演绎推理需要遵循形式逻辑的规则，严格的推理过程才能够保证得出的结论是正确的。演绎推理采用的形式有多样性，包括假言推理等。

在设计实践中，设计者可以通过一些理论原则和规律，演绎推理出具体的设计方案。例如，通过对人体工程学原理的理解，推导出符合人体工学设计的产品方案，符合人手握持的形状、按键的位置和大小等，从而提高产品的人性化。

（3）类比推理

类比推理是通过比较不同事物的相似性和共性来得出结论的推理方式。类比推理的核心思想是以已知的事物为基础，找到与其相似的事物，从而得出新的结论。

类比推理能够帮助设计者更好地理解和掌握新的概念，并提供新的思路。当然，该方法也存在一定的不确定性，不同事物之间的相似性和共性可能是有限的。

图 5-3、图 5-4、图 5-5 展示了基于传统醒狮文化，运用类比推理法进行创造性文创设计的过程与成果。

图 5-3　醒狮道具

草图推演

图 5-4　醒狮转化设计概念草图

产品展示

图 5-5　醒狮拖鞋（作者：黄佩仪）

3. 思维迁移法

思维迁移法是通过将一个领域的思维方式和方法应用到另一个领域中，以产生新思路和解决问题的方法。它将已有的知识和经验应用到新的领域中，从而产生新的创意。

思维迁移法具体包括类比法、拓展法、对比法等，具体介绍如下。

（1）类比法

类比法是通过比较不同领域或对象间的相似性与关联性，从而推导出新的认知、理解和解决问题的方法。它基于不同领域对象在结构和功能上的相似性，通过类比迁移这些共性特性，从而获得新见解和创新解决方案。

类比法被广泛应用于设计的创意过程中。设计者通过观察和分析不同的领域、对象或情境，寻找与当前设计问题相似的特征关系。

类比法在设计中的应用有多种形式。

第一，领域类比。从不同的领域中寻找灵感和解决方案。例如，设计者从自然界中的生物结构中获取启发，应用到产品设计中；或者从建筑设计的空间布局中获得灵感，应用到平面设计中。

第二，对象类比。通过比较不同的物体或对象之间的特征关系，寻找新的设计思路。如图 5–6 所示，将客家围屋造型应用到产品外观设计中。

第三，情境类比。通过观察和分析不同情境下的解决方法，寻找适用于自己设计问题的策略。例如，将游戏的奖励机制中提升用户参与度的策略迁移应用到用户体验设计中。

图 5–6　客家文化茶具设计（作者：顿依卓）

（2）拓展法

拓展法是指将已有的概念或方法应用到新的领域中的方法。其基本原理是利用已有的知识和经验，对新的领域进行分析推导，从而产生新的解决方案。这需要设计者对新的领域进行深入的分析，找到其中的规律特点，并结合已有的知识和经验进行拓展改进。

在设计学中，拓展法的应用可以从以下方面入手。

第一，概念拓展。通过引入新的概念、想法或者视角，来拓展设计的范围和可能性。这可以从其他学科、文化、历史或哲学中获取灵感，将不同领域的思维方式和概念应用到设计中。例如，将文化中的象征意义引入产品设计。

第二，元素拓展。设计者通过引入新的元素、材料、颜色、形状等，拓展设计的表现形式和语言，使设计变得更加多样和丰富。

第三，视角拓展。设计者通过改变观察、思考和解决问题的角度，拓展设计的视角和理解。这包括尝试不同的观察方法、探索用户的多样性和需求差异，或从不同的时间尺度和空间尺度来思考设计问题。通过拓展视角，设计者可以发现新的问题，提供更全面综合的设计角度。

第四，创新拓展。拓展法也能用于促进创新思维和创新过程。通过应用创新方法和工具，如设计思维、头脑风暴、逆向思维等，来激发创意和发现新的设计机会。通过拓展创新思维，设计者可以超越传统的设计范畴，寻找新的解决方案。

总之，拓展法能帮助设计者超越常规的思考方式，挑战传统的设计观念，发现更多的设计可能性。

案例分析："废弃秸秆回收家具的设计"

党的十九大报告指出了实施乡村振兴战略的重要性，强调以发展乡村绿色生态环境为首要任务，从而推动乡村可持续发展，实现人与自然和谐共生。但是，在乡村振兴过程中，难免会产生资源消耗和环境污染，导致乡村生态环境受到破坏，特别是在农村地区，废弃的秸秆焚烧会产生氮氧化合物，污染空气，甚至引发雾霾天气。因此，如何利用废弃秸秆成为一个棘手问题。

为了解决这个问题，设计者从绿色模块化设计的角度出发，分析秸秆材料的特点，并探讨多种可能性，通过绿色模块化拓展设计，将废弃秸秆转化为可利用的资源，减少焚烧污染。具体而言，将功能与结构的相关性作为依据，对秸秆材料进行聚类划分，并在此基础上进行零件变形设计，形成产品族的扩展设计（如图 5-7）。这种方法不仅能增加产品的绿色属性和个性化需求，还能使秸秆材料家具设计符合现代家具产品的使用功能、绿色属性和美学特征。这一方法为乡村振兴下的绿色生态发展理念提供了新的途径，将废弃秸秆转化为可利用的资源，传达了乡村振兴中绿色生态发展的理念。

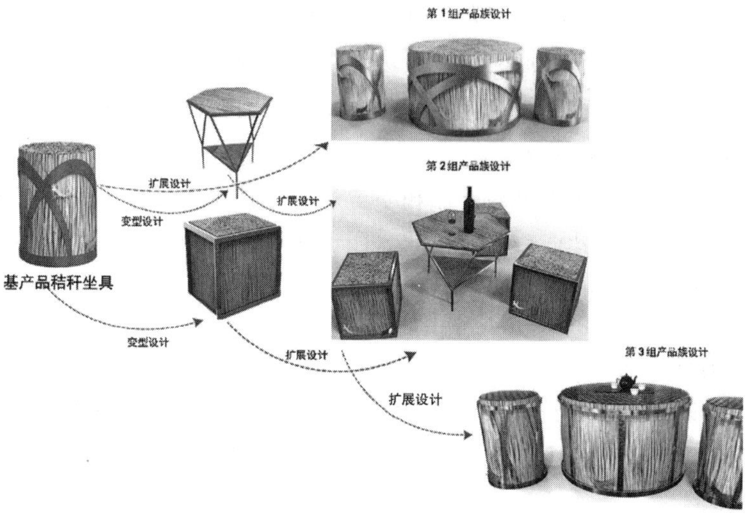

图 5-7　秸秆家具绿色模块化拓展设计

（3）对比法

对比法是通过比较不同事物的异同之处，来深入了解它们的特点和本质的方法。该方法常用于学术研究、文化比较、历史研究等领域，帮助研究者更好地理解、分析不同事物之间的关系差异，从而提出新思路。

对比法主要采用多种形式，如横向对比、纵向对比、交叉对比等，在这种对比中寻找新的思路，以及解决方案。

横向对比是比较同一时期或同一领域内，不同事物之间的共性与差异性。例如，比较不同国家的设计教育制度、不同时期的设计作品等。纵向对比是比较同一事物在不同时期或不同阶段的异同。例如，比较古代和现代的艺术理论、同一画家不同时期的作品等。交叉对比是比较不同领域或不同文化之间的差异。例如，比较东西方文化、不同国家的教育体制等。

以下案例来说明这三种对比方法的应用。

案例分析：汽车设计

研究目标：分析不同汽车品牌的设计风格和特点，以了解其在外观和内饰方面的差异和共同点。

横向对比：选择几款不同品牌的汽车进行横向对比，如奥迪、宝马和奔驰。通过对比它们的外观设计，如车身线条、前脸造型、灯光设计等，找出各个品牌之间的差异和相似之处。例如，奥迪可能更注重简洁、科技感的设计，宝马可能更强调动感和运动性能，而奔驰可能更追求豪华优雅。

纵向对比：在同一品牌的不同车型之间进行纵向对比。比如，在奥迪品牌中，对比 A3、A4 和 A6 等车型的外观和内饰设计。通过纵向对比，可以发现不同车型之间的设计演变和特点。例如，A3 可能更注重年轻时尚，A6 可能更注重豪华舒适。

交叉对比：将不同品牌的汽车与其他领域产品进行交叉对比。例如，将某汽车品牌的外观设计与建筑、家居或时尚设计进行对比。通过交叉对比，可以发现不同领域之间的共通性和相互借鉴的设计元素。汽车品牌的前脸设计可能与某个建筑的立面设计存在相似的线条和比例关系。

因此，通过横向对比、纵向对比和交叉对比，研究者可以深入分析不同层面的设计差异和共同点，从中获取启发。这些对比方法有助于理解设计的演变、探索设计风格和特点，并为自身的设计提供参考灵感。

4. 论证方法

外推、反证和因果是论证方法中的三种常用方法。它们分别适用于不同的问题，能够帮助设计研究者更好地推导结论、证明观点和解释现象。

（1）外推法

外推法是一种基于已有数据进行推理，从而预测未来趋势的方法。该方法常用于科学研究、市场预测、政策制定等领域。另外，通过分析现有数据，研究者可以推断未来的情况，并预测可能的结果。外推法的准确性取决于所用数据，以及分析方法的可靠性。

在设计研究中，外推法可以用来预测未来的趋势，帮助设计者制订更合适的设计方案。例如，在建筑设计中，设计者可以使用历史建筑数据、城市规划数据和环境数据等信息，预测未来的城市发展和人口变化趋势，并据此制订建筑规划设计方案。通过分析已有的数据信息，建筑设计者可以考虑到未来的城市规划和环境变化，从而设计出更符合未来需求的建筑方案。

（2）反证法

反证法是通过假设原命题为真，由此推导出矛盾结论，从而证明原命题为假的逻辑证明方法。在逻辑推理、数学证明、哲学思考等领域中，反证法是一种常用的推理方法。

在设计领域中，反证法常被用来评估设计方案的可行性。以产品设计为例，当设计者需要验证某个方案的合理性时，可运用反证法来进行论证。例如，在考虑产品的可靠性和耐久性时，假设某设计方案可以提升耐久性但会增加成本。此时可通过反证法假设不采用该方案，若产品的耐久性不受影响且成本更低，则原方案的必要性需重新考量。通过比较两种方案的优缺点，设计者可以得出更合理的设计方案。

（3）因果法

因果法是一种通过分析事物之间的因果关系，推导出新的结论并解释现象的方法。通过运用该方法，了解事物之间的关系，从而推断其发展趋势。这种方法能帮助设计者深入了解设计背后的原理和影响因素，从而更好地解决问题、做出决策和创造设计。以下通过案例说明该方法。

案例分析：包装设计对消费者行为的影响

研究目标：探索包装设计对消费者购买行为的影响，以提升产品销售和品牌形象。

因果关系确定：首先，确定研究中的因果关系。例如，假设包装设计的视觉吸引力（原因）会影响消费者购买决策（结果）。

数据收集：收集相关数据，如消费者调查、市场研究和销售数据等。通过这些数据，了解不同包装设计与消费者购买行为之间的关联。

分析和解释：通过分析数据，找出包装设计与消费者购买行为之间的因果关系。例如，发现某个产品的包装设计采用鲜艳的色彩和吸引人的图案，与该产品的销售增长呈正相关关系。

应用和优化：根据因果关系的分析结果，设计者可以应用这些发现来改进产品的包装设计。例如，通过调整色彩、图案或标识等元素，以增强产品在市场上的吸引力和竞争力（如图 5-8）。

图 5-8　龙眼包装设计（作者：黄冰妮）

通过因果法，设计者可以深入了解设计与结果之间的因果关系，从而更好地理解问题的本质和影响因素。这种方法为设计决策提供科学依据，并帮助设计者优化设计，以达到预期的目标。

5. 实验法

实验法是一种科学研究方法，通过对事物进行人工干预与控制，来观察其变化规律和性质。在实验中，研究者会设计、操作、控制一系列变量，以便确定它们之间的关系。

（1）控制变量

控制变量法是通过控制实验过程中的某些变量，来确保实验结果的准确性的。该方法是一种常用的科学思维方法，在设计领域中也有应用。具体来说，控制变量法是指在进行实验时，保持其他变量不变，只改变一个或几个变量，从而观察所改变的变量对实验结果产生的影响。这种方法可以排除其他因素对实验结果的影响，使得实验结果更加准确可靠。

在产品设计中，设计者可能会遇到一些问题，需要通过实验来验证不同设计方案的优缺点。这时，设计者可以采用控制变量法来控制其他因素不变，只改变某个设计参数，从而观察所改变的设计参数对产品性能的影响。例如，在手机设计中，设计者需要评估不同材料对手机屏幕硬度的影响。这时，设计者可以采用控制变量法，保持其他因素不变，只改变屏幕材料，从而观察不同材料对屏幕硬度的影响。通过这种方法，设计者可以选出最合适的材料，以实现最佳的手机屏幕性能。

（2）猜想假设

猜想假设法是指在进行实验之前，研究者通过观察、分析和推理等方式，提出一些猜想或假设，从而推断实验结果。然后，通过实验来验证这些猜想或假设是否成立。这种方法能够帮助研究者更加系统和科学地开展研究工作，提高研究的有效性。

例如，工业设计者可以快速制作原型，验证他们产品设计方案的可行性和有效性。这可以是低成本的原型，如纸质原型或简单的模型。通过与用户或团队成员进行交互讨论，设计者获得反馈意见，验证设计猜想是否合理，并根据反馈进行优化改进。

（3）理想实验

理想实验法是一种在实验设计中使用的方法，旨在通过控制和操纵实验条件，验证或证伪某种假设。它通常包括四个步骤：确定研究目的和假设、设计实验方案、收集和分析数据、得出结论并进行解释。

理想实验法可以与设计研究相结合，帮助设计者评估设计决策的有效性和可行性。例如，在视觉传达设计中，理想实验法可以用于评估设计元素对目标受众的影响。设计者通过构建实验，调整设计元素（如颜色、字体、布局等）来观察受众的反应和情感体验。这有助于确定最有效的设计选择，提高设计的视觉吸引力和传达效果。

综上所述，科学思维方法是一种系统性、逻辑性和实证性的思考方法，促使研究者从问题本质出发，通过系统性的思考分析，深入挖掘问题的关键因素，提高研究的准确性。

四、横向思维

1. 横向思维概念

著名的心理学家爱德华·德·博诺（Edward de Bono）在 1967 年提出了“横向思维”的概念。横向思维是指在寻求解决问题和创造新思路的过程中，通过整合不同领域的知识和方法，发现新的解决方案。这种思维方式常常是非线性的，跨越不同领域和传统思维模式，探索多样的观点与想法。横向思维能够帮助人们从不同的角度看待问题，从而产生新的创意解决方案。

2. 横向思维作用

横向思维是一种开放性的思维方式，在跨学科研究中非常有用，它能够帮助研究人员在不同学科之间寻找共性，从而获得更全面的视角。

首先，横向思维是一种开放性的思维方式，通过寻找事物之间的关联来创造新的想法。相比之下，纵向思维则是一种逐步深入的思维方式，侧重于深入研究一个主要问题。横向思维通过跨越多个主要问题，寻找创新的解决方案。它强调创造性和灵活性，不依赖传统的思维模式解决问题。

其次，横向思维是一种启发性的思维方式，能够促使事物实现创新性发展。它注重在不同领域内观察事物，从而为解决问题提供更多的方法途径。很多边缘学科的发展都受到横向思维的启发，这种思维方式能够引导人们走向更深更广的未知空间。

最后，横向思维还可以应用于设计学跨学科研究中。通过分析思考不同事物之间的联系，打破固有的思维模式，拓展思路，发现新的设计可能性。艺术设计中经常会出现一种现象，就是只沿着一条思路去探究问题而忽略了不同事物之间的联系。设计者应该用心去发现，寻找各种事物之间的联系，以获得更多的灵感。

在设计活动中，设计者可以采用横向思维的方法，通过对已知因素进行变革，从不同的角度来寻找可能性。例如，改变结构方式、简化和改变材料、将整体形态进行改变等。总之，横向思维是一种跨越学科的思考方式，可以帮助设计者打破传统思维模式，产生新的灵感。

五、纵向思维

1. 概念解析

纵向思维是一种比较思维方式，通过对事物在过去、现在和将来的对比分析，揭示事物在不同阶段的特点与前后联系，以把握事物的本质及其发展规律。它基于事物发展的过程，按照从过去到现在再到将来的思维顺序，推断事物未来的发展趋势。

纵向思维具有三个特点：演变性、一致性和预测性，具体介绍如下。

（1）演变性强调按时间的先后顺序考察事物，揭示了事物发展过程的不可逆性，这构成了事物的发展规律。

（2）一致性要求在历史性比较中，对象必须是同一的，具有自身的稳定性、可比性，即同一事物的过去、现在和将来之间存在联系。

（3）预测性是纵向思维的重要特点，通过比较事物过去与现在，推断未来的发展趋势。在现代社会，纵向思维的预测性具有重要意义，它以未来为导向调整现在的选择，促使事物的可能性转化为现实。

纵向思维是一种对事物的历史、时间和过程的考察方法，在思维活动中展现了事物发展的历史性、时间性和过程性的关系。它将历史进程与逻辑的发展保持一致，通过纵向的历时性思维，深入了解事物的逻辑发展，有助于更好地理解事物的发展规律，预测事物的未来趋势，并以此指导决策。

2. 纵向思维的作用

纵向思维在设计领域中具有重要的作用。它能够帮助设计者更好地理解事物的发展规律和趋势，从而指导创新设计。

下面以“如何运用纵向思维对云南地区少数民族背篓的风格流变进行研究？”为例进行说明。

笔者带领设计团队对云南沙溪地区传统手工艺背篓进行调研（如图 5-9），考察背篓在不同时期和社会背景下的发展变化趋势，并运用纵向思维进行研究，具体步骤如下。

图 5-9　沙溪古镇背篓调研

定义研究问题：明确研究的目标，对云南背篓的风格流变进行探究。

历史分析：运用纵向思维，从历史的角度对云南背篓的风格流变进行分析。了解背篓在不同时期的设计特点、材料选择、装饰形式等。通过研究云南地区的历史文献、考古资料、文物等，梳理不同时期的背篓风格特点，并进行比较。

时间维度分析：将云南背篓的风格流变按时间维度进行分类，如古代、近代、现代等，了解不同时期的社会、经济、文化背景对背篓风格的影响。这样可以掌握背篓风格的发展趋势和变化规律。

形式与功能分析：研究不同时期背篓的形式与功能之间的关系，分析背篓的设计特点。考虑到云南地区的地理特点、气候条件和文化习惯，背篓的形式可能受到山地、农业、贸易等方面的影响。

文化与审美分析：通过纵向思维，分析云南背篓风格的文化与审美演变。了解不同时期的背篓装饰、纹样、色彩、材质等方面的变化，以及这些变化背后的文化和社会意义。通过对云南地区的传统文化、民俗、服饰等的研究，揭示背篓风格的文化根源。

趋势与创新分析：根据纵向思维的分析，掌握云南背篓风格的发展趋势，并寻找可能的创新点。考虑到当代社会的需求和背篓在现代生活中的应用场景，探索新材料、新工艺、新设计等方面的创新，以推动背篓风格和功能的发展。

通过纵向思维的应用，研究者能够全面了解云南背篓风格的历史演变和变化规律，把握其与时间、文化、社会等因素的关系。这为研究提供了深入的视角和全面的认识，有助于设计出更具历史传承和当代特色的背篓风格。

总之，纵向思维在设计研究与实践中非常有用，它促使设计者跳出狭隘的视角限制，从不同学科、行业或领域中获得启示，并将其应用于设计实践中，从而推动设计的创新。

六、设计学跨学科思维构建

思维理论的形成与人类社会和文化的演进密切相关。不同的时代和文化背景下，人们对于思维、认知和知识的理解存在差异。思维理论的发展受到社会环境、价值观念、科学技术进步等因素的影响。

1. 设计学跨学科思维特征

设计思维是一种具有历史传承性和实践性的思维方式，其发展基于思维理论与实践经验。通过实际观察和推理，人们逐渐理解了思维过程的机制。随着社会的发展和变革，人们需要不断调整和改进思维方式，以应对新的问题。

关于设计思维的研究可以追溯到20世纪60年代，赫伯特・西蒙（Herbert Simon）在其开创性著作《人工科学》中提出了这一概念。他将设计视为一种科学方法，主张运用系统化方法来解决问题。设计思维是一种跨学科和跨领域的方法，通过不断循环的创意生成与测试过程来应对组织中的不确定性。在这个过程中，设计者需要探索创新的想法，并通过测试和总结来验证并完善这些想法。在循环迭代的过程中，设计思维帮助设计者发现问题、提出解决方案、改进设计，最终达到设计的目标。

具体而言，设计思维的处理过程包括推理、演绎和归纳三个阶段。在推理阶段，设计者通过发散性思维产生各种各样的想法，借助头脑风暴和创意工具实现创新。在演绎阶段，设计者通过逻辑思考和推理来预测想法的可能结果，使用模拟和原型制作等方法来验证和完善想法。在归纳阶段，设计者通过总结、概括和分析，提炼设计中的关键点，运用用户调研和数据分析等方法来改进设计。马奇还将溯因推理与演绎、归纳等结合，构建了一个描述设计过程的设计模型，为设计问题的解决过程提供了重要的理论指导。另外，IDEO公司提出了以“定义、构思、原型、测试”为核心的设计思维步骤。设计思维的特点是以人为中心，注重从用户的需求和体验出发，通过跨学科协作解决复杂问题。它强调迭代式的过程，鼓励快速原型制作和测试反馈，推动创新解决方案的不断优化。设计思维不仅关注创新思维的生成，还强调实践中的实验与调整，以确保最终解决方案切实有效并能满足用户的实际需求。克罗斯认为，构建系统的认知视角是解决问题的关键，设计思维使得设计者能够从整体性的角度思考问题的解决方案，促进各要素的有机整合与协调，以实现更全面且可持续的设计成果。

总而言之，设计思维作为一个循环迭代的过程，通过推理、演绎和归纳来处理组织中的不确定性，强调创新思维、感性思维和多角度思考，为设计者提供了一种更全面且深入的思维方法。

2. 设计者具备的思维能力

（1）综合性思维

综合性思维是从多个角度、领域和维度考虑问题，并将各种观点和信息资源整合在一起，形成综合解决方案的思维方式。它强调跨学科、跨领域的思考分析，突破单一学科或领域的限制，将多个相关因素和视角纳入考虑范围。

在设计领域，综合性思维扮演着重要的角色。设计往往涉及多个领域和学科的知识技能，而综合性思维使设计者能够综合运用不同领域的知识，将各种专业背景的概念整合起来，构建完善的设计方案。通过综合性思维，设计者能够在设计中考虑到技术、美学、功能、人机交互等多个方面的因素，有利于全面的设计分析。

设计问题通常具有复杂性，涉及多个相互关联的因素和约束条件。设计者需要综合考虑这些因素的相互影响，以找到最佳的设计方案。综合性思维帮助设计者从整体的角度思考问题，找到不同因素之间的相互关系，以及它们对设计目标的影响，从而做出综合性的决策。此外，设计过程需要将各个组成部分有机地结合在一起，形成一个整体的设计方案。通过综合性思维，设计者能够确保各个组成部分之间的一致性，使设计成果达到完整。

综合性思维通过将各种思维整合来激发创新性。它鼓励设计者突破传统思维模式，将不同领域的概念和方法结合起来，从而提出独特、前沿的设计解决方案。

案例分析

某设计团队负责开发一款可持续的城市交通解决方案，他们需要运用综合性思维来解决这一复杂问题，具体步骤如下。

跨学科知识整合：团队成员来自不同的领域，如城市规划设计、交通工程设计、环境科学等。他们将各自的专业知识和经验进行整合，以获得全面的视角和深入的理解。城市规划师提供关于城市布局和人口分布的信息，交通工程师提供关于道路和交通流量的数据，环境科学家提供关于空气质量和碳排放的知识。

多因素考量：交通解决方案涉及多个因素，如交通效率、环境影响、社会公平等。团队综合分析这些因素之间的相互关系，以制订综合性的解决方案。例如，他们可能提出建设公共交通系统、鼓励非机动交通、推广电动车等综合措施，以提高交通效率、减少尾气排放，促进社会公平。

创新思考：团队鼓励创新思维，寻找独特的解决方案。他们通过跨界思考和启发式方法，从其他领域获取灵感，并将其应用于城市交通设计中。例如，他们可以借鉴共享经济的概念，设计出一种基于共享和智能化的交通服务模式，以减少私人汽车使用并缓解拥堵问题。

实施与评估：团队在实施交通解决方案后，持续进行评估和改进。他们收集数据、观察效果，并运用综合性思维来分析和解释结果。根据评估结果，调整和优化解决方案，以适应不断变化的挑战。

（2）迁移性思维

迁移性思维是指将一个领域学科中的知识、技能、概念和解决方法，应用到另一个领域中的能力。它在设计中扮演着重要的角色，为设计者提供了跨越不同领域边界的机会，将各种观念、概念和方法引入设计实践，从而丰富设计的灵感来源。

设计者通过迁移性思维能够从不同领域中汲取灵感，并将其应用于设计中。这种跨学科的学习，使设计者能够突破单一领域的限制，开拓思维的边界，进一步激发设计者的创新能力。设计者可以从其他行业、艺术形式或自然界中汲取灵感，将其迁移到设计领域中，创造出独特而创新的设计作品。设计问题通常具有复杂性和多样性，而迁移性思维使设计者能够将已有的知识和经验迁移到新的项目中。通过借鉴之前的成功经验，设计者能够快速适应新的情境，并提供实际可行的设计方案。此外，通过比较分析不同领域中的共同点和普遍规律，设计者提炼出适用于各种情境的通用原则和方法。这些通用原则能够指导设计者在不同情境中做出决策，提高设计的效率和质量。

迁移性思维是设计者必备的重要能力。它不仅扩展了设计者的视野和灵感来源，还增强了设计的灵活性和适应性。通过迁移性思维，设计者能够将多领域的知识和经验有机地融合在设计实践中，解决复杂问题，并推动设计成果的产生。

（3）创新性思维

创新性思维是指能够产生新颖、独特和创造性想法的思维方式。它强调对问题的重新审视，突破传统思维模式的限制，更重要的是注重对新机遇的敏锐洞察。创新性思维鼓励探索多种可能性，挑战既定观念，并从不同的角度和领域获取灵感，以创造出具有实际应用价值的设计方案。

首先，创新性思维能够帮助设计者解决问题。传统的解决方案可能已经过时，无法满足当下的需求，而创新性思维能够帮助设计者超越传统思维模式，挑战现有的约束和限制，寻找全新的解决方案。通过开放、自由的思考方式，设计者能够提出更有效、更具创造性的解决方案，为用户提供更好的体验。

其次，创新性思维能够提升用户体验。设计是为了解决用户的需求和问题，而创新性思维能够帮助设计者创造出令人愉悦的用户体验。通过独特的设计方法，设计者打破常规的框架，提供与众不同的创新想法，从而增强其吸引力。

再次，创新性思维能够在创造中体现竞争优势，帮助设计者探索新的机会和潜在的市场需求。在激烈的市场竞争中，创新是获取竞争优势的关键。具备创新性思维的设计者能够不断推陈出新，提供独特的解决方案和创新的服务，从而在市场中脱颖而出。通过不断追求创新，设计者能够满足用户不断变化的需求，并在市场中保持竞争优势。通过深入了解用户、观察社会变化、研究行业趋势和技术创新，设计者容易发现新的创新点。这样的洞察力和创新性思维使设计者能够抓住机遇，为未来的发展打下坚实基础。

最后，创新性思维不仅对个体设计者有益，也对整个行业的发展起到推动作用。设计者通过创新性思维和实践，推动设计领域的进步和创新，为社会带来更好的产品、服务和体验。

（4）协作性思维

协作性思维是在团队合作中体现的思维方式，表现为团队成员积极参与、共享知识和经验、相互支持。它强调成员之间的合作、沟通和协调，旨在通过集体努力实现共同的目标。

设计往往是通过团队协作完成的。设计项目通常需要设计者与客户、用户、工程师、制造商等多个角色进行合作。每个角色都有自己的专业知识和经验，他们对设计方案有不同的期望和需求。协作性思维使设计者能够积极地倾听和理解他人的观点，与他人进行有效的沟通合作，并将不同的观点和想法融合在一起，创造出更具创新性和全面性的设计解决方案。

协作性思维在知识和经验的共享上发挥着重要作用。在团队协作中，设计者可以与其他成员分享自己的知识经验，同时从他们那里获取新的见解。通过协作性思维，设计者能够营造开放的学习氛围，促进团队成员之间的知识共享，从而提升整个团队的综合能力。

（5）批判性思维

批判性思维起源于笛卡儿（René Descartes）提出的以普遍怀疑为基础的认识世界的方法。这是一种对观点和问题进行深入分析、评估和推理的思维方式，强调独立思考、质疑假设、寻找证据和逻辑推理，以形成明智的判断与决策。

批判性思维有助于培养独立思考和解决问题的能力。设计学研究中存在多种设计理论和方法，设计者可以运用批判性思维来评估这些理论的有效性、适用性和局限性。通过深入分析比较不同理论的优缺点，设计者可以选择最适合自己研究目的的理论，并在实践中进行创新改进。

此外，设计者需要不断挑战现有的想法，改变传统的思维模式，寻找新的视角和创意。批判性思维帮助设计者对设计作品进行深入分析评估，质疑其目的、功能、形式和材料选择等方面，有利于发现其中的改进空间。

批判性思维促使设计者对设计进行自我反思，发现问题，并在评估中认识设计的不足，进而寻找改进的方法，从而采取相应的措施来提高设计的质量。

3. 坚持问题导向的思维

（1）从研究主题聚焦到研究问题

设计研究从以研究主题为中心转变为以问题为导向，这一转变是当前设计研究发展所面临的重要课题。过去设计研究存在一个明显的问题，即研究者局限在自己的学科背景里进行研究，选题往往源于研究者自身的兴趣，而不是来自实际需求。这就造成研究存在封闭性，脱离实际问题，无法真正解决需求方的困难。

因此，设计研究必须转变视角，改变研究的着力点。如布坎南所言，设计研究过于关注“设计主体”，而非“设计问题”。这造成设计研究存在一定的“内生性”，脱离实际问题。西蒙强调，传统设计研究流于自上而下，而非从需求出发。这一转变的实质是，设计研究需要从研究主题的内在驱动，转变为对研究问题的外在引导。传统设计过程通常以设计者的视角为中心，这样容易受到自身经验、偏见或限制的影响，导致设计结果与实际问题不完全匹配。这种以研究主题为中心的方法，容易忽视用户需求、社会背景和可行性等重要因素。

研究应该从实际需求中发掘问题，以问题为导向来推进。里特尔提出设计研究应聚焦“恶性问题”，即复杂难解的实际问题。这就要求设计研究者放下学科偏见，走出“孤岛”，以开放和灵活的思维，深入调研，确认关键性研究问题。从深层次看，它强调深入理解和定义问题，通过观察分析来揭示问题的本质，并提出可行性方案。这种方法注重与利益相关者的互动，以确保设计结果，真正满足用户的需求期望。

研究者应该组建多学科团队，集思广益，对问题进行多角度思考，并与需求方保持紧密沟通，使以问题为导向的研究目标不偏离需求实质。在研究过程中，研究者也应强化需求验证导向，不断检查研究成果是否真正契合需求。

强调问题导向的设计思维是一种以解决实际问题为核心的方法。它将研究主题的关注点从自身转移到真正需要解决的问题上，这是设计研究发展的必然趋势。这既需要研究者转换观念，也需要完善研究环境，打造协同创新体系。这种转变能推动设计研究真正面向需求、面向问题，实现设计创新的实践价值。

（2）建立问题导向的“三角模型”

问题导向的三角模型是由问题导向角、解决导向角和价值导向角构成（如图5-10）。三个导向角存在内在联系，构成了有机循环的统一体。问题导向角确定了研究的边界和方向，为后续问题解决和价值实现提供基础；解决导向角针对具体问题给出解决思路；价值导向角强调解决方案要可实现并能够创造价值，三者相互促进，共同推动设计研究发展。

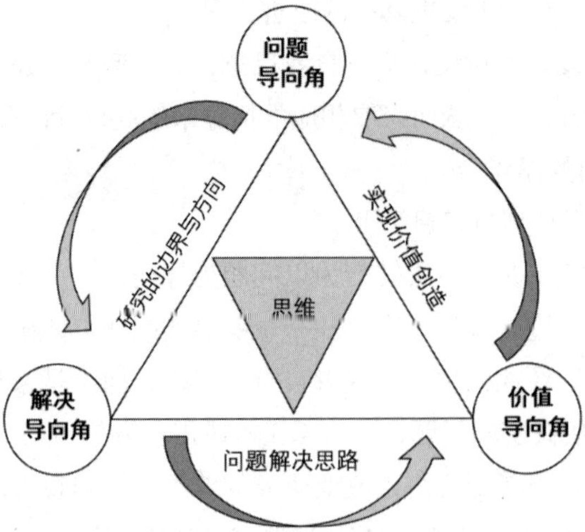

图 5-10　问题导向的三角模型

①问题导向角

在设计研究中，明确设定设计问题的边界和方向，是非常关键的第一步。这涉及对问题的范围、目标和限制进行明确的界定。初学者最容易出现的误区是选择一个比较大的、宽泛的、模糊的问题领域，而不是一个明确的、具体的研究问题。

学术理论中的问题定义原理强调了问题的准确定义对于问题解决的重要性。在定义问题时，需要考虑到相关的学术概念，以确保问题的学术性和解决方案的有效性。因此，研究者需要通过广泛的需求调研、文献综述等方式，准确定位设计问题的范围。原研哉在《设计中的设计》中对设计的本质进行了诠释："设计的本质在于，发现一个很多人都遇到的问题然后试着去解决。"可见，对设计问题进行深入的分析和理解，只有精准定位设计问题，才能为后续的解决方案指明正确方向。

在设计学中，界定问题是指通过明确设计目标、范围和边界，确立研究的基本假设，从而明确真正需要解决的设计问题。这个过程涉及对设计挑战的深入理解和分析，以便设计者能够有针对性地提出解决方案。首先，研究问题应该明确研究的目的，它应该解决一个实际问题、填补一个知识空白、提供一个新见解或改进现有理论。研究问题应该具有明确的理由，说明为什么它值得研究。其次，研究问题应具有可行性和可操作性，能够通过合理的研究设计和方法来回答，为研究提供明确的范围与方向。需要注意的是，模糊或过于宽泛的问题可能导致研究难以推进。再次，研究问题应该具有可验证性，它应该能够通过数据收集和分析来验证。最后，研究问题应具有实际意义，填补知识空白、解决实际问题、为决策制定提供依据。

在明确设计问题的边界和方向时，应采取的具体步骤如下。

第一，进行广泛的需求调研。通过访谈、问卷调查等方式，收集用户和利益相关者的需求和期望，深入了解他们对设计问题的关注点、痛点和期望。通过与用户和利益相关者的互动，研究者能够获得有关设计问题的定性和定量数据，从而更好地把握问题的边界与方向。

第二，进行相关文献综述研究。分析已有的文献和研究成果，了解领域内的前沿知识、先前的研究成果以及已经提出的问题。这使得研究者能够避免重复研究，并从中获取启发。通过文献综述，研究者了解已有的理论框架、方法和研究结果，从而界定自己的研究问题，确保问题的独特性。

第三，确定设计问题的范围。通过综合考虑需求调研和文献综述的结果，研究者可以界定问题的边界，将最初比较宽泛、模糊的研究范围或领域，变成特定领域中的某一具体方面。举例来说，像“改善产品的用户体验设计研究”“数字产品创新设计研究”“非物质文化遗产转化问题研究”这一类题目并不是研究问题，而是研究领域或主题。这些问题都具有实际意义，但在内涵上过于宽泛，需要界定研究问题避免范围过于宽泛，导致研究难以深入。

第四，分析设计问题的关键因素。通过深入研究和理解，研究者可以找出设计问题的本质。这涉及对用户需求、技术限制、环境要求等方面的分析，最好能够用变量的语言来陈述，且采用提问的形式。比如，“色彩和视觉设计对用户使用意愿的影响”“产品包装设计对用户购买意向的影响”“图案和标志设计是否有助于提升品牌认知”等问题主要是划定了研究范围，使变量之间的关系更加明确。

②解决导向角

在明确界定研究问题之后，需要考虑相关的理论框架，以确保研究问题的学术性和解决方案的有效性。学术理论中的问题分析方法强调全面理解与分析问题的重要性。基于问题分析的结果，研究者开始寻找解决方案。

第一，以解决问题为导向。这种方式强调与实用主义原理相契合，关注问题的解决，将实践建立在理论基础上，并通过实际实施来验证解决方案的有效性。设计问题可能涉及用户体验、功能需求、技术限制等方面，而实用主义的原理能够指导研究者把重点放在如何解决这些实际问题上。在解决设计问题的过程中，需要通过实践来验证理论假设。这意味着必须进行实验、观察与调整，以确保解决方案的有效性。

第二，在思维层面运用逻辑树思维。在设计中，逻辑树思维是一种有助于组织和分析设计问题的思考方式。它帮助设计者将设计问题进行组织和分类。通过构建逻辑树，设计者可以将问题的结论、观点和论据，按照层级关系进行分解。这种结构化的思维方式有助于设计者深入理解问题的本质，并找到解决方案的合理逻辑。逻辑树可以有多种形式，如问题树、假设树、是否树等。

设计者利用思维导图等工具，将设计问题的核心议题和相关要素按照层级关系建立逻辑树。从树干到树枝再到枝丫，研究者可以逐步分解问题，最终得到具体的论据。只要这些论据充分，问题中的假设就可以被认为是正确的。逻辑树不仅是一种分析工具，也是展示思路和方案的有力工具。研究者利用逻辑树的结构，清晰地呈现设计思路的逻辑关系和方案的层次结构（如图 5-11）。

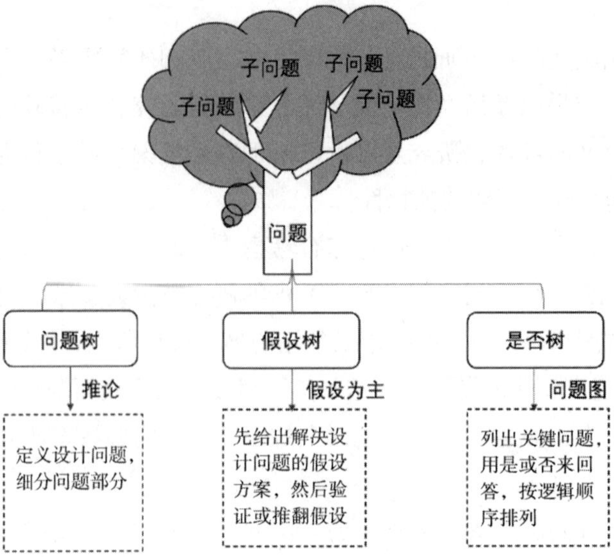

图 5-11　逻辑树思维图

第三，从具体实施层面通过功能和目标分解问题。设计者对设计问题进行结构化思考，将其转化为清晰的解决目标。解决方案要紧扣这些目标要求，确保其能够有效解决设计问题。在明确设计问题的基础上，应将其转化为切实可行的解决方案。首先，对设计问题进行结构化思考，将其分解为更具体、可操作的子问题。一方面，通过功能分解，将整体问题细化为各个功能要求；另一方面，通过目标分解，将问题转化为明确的解决目标。其次，根据功能分解和目标分解的结果，确定解决方案需要关注的关键要素，有助于聚焦核心问题，提高解决方案的效果。最后，通过解决目标的关键要素，制订解决方案。这涉及技术选择、流程设计、创新思维等方面，确保解决方案能够有效解决设计问题。

③价值导向角

设计方案不能脱离实际场景应用而空想，设计问题解决的价值体现在其方案所带来的真实效益和实际影响上。

研究要关注设计方案的实际价值，设计方案的价值可以从多个维度来评估。从用户价值看，首先方案是否满足用户需求，并提供良好的用户体验；其次方案是否解决了用户的痛点，并为用户提供满足感。从商业价值看，方案是否有商业潜力和竞争力，是否能够创造经济利益和市场机会，提高企业的利润。从社会价值看，方案是否对社会产生积极影响，是否能够解决社会问题或改善人们的生活质量。

第一，将用户需求放在设计的核心，关注用户需求和体验，确保设计方案真正满足用户的期望和需求。这种价值导向可以提高用户满意度、使用效率和产品服务的可接受度，从而增加设计的价值。通过用户导向的设计，能够创造更好的用户体验，增加用户忠诚度，促进口碑传播。

第二，将可持续性纳入设计价值导向，确保设计方案符合社会、环境和经济方面的可持续性要求。这种价值导向可以减少资源消耗，对环境影响小。因此，促进资源的有效利用、提高产品的寿命、延长循环利用的周期，都是设计问题的关注热点。同时，注重可持续的设计，可以降低成本、增强竞争力，并为社会和环境带来积极的影响。

第三，将设计的可实现性考虑在设计价值导向中，确保设计方案在实际应用中的可行性。这种价值导向通过综合考虑技术、资源、时间和成本等因素，确保方案在实践中得以实现，避免设计过于理想化而无法实施的问题，提高了设计的实际价值，减少了实施风险。

（3）“三角模型”之间的关系

在设计学研究中，问题导向角、解决导向角和价值导向角，构成了一个重要的三角模型，可用于指导设计过程和评估设计的效果，下面是这三者之间的作用关系。

首先，问题导向角强调从问题的角度出发，将问题定义清晰并深入理解。它关注的是设计的起点，即在设计之前要明确问题的本质、背景和需求。问题导向角的作用是帮助设计者从用户的角度出发，准确定义设计的目标，并确定设计的边界和约束条件。通过问题导向角，设计者能够充分理解问题的复杂性，并为设计方案的开发提供明确的指导。

其次，解决导向角主张寻找创新方案来解决问题。通过创意的思考，我们可以生成解决方案，从而引导设计者解决问题。运用解决导向角，设计者能够探索出不同的设计方案，拓宽思维的边界。

最后，价值导向角注重设计方案的实际价值和影响。这里关注的是设计的结果，看重设计方案所带来的效益和贡献。价值导向角的作用主要是对前两个导向角的总结，评估设计的效果，并确保设计能够满足用户需求，符合商业价值和社会价值。通过价值导向角，设计者能够从多个维度来评估设计的成果，包括用户满意度、商业成功、社会影响和可持续性等。价值导向角能够帮助设计者对设计进行综合评价，为未来的改进发展提供指导。

案例分析

基于“三角模型”视角的智能手表设计研究

首先，问题导向角帮助确定智能手表设计问题的范围；其次，解决导向角将设计问题转化为具体的功能目标，并制订相应的解决方案；最后，价值导向角关注用户体验、可持续性和实际应用价值，确保智能手表设计能够满足用户需求，具备市场竞争力。

第一，问题导向角。

智能手表的设计需要进行需求调研和文献综述。设计者通过用户调研和市场分析，了解用户对智能手表的需求，包括健康监测、通知提醒、运动追踪等；同时，通过文献综述研究已有的智能手表产品和相关技术，了解其功能、设计特点和用户反馈，借鉴先进经验。基于这些调研和综述的结果，明确设计问题的范围，即如何设计一款既满足用户需求又具有差异化竞争优势的智能手表。

第二，解决导向角。

可以将智能手表的设计问题分解为健康监测、通知提醒、运动追踪等功能要求，并设定相应的目标，如实现精准的心率监测、多样化的运动模式等。这样的分解有助于明确设计的目标，确保设计过程的针对性、有效性。

在解决智能手表设计问题时，关键要素的确定也至关重要。在这里，可以确定传感器技术、用户界面设计和数据处理算法为关键要素。传感器技术的选择决定了智能手表能否准确获取健康数据，用户界面设计的直观易用性影响用户交互体验，数据处理算法的高效准确性决定了数据的分析和应用能力。因此，这些关键要素需要在设计过程中得到重视。

第三，价值导向角。

首先，智能手表的设计应注重用户体验。通过原型测试和用户反馈，不断改进智能手表的界面设计、操作方式和功能交互，以确保用户体验流畅且符合预期。此外，对智能手表的电池寿命、充电方式等进行评估，旨在提高可持续性并减少对环境的负面影响。

其次，在设计过程中，还需要评估技术可行性、成本投入和资源需求，以确保智能手表的制造和推广具备商业可行性。这样的评估有助于确定设计方案的可行性，并确保在实际生产中能够满足市场需求。最后，通过市场调研和用户反馈，了解智能手表在健康管理、生活便利等方面的实际应用价值。这些信息对于产品的优化和推广至关重要。

本案例展示了“三角模型”在智能手表设计中的应用过程，强调明确问题、制订解决方案和关注实际应用价值，该模型在设计研究的过程中具有现实的指导意义。

4. 设计学跨学科思维拓展路径

设计学作为一门交叉学科，涉及人类思维、创造力和实践活动等交叉领域，与思维的发展和人类社会的进步息息相关。在新时代的背景下，设计者可以借鉴跨学科知识和方法，深化对设计现象和问题的研究。

（1）建立多元化思维能力

设计学需要融汇各种学科知识，帮助设计者更好地理解不同领域的知识理论。通过学习心理学，设计者可以深入了解用户行为，以满足他们的期望。同时，工程学的知识可以帮助设计者考虑技术实现的可行性，确保设计作品在实际应用中有效。此外，计算机科学的知识可以帮助设计者开发数字化产品，为用户提供更好的体验。通过融合多个学科的思想和元素，设计者能够培养包容性思维能力，创造出更加多样化、更具创新性的作品。

（2）鼓励培养设计思维能力

设计者应该不断探索新的方法和技术，以适应不断变化的社会和技术环境。在设计过程中，设计者采用“设计思维”方法，通过以用户为中心的方法来探索解决问题的新途径。这种方法强调从用户的角度出发，关注用户需求体验，并创造出创新和有意义的设计作品。当然，设计者还可尝试应用虚拟现实技术、机器学习算法等新技术来解决设计问题，提升设计效果。

（3）强调系统思维能力

在设计活动中将注意力集中在系统思考上，把设计视为一个系统，而不仅仅是一个单独的产品或服务。这需要设计者考虑到不同因素之间的相互作用。在系统思考中设计者以系统方式理解并应对复杂的设计问题。例如，在设计智能化产品时，设计者需要考虑技术的可行性、用户的行为、市场的竞争环境等因素，才能创造出有价值的作品。

（4）促进跨学科合作思维

设计者通过与工程师、数据科学家、心理学家等专业人士合作，了解他们的专业知识和技能，将不同的专业知识融合在一起，从而创造出综合创新的产品。设计者与工程师合作，能够确保设计的可行性和可实现性；与数据科学家合作，能够分析大数据来了解用户需求行为；与心理学家合作，能够了解用户体验和情感反应等。通过与其他领域的专业人士合作，设计者能够获得不同的视角和知识，帮助其解决设计中遇到的问题。

（5）加强交叉思维能力

设计问题通常是复杂的，需要综合考虑多个因素。通过交叉性思维，设计者可以将多个领域的知识方法融合在一起，从而提供更全面、有效的解决方案。在今天的全球化环境中，设计者需要考虑不同文化、背景和价值观下的用户需求。交叉思维使得设计者能够跨越文化的界限，深入了解不同文化的特点和需求。只有这样，设计者才可以创造出更具包容性和跨文化适应性的设计作品，满足不同用户群体的需求，打破文化隔阂，提升设计的影响力和可持续性。因此，对于设计者而言，具备交叉思维是提升设计能力和职业发展的关键要素。

总体而言，设计学具有独立学科属性和跨学科属性，这既推动设计研究走向更科学的方向，强调实证研究的可重复性、理论的可预测性和研究的规范性，也在平衡科学方法的系统性与设计创造性方面发挥着关键作用。通过采用跨学科研究方法，我们能够更深入地探讨设计背后的原理、规律和影响因素，从而有力地支持设计领域的持续改进。

第六章　设计学跨学科研究的范式建构

研究范式是一种兼具研究视角与理论建构的交叉模式，如何取舍研究方法，一直都是研究者必须面对的问题。作为科学研究领域，设计学跨学科研究方法需要有自己的研究范式，为设计学研究提供一种规范化的研究框架，帮助研究者系统科学地开展工作。

第一节　诠释层面：范式的概念话语

一、科学范式概述

“范式”源自对英语单词“Paradigm”的翻译，托马斯·库恩在其著作《科学革命的结构》中提出了范式概念，将其定义为每一个科学发展阶段都具有的特殊的内在结构，而这种结构所体现的模型就是“范式”。它是以具体的研究理论为范例，表示研究发展阶段的模式，是一种“科学共同体”的共有观念思维模式的框架。

库恩的“范式”揭示了理论建构的经验、理论和哲学三个层次。在此基础上，他还建立了一整套科学有效的研究方法，特别是将研究视角的具体性视为哲学思考的核心。传统的关于科学本质的观点并不能解释科学研究中的实际过程，库恩探寻了新的科学发展观点，其范式概念体现了科学和哲学的结合，并具有系统完整性与结构层次性。

“范式”具有规范研究知识的形态特征和引领研究的导向作用，并促进研究沿着逻辑次序的方向发展。各个学科都有其独特的共享式的内部研究结构方式，而这种方式就是由“范式”所决定的，被看作该组织所共享的信仰、价值思想或理论。这种“科学共同体”具有很强的指导性和约束力，能够帮助研究者抓准定位、找准方向和精准目标，更好地为科学研究提供理论支持。

在一定程度上，“范式”是一个“科学共同体”凝聚力的来源。它不仅为科学家们提供了共同的思想理论基础，也为科学研究提供了规范化的框架。在这个整体的框架下开展的科学研究，被看作“科学共同体”。研究者可以更加科学、准确地开展研究工作，提升对“科学共同体”知识的认同感，进而推动该“科学共同体”的发展。

从某种意义上来看，库恩也将“范式”解释为实用工具，即为解决问题而提供的具体方法。一旦“范式”确定，“科学共同体”的研究就在此基础上展开，研究者在该范式的基础上研究新问题。这种方式使研究者更加专注于本领域最前沿的重大问题，从而获得更多的知识，解决更多的难题，并提高工作效率。因此，“范式”作为实用工具具有重要意义，不仅为“科学共同体”提供了解决问题的具体方法，还帮助研究者高效地开展工作。

以上研究表明，“范式”的发展是科学进步的重要驱动力之一，新的“范式”往往会引发新的科学革命，并推动相应领域的重新定义。这里的“范式”可以被看作一种标准，是成熟的科学界在特定时间能接受的方法的来源。进一步看，随着时间的推移，旧的“范式”会被新的“范式”所替代，“范式”作为实用工具支撑着产生它的那门科学。

因此，深入理解“范式”概念，对设计学跨学科研究者具有重要作用。通过理解和应用不同学科的范式，设计学跨学科研究者可以构建学科之间的桥梁，探索新的解决方案，并促进设计学的理论发展。

二、西方科学范式

西方科学范式的演变过程被看作是从实证科学范式到非实证科学范式，再到复杂性科学范式的演变过程。这个过程中，研究者不断尝试新的范式，推动着科学领域的发展。目前，学界认同的三种主要科学范式分别是：实证科学范式、非实证科学范式以及复杂性科学范式。

1. 实证科学范式：牛顿范式

在科学研究中，牛顿范式是一种以实验和观察为基础，强调自然界是由简单的机械体系组成的范式。该范式以英国物理学家牛顿的力学理论为代表，被视为现代自然科学的开端。

牛顿范式在 17 世纪到 20 世纪初期，一直占据着科学领域的主导地位，推动了物理学、天文学、化学等学科的发展。这个范式强调了实证主义的思想，认为科学研究的主要目的是发现自然界的规律和定律，该范式内涵的四大特性如下。

（1）实证主义的思想：牛顿范式强调了实验和观察的重要性，认为科学研究的主要目的是发现自然界的规律和定律。该范式认为，自然界是可以被理解和解释的，只要用科学方法进行观察和实验就行。

（2）机械论思想：牛顿范式认为自然界是由简单的机械体系组成的。强调了自然界的可预测性和可计算性，自然界是由简单的物理规律组成的机械体系，这些定律都可以用数学模型来解释。

（3）数学的表述：牛顿范式十分注重数学的应用。在牛顿的力学理论中，他提出了三个基本定律，认为自然界中的物理现象都可以用这些定律来解释。

（4）统一性的思想：强调了不同学科之间的关联性和互通性。通过统一自然界中的物理现象，牛顿范式打破了学科之间的壁垒，推动了不同学科之间的交流合作。

牛顿范式是经典物理学的基础，它给予设计学研究者很大的启示。尽管设计学更多地关注人类行为而非物理定律，但牛顿范式中的一些基本原则可以用来指导设计过程和设计思维。

当然，牛顿范式的发展和成功离不开科学方法的应用，包括观察、实验、数据收集和理论验证。在设计学研究中，科学方法也可以应用于设计过程和研究。设计者可以采用类似的方法来观察用户行为、进行用户研究、收集数据并验证设计方案的有效性。科学方法的应用可以提供更有力的证据和支持，以改进和优化设计。

2. 非实证科学范式：达尔文范式

达尔文范式的核心思想是生物界存在着适应性进化，物种适应环境的能力会随着时间的推移而发生变化，进而导致物种的演化。达尔文通过对动植物的观察和研究，提出了自然选择的理论，即那些对环境变化更有利的个体，在繁殖中更容易生存和繁殖，进而引起了物种的演化。

达尔文范式的内涵特点具体如下。

（1）进化论的重要性：达尔文范式强调了进化论的重要性，认为生物进化是一个基于自然选择的适应过程，可以被用来解释生物界的多样性和复杂性。

（2）观察和归纳的思想：达尔文范式不仅强调了实证主义的思想，即通过观察和实验来获得科学知识，还强调了演绎和归纳的思想，即通过总结和归纳来推断出普遍的规律，从而发展出了生物学这个学科。

（3）自然选择的理论：达尔文范式强调了自然选择的理论，提供了一种解释生物多样性和物种形成的机制。

（4）多样性和复杂性的认识：达尔文范式强调了自然界的多样性和复杂性，认为生物界存在着适应性进化，即物种适应环境的能力随着时间的推移而发生变化，进而导致物种的演化。

达尔文范式的影响非常广泛，自然选择理论强调了适应环境的重要性。在设计中，考虑用户的需求、环境的特点以及社会文化背景等因素，是至关重要的。设计者可以从自然选择理论中获取启示，将适应性设计的原则应用于创新设计。这意味着设计者需要深入了解用户群体的需求和行为模式，以及设计对象所处的环境背景。通过理解这些因素，设计者可以创造出更符合用户需求、更适应环境的设计方案。

3. 复杂性科学范式

复杂性科学范式兴起于20世纪80年代，是当代科学发展的前沿领域之一。它由一系列学科组成，主要包括系统论、控制论、人工智能、超循环理论、混沌理论。有重要推动作用的学者是斯蒂芬·霍金（Stephen Hawking），他在其著作《时间简史》

中提出了“复杂性科学”的概念，并认为这是人类理解自然界中复杂系统的一个重要方法。当然，斯图尔特·考夫曼（Stuart Kauffman）也提出了“复杂适应系统”的概念，他认为这是一种由许多个体相互作用和适应而成的系统。

复杂性科学范式的核心思想强调了自然界中存在着许多复杂系统，如大气系统、经济系统、社会系统等，这些系统的行为不能用简单的线性模型来描述和解释。相反，复杂性科学范式认为这些系统是由多种因素相互作用所决定的。因此，科学问题需要用复杂的数学模型和计算机模拟来研究。具体特征归纳如下。

（1）对线性模型的挑战

传统的科学范式强调线性模型，即假设因果关系是单一的和确定的，这种模型适用于简单的系统，但不能解释和预测复杂系统的行为。复杂性科学范式提出非线性模型，认为系统的行为由多种因素相互作用所决定，这种模型适用于复杂系统的研究。

（2）对规律性的重新认识

传统的科学范式认为自然界中存在着普遍性规律，这些规律可以用数学模型来描述和预测。但复杂性科学范式认为自然界中存在着复杂性和不确定性，系统的行为是由其结构所决定的，系统的结构包括构成的组成部分、相互作用和反馈等因素。因而，了解和理解范式的规律以及系统的结构是科学研究的重要前提。

（3）对模拟和计算的重视

传统的科学范式注重实验和观测，而复杂性科学范式注重模拟和计算，认为通过计算机模拟可以更好地理解和预测复杂系统的行为。复杂性科学范式发展了许多新的计算方法和工具，如网络分析、系统动力学、统计学等，这些工具被广泛应用于各个领域的研究。

（4）对跨学科的需求

传统的科学范式强调纵向的深度研究，而复杂性科学范式强调横向的跨学科研究，认为复杂系统的研究需要涉及多个学科，在研究过程中存在着许多不确定的因素，如初始条件、系统内部的相互作用等。这些因素会导致系统的行为难以预测和控制，因此，复杂性科学的研究者通常具有多个学科的背景，他们通过跨学科的合作和交流来解决复杂性问题。

上述特征说明，复杂性科学范式的主要表现是对传统科学范式的超越，强调系统的非线性、随机性和不确定性，为解决复杂问题提供新的思考方式。该范式为设计学研究提供了系统思维、适应性设计、非线性创新以及可视化模拟等多方面的启示。帮助设计者更全面地理解设计问题，引入灵活适应性的方法，并利用新技术来更好地理解和探索设计领域。

三、中国传统思想范式对设计的影响

范式是一个科学体系中的核心要素，在科学发展中起着至关重要的作用。通过分析中国古代科学思想的范式特征及其成因，对于理解研究设计学跨学科研究具有现实意义。

1. 中国传统范式体系特点

中国传统科学思想的特点是其不属于任何一门具体学科，几乎是凌驾于各学科之上的统一的模型体系。这个模型体系以《易经》为基础，逐渐纳入了阴阳五行、气论、干支计时法、河洛理数等内容，形成了一套“理、象、数、图”并举的符号体系和功能性结构象征模型，用于表达世界生成演变的过程。这种模型体系与西方科学的组合性结构解释模型和数理逻辑体系有着根本性的不同，表现出了中国传统科学思想的独特性。

“形而中”是现代学者参考中国传统思想提出的一个重要概念，一是形，二是中。形指事物的表面形象、外在的现象，而中指事物的本质及事物内在的实质。综合起来理解，“形而中”的性质被视为对事物的本质和现象的综合认识。它强调超越事物表面现象的重要性，追求事物的本质；用来描述事物的本质特征以及宇宙的运行规律的哲学观念。这意味着该体系不仅是表达自然现象和社会现象的符号体系，更是具有哲学意义的思想体系。进而，能够解释自然现象和社会现象，还蕴含着人类对于世界的思考和认识方式，涉及人类的精神世界与价值观念。

尽管中国传统科学思想中的模型体系在西方科学的发展历程中没有完全对应，但这并不意味着它不具有独特的贡献。相反，正是因为它具有独特的“形而中”的性质，它才为中国传统文化的繁荣做出了重要的贡献。

总之，“形而中”思维强调整体性和关联性，这启示设计要采取系统观点，关注设计对象、设计过程和设计结果之间的关系，更深入地理解人与环境、技术与社会的互动，进行全方位的思考。

2. 传统“无—有—物”思想观

在中国传统宇宙观中，宇宙和万物的生成过程为“无—有—物”。在这个生成过程中，不仅有从“无”到“有”的实现，还有一个从“隐”到“显”的过程。这种“隐存在”的状态，体现在中华科学的生成论思想中，该观点认为事物的生成是一个从虚无到实现的过程。

设计的生成过程也可以被理解为从“隐”到“显”的过程。在设计初期，创意和想法可能仍处于潜伏状态，尚未显露出来。设计者通过深入的研究、探索和概念化，将隐藏的创意逐渐显现出来。这种“隐存在”的状态强调事物生成过程的特殊性。设计是一个从无到有的过程，也是将概念转化为现实的过程，通过演化和实践最终创造出有形的物品。类似于种子在土壤中潜伏的状态，设计的初始概念也需要适当的条件和时机才能实现成长。

在团队合作、理解用户需求、材料和技术的选择等方面，设计者需要耐心地探索和发展初始的设计概念，确保其能够适应不断变化的需求，最终转化为实际的设计方案。万物生成不是突然出现的，而是从无到有的过程。首先，万物最初处于“无”的状态，即没有任何物质和能量；宇宙最初处于“无”的状态，即没有具体形态和实体存在的状态。这种“无”的状态被视为一种潜在的存在，其中包含了无限的潜能和可能性。其次，由于某种力量的作用，万物开始生成，经历了一个从“隐”到“显”的过程。从“无”的状态开始，宇宙经历了一系列的变化和发展，逐渐形成了“有”的状态。这是一个渐进的、逐步展开的过程，涉及各种因素的相互作用和影响。最后，万物成为具体存在的物质基础，即“物”的形式。

在整个变化中，“有”被视为一种“隐存在”或“隐过程”，这意味着它不是一个独立的存在，而是一个潜在的状态，隐含在无形之中。这种观点与西方科学的“物质不灭，只是转化”有所不同，它更强调事物的生成过程，认为事物的生成是一个从“无”到“有”、从“隐”到“显”的过程。这种观点在中国传统文化中被广泛应用，包括道家、儒家等思想流派。《庄子》提到了“虚而待物”的观点，认为万物的生成需要先有虚无的存在。儒家经典《大学》也提到“大道之行也，天下为公”等观点，强调了天地万物的整体性和相互关联性。宋代理学家陆九渊在《理学通论》中认为，宇宙的起源是“无”，即无极是太极的本体，从太极的无中产生了有，有形成了万物的基础。设计也可以被看作是从“无”到“有”、从“隐”到“显”的过程。设计者在设计初期可能有一些模糊的想法或概念，需要通过深入的研究和探索来逐渐将其显现出来。

设计的生成过程需要考虑各种因素，包括用户需求、技术限制、材料选择等。设计者需要与团队合作，共同探索并逐步发展初始的设计概念。这个过程类似于宇宙生成的渐进过程，需要经历多个阶段和变化，才能最终转化为实际的设计方案。

由此可以看出，设计就是一个从无到有、从隐到显的创造过程，它强调了设计过程中的特殊性和逐步展现的特点。这种关系提醒设计者在创作过程中保持耐心和灵活性，并通过深入研究和探索，最终创造出有形的设计解决方案。

3. 传统思想范式对设计学的启示

（1）“形而中”思维对设计的影响

“形而中”思维强调对事物进行整体把握，在外在形式中感知内在本质。这一思维方式为当前设计实践提供了宝贵启示。

设计学作为一门学科，关注的是创造事物的外在形象。设计者通过运用各种设计原理、技术工具，创造出具有美感和实用性的产品。在设计学中，“形”的层面包括了材料、色彩、形状、结构等外在特征；“中”的层面涉及了人类心理、社会文化、环境可持续性等隐藏的内在因素，在于关注事物的本质、内在的实质以及运行规律。设计者不但要追求外在的形式美，还需要考虑产品的功能、用户需求、社会影响等方面。

具体来看，在产品设计中，“形而中”思维启示设计者要有正确的观念，把握用户的整体需求。产品外形功能虽重要，但真正影响用户的是产品与自身的契合度。设计者更要考虑产品形态是否符合人体工程学，是否给用户带来身心的愉悦体验。这需要设计者进行情境化的设计思考，观察用户在不同情境下的反应，才能提升产品的整体体验感。

例如，在城市设计中，受“形而中”思维的影响，城市设计者不仅要注意功能的规划布局，更要关注城市空间与人的情感，空间尺度、质感、意象等都会影响居民的精神体验。设计者需要通过“体验设计”的方法，评估城市空间对居民的整体影响，促进城市与自然环境达到和谐。因此，设计者要关注城市发展与生态系统的关系，才能实现人与自然的平衡。

“形而中”思维开拓了设计的视野，使设计不是停留在外在形态，而是落实到更深层的需求。

（2）“生成论”观点对设计的影响

首先，中国传统思想中“无—有—物”的生成观念，强调事物从无到有的演变过程。这一观点对设计也具有启发作用。在传统的思想观念中，“无”代表了空间的起源和未来的可能性，“有”代表了空间的存在形态和空间的变化规律，“物”代表了物质的具体形态和空间的实体化。这一思想观念为设计提供了哲学基础。因此，设计者可以从“无—有—物”的角度出发，采用创新的综合思维方式来探索设计领域。该观念提醒设计者关注事物的生成和演化过程，从中寻找创新的可能性。设计者通过研究自然界和社会系统中的生成规律，并将其应用到设计中，创造出新颖、独特的设计方案。

其次，在设计研究过程中，研究者不能将设计对象视为独立存在的个体，而要关注它的发展过程。例如，进行传统手工艺研究时，研究者需要考察其历史发展过程，了解历史发展过程中的手工艺流程、技术细节、文化背景和设计特点等方面的知识。没有对历史文化背景的考察，设计就可能脱离实际语境，成为自说自话。设计需要立足现实，关注事物生成和演变的脉络，以获取更丰富的设计灵感。

最后，传统的“无—有—物”思想观念对现代设计方法论产生了重要的影响。这一思想观念为设计者提供了一种新的思考方式，设计者可以从“无”出发，通过不断尝试，逐渐发现并把握“有”和“物”的关系，由此建立科学的现代设计方法。

（3）“隐存在”状态对设计的影响

“隐存在”状态体现了事物生成过程中的潜在性和可能性，这为设计者提供了创新灵感的源泉。设计者从事物的潜在状态中获取启发，探索设计方向可能的演化路径。

在设计之初，设计者需要通过访谈、观察等方式对用户进行深入研究，以发掘用户的隐性需求。这些需求未必由用户直接表述出来，但潜藏在用户的行为模式和情感体验中。设计者需要紧密观察用户的场景化行为，分析其中的需求暗示。例如，观察母亲喂养婴儿的场景，可以发现婴儿有吮吸、抓握的需求，从而设计出符合婴儿喂养需求的产品形态。

另外，设计过程中的方案迭代也体现了“隐存在”特征。设计者需要设置多个设计阶段，在不同阶段反复调整和完善方案。初期设计方案往往还存在缺陷，需要通过设计评审、用户测试等方式逐步优化。同时，设计者需要保持开放和灵活的心态，让设计方案“隐存在”调整，以达到更佳效果。

因此，“隐存在”状态激发了设计者的创新和灵感，促使设计者以系统性和综合性的思维方式考虑设计问题和用户体验。这与中国传统思想中事物生成的观念不谋而合。

第二节 结构层面：范式的逻辑构成

一、范式理论

在设计学的跨学科研究中，研究者需要面对不同学科之间的差异性和复杂性。为了有效地解决这些问题，研究者需要借助各种方法和工具。这被看作是设计学跨学科研究方法的“范式”，即研究者在跨学科研究中共同认同的信念、价值标准或共同的思想理论。

范式具有很强的指导性和约束力，能够帮助研究者抓住问题的本质，并找到解决问题的方法。它为设计学领域的研究提供了一种共同的理论基础，使研究者能够沟通合作。

1. 范式本质

设计学范式的本质是一种共同的研究框架，在设计研究中指导着设计者的实践活动，这是建立在“科学共同体”上的共同信仰和价值观，它是在长期实践中形成的知识体系，更是对设计研究活动的思想认同。

学者罗蒂在“镜像思维”中指出，“镜子”是主体也是衡量的标准模式，与其对应的是被镜子衡量的东西，决定了被照物的运行规律。可见，设计学范式不仅是一种外在的方法论和实践标准，更是一种内在的思维方式。设计者在设计学范式的指导下，精准地发现问题，并从多个角度分析问题、解决问题，推动设计研究的实践。

此外，设计学范式是研究设计的基本行为方式。研究者在设计学范式的指导下，遵循着设计共同体的行为准则，如诚实、严谨、开放、合作等规范。这种行为方式和社会习惯成为设计共同体的文化传承，有助于保证设计研究的公正性。设计学范式是研究设计“科学共同体”的核心精神，有利于形成设计跨学科研究的理论思想。

2. 范式特征

范式理论是设计研究的理论框架和方法，它包含描述性、实践性，以及生成性的基本特征。

（1）描述性

描述性范式是设计研究的第一个范式，它是指对设计对象进行描述分析的阶段。在这个阶段，研究者主要是对设计对象进行观察描述，理解设计对象的构成、结构、功能、特点等，以便更好地认识和分析设计问题。

描述性范式中的研究方法包括文献研究、调查问卷、统计分析、实验研究等。

典型的案例是对某个产品进行描述和分析。例如，研究者对一款智能手环进行描述和分析，以此了解手环的构成、结构、功能、特点等。

第一，外观和材料。描述手环的外观和材料，包括手环的造型、尺寸、颜色、材料等。描述手环的功能和特点，包括手环的传感器、显示屏、充电方式、运动监测等。

第二，用户体验和使用场景。描述手环的用户体验和使用场景，包括手环的佩戴舒适度、数据显示方式、App 使用方式等。

第三，通过对手环进行描述和分析，设计者可以更好地了解手环的特点和问题，为后续的实践性范式和生成性范式奠定基础。

（2）实践性

实践性范式是设计研究的第二个范式，它是通过实践活动验证设计想法，以及解决设计问题的阶段。研究者在此要了解和掌握设计对象的实际情况，方便设计实践活动的展开。实践性范式中的研究方法，包括实验研究、原型制作、用户测试、案例分析等。

例如，对智能手环进行原型制作和用户测试，以便了解该产品的实际使用情况。具体的实践活动包括以下几个步骤。

第一，原型制作。通过技术手段，制作出智能手环的原型，包括产品的外观、材质、结构、功能等。

第二，用户测试。通过招募用户，让用户对智能手环产品进行实际使用和测试，收集用户的反馈意见，以便更好地了解产品的优缺点。

第三，改进和优化。通过用户测试的反馈意见，改进和优化产品的设计，提高产品质量，满足用户需求。

第四，通过实践性范式中的实践活动，设计者可以更好地了解产品的实际情况和用户需求，为后续的生成性范式提供基础。在此，可以用“设计思维”的概念来理解实践性，设计思维是一种解决问题的方式，通过实践活动来验证和改进设计想法。实践性范式中的实践活动，也被看作一种设计思维的表现形式，两者相互作用，互相影响。

（3）生成性

生成性范式是设计研究的第三个范式，它是通过创新性的设计想法，生成新的设计成果的阶段。

夏皮尔（Shapere）将库恩范式转化为了复杂的“域”，而这种“域”是一种存在问题的信息群，各种信息群中的研究对象以一定方式联系着。这种联系所产生的不同的“域”，互相关联，并且可以消失、重新组合，夏皮尔将这种“域”的变动看成“生成性”。从这方面看，生成性范式中的“域”指的是存在问题的信息群。在设计学中，设计域可以被理解为设计所涉及的特定领域或问题空间。设计者在特定的设计域中进行研究和创新，通过探索问题空间中的挑战，生成新的设计成果。同时，生成性范式中的“域”的概念强调了问题与解决方案之间的联系和相互作用，不同的“域”之间存在互相关联的关系，设计领域和问题空间是不断演化的，设计者需要保持敏锐的观察力和快速的适应力，随着问题的变动，调整设计方案。这种变动重组的能力有助于设计者在生成性的过程中灵活应对，创造出更具有适应性的设计成果。

因此，设计学方法的研究范式，在一定程度上也是设计学跨学科研究凝聚力和认同感的来源。它不仅为研究者提供了一种共同的思想理论基础，也为研究提供了框架。

二、范式结构

1. 观念层

在设计学研究中，观念层是构成研究范式的一个重要概念。观念层涵盖了设计学研究的理论基础、方法体系以及与其他学科的交叉融合等基本观念。德尔·海德提出了“多范式方法”（multi-paradigm approach）的概念，多范式方法强调设计学研究需要跨越不同的方法论，综合多个学科领域的方法。范式是一种科学研究的基本观念，它在设计学研究中具有类似的特点。因此，设计学研究的范式，包含了众多的概念、原则、假设等基本观念，这些观念构成了设计研究的核心内容，为设计研究提供了理论基础。这些基本观念是通过设计实践和经验逐渐形成的，能够指导设计研究的方向。

设计学的理论基础和研究方法是设计研究者进行研究实践的基石，而学科交叉为设计研究者提供了更广阔的研究视野和思考方式。

2. 方法层

方法层是设计学研究范式中的主要组成部分，包含一系列的研究方法和技术，为设计研究提供了科学的基础指导。设计学研究中的方法是在范式的框架下进行的，为设计研究提供多样化的思考方式。

在设计学研究中，不同的方法具有不同的特点和应用领域。例如，文献研究是一种重要的方法，通过对相关文献的系统性调查分析，研究者可以了解设计领域的研究进展、理论基础和学术观点。案例研究是通过深入研究实际设计案例，把握设计实践中的具体情境和实际问题，为设计研究提供实证依据。实证研究则是采用问卷调查、观察、访谈等方法获得关于设计现象的定量或定性数据，并进行统计内容分析，从而得出研究结果。

3. 应用层

范式逻辑构成中的应用层，是范式理论在科学实践中的具体运用。范式不仅是一种抽象的理论框架，还被应用于科学研究的实际操作应用中。在设计实践中，范式的基本方法已成为研究者进行实验、观察和数据分析的重要指导工具。

范式的应用层既包括研究者对范式基本方法的理解应用，也包括其在实验、观察和数据分析等研究活动中的实践经验。研究者通过实践应用，不断修正、完善和发展范式中的基本方法，以使范式更加实用精确，适应科学研究的需求。

在此情况下，研究者根据范式的指导，选择适当的研究设计方法进行实验，并收集和分析数据。然后，研究者在实践过程中，逐渐掌握范式的基本方法，从而提高研究的可靠性。由此可见，范式的应用层对于设计研究具有指导作用，它保证了研究者在实践中能够遵循一定的规范方法，也为设计学跨学科研究提供了一种共同的语言工具。

总的来说，范式的逻辑构成包括观念层、方法层和应用层，三者之间相互关联，构成了范式整体的逻辑体系。范式的逻辑构成是科学研究的基础，也是科学研究不可或缺的一部分。

三、范式类型

1. 按研究目的和方法划分

按设计学跨学科研究的目的和方法，可以将研究范式划分为理论研究范式、实证研究范式以及实践研究范式。

（1）理论研究范式

理论研究范式是指在特定学科领域中，被广泛接受和应用的理论研究方法、观点和框架。它代表了一种共同的理论取向和研究方式，用于解释现象、推导假设、构建模型，以及进行实证研究。

通常理论研究范式由一系列基本原则、概念和方法组成，为研究者提供一种思考方式和研究路径。这些范式可以在不同学科和领域中存在，并且可能随着时间的推移而演变。例如，社会科学领域存在一些常见的理论研究范式，如功能主义、符号互动主义、结构主义和制度主义。每个范式都有其独特的理论观点、研究方法和分析工具，用于解释社会现象和行为。

理论研究范式对于设计学的发展起着理论支持作用，它为设计学研究提供了共同的研究框架，使研究者能够在设计领域内进行有效的交流。然而，理论研究范式并非一成不变的，它随着学术界的演变而发生变化。新的理论研究范式会出现，旧有的范式会被重新调整。

因此，理论研究范式应该被视为一种动态的、发展中的概念，而非固定不变的定义。研究者应该保持开放和灵活的态度，充分理解不同的理论研究范式，以推动设计学研究的创新和进步。同时，对于特定的研究项目或问题，研究者也可以结合不同的研究范式或借鉴其他学科的方法，以获得更全面深入的研究视角。

（2）实证研究范式

实证研究范式的特征是基于观察和测量，通过直接观察来收集数据，以获得客观的事实和现象描述。这种基于实际观察的数据收集方法，能够提供准确可靠的信息，为后续的分析推断打好基础。

实证研究范式在科学研究中被广泛应用，特别是在自然科学和社会科学领域。为了对收集到的数据进行处理和解释，实证研究范式通常使用统计分析方法。该方法能够帮助研究者从数据中提取出模式、关联和潜在的因果关系，并为研究者提供定量结论。通过统计分析，实证研究能够提供客观、可量化的证据，增强研究的可信度。此外，实证研究范式还强调理论构建的重要性。通过观察测量的数据，以及统计分析的结果，实证研究可以构建、验证或修正理论模型，从而解释现象、预测行为，并为进一步的研究提供基础。理论构建是实证研究范式的关键环节，它使得研究成果具有理论指导价值和学理性，有助于构建科学的知识体系。

总之，实证研究范式通过观察、测量、统计分析，在当今追求科学性和可验证性的研究环境中，提供了一种有用的方法论。

（3）实践研究范式

实践研究范式的核心思想是将理论知识与实际实践相结合，推动知识的生成和应用。在当今复杂多变的社会环境中，仅仅依靠理论研究往往无法解决实际问题，因此，实践研究范式的兴起，为研究者提供了一种新的思路。

实践研究范式的一个特征是实践导向。与传统的理论研究不同，实践研究以解决实际问题和改善实践情境为导向。它以实践为基础，通过观察、参与和反思实践过程，探索问题的解决方案，并为实践提供指导和建议。实践研究范式强调参与研究。研究者在实践研究中与从业者、组织或社区进行密切互动和合作，共同制订研究目标，设计研究方法，并在实践过程中进行数据收集和分析。这种参与研究的方式能够增强研究的实用性和可操作性，使得研究成果更加贴近实践需求，提高研究的实效性。实践研究范式的另一个特征是循证实践。该实践强调基于实证证据和经验教训来指导实践决策。此外，实践研究通过实践的反馈评估，不断改进和调整实践策略，以提高实践的质量和效果。这种循证实践的方法使得实践研究更加科学化，为实践问题提供有效的解决方案。

实践研究范式注重知识的转化性。它追求将研究知识转化为实践中可操作的建议和指导，通过将研究成果应用于实际问题解决，促进实践的创新。知识转化是实践研究范式的关键环节，通过将理论知识转化为实践行动，实践研究范式强调了理论与实践的相互关系，具有实用价值。

2. 按研究对象划分

在设计研究中，不同的研究对象具有各自的特点和规律，需要采用不同的研究范式，以便更好地理解研究内容的本质。设计学作为一门应用学科，通常由实践和理论两个层次构成。实践层次强调具体门类的设计学，而理论层次侧重于提炼、总结和概括学术理论，这两个层次相辅相成，为设计学学科的发展和应用提供支持。

（1）平面与社交媒体设计

平面与社交媒体设计是一门充满艺术与工程的交叉领域，它与服装设计和工业设计有共同之处，但也有着自己的特点。平面与社交媒体设计者需要掌握基础的设计知识，同时还要了解传统与现代艺术形式、数字媒体技术以及社交媒体的发展趋势。他们运用这些知识和技能，创作出吸引人的平面设计作品和社交媒体内容。设计者还需要了解社交媒体平台的特点和功能，以便有效地传达设计作品给目标受众。平面与社交媒体设计有多个应用领域，如品牌设计、广告设计和 UI/UX 设计。设计者的创意技巧将通过平面设计和社交媒体内容实现视觉上的传播效果。

（2）服装与数字设计

服装与数字设计是融合了时尚与技术的领域。它结合了服装设计的创意与数字设计的工具与技术，创造出独特的服装设计作品。服装与数字设计者需要具备对时尚趋势的敏锐洞察力，同时熟悉数字设计软件和工具，如 CAD（计算机辅助设计）软件和 3D 建模工具，利用这些工具来创建服装的数字原型和模拟，预测和评估设计效果。通过数字化设计，服装设计者能够更快速、精确地实现创意，并与生产团队进行有效的沟通。

（3）环境与光影设计

环境与光影设计关注创造具有独特氛围和体验的空间。它包括对环境布置、灯光、色彩、材料选择和声音等方面的设计。环境与光影设计者需要考虑空间的功能需求、用户体验和品牌形象等因素。运用设计原则和技巧，创造出与空间目标相符的视觉和听觉体验。例如，在商业场所中，环境与光影设计可以帮助营造沉浸式的购物环境，通过了解场所的特点和使用目的，运用光影元素，如光电、声音和色彩效果，营造出与环境相协调的氛围和沉浸体验。

（4）品牌与空间设计

品牌与空间设计是将品牌理念和形象融入实际空间中的设计过程。它涉及商业空间、展示场所、办公空间等多个领域。品牌与空间设计者需要深入理解品牌的核心价值和目标受众，并以此为基础创造出与品牌形象一致的空间设计。设计者通过空间布局、色彩搭配、标识和装饰等手段，将品牌的个性和故事融入空间，使用户在其中产生情感共鸣，加深对品牌的忠诚度。

（5）用户体验与数据可视化设计

用户体验与数据可视化设计关注用户与产品、服务或信息之间的交互体验。它涉及用户界面设计、交互设计和数据可视化等方面。设计者需要了解用户的需求和行为，通过合适的设计策略和技术手段，提供易用、愉悦和有意义的用户体验。数据可视化设计将复杂的数据转化为可视化图形，使用户能够更好地理解和分析数据。用户体验与数据可视化设计者需要结合人机交互原则、用户行为研究和数据分析能力，创造出直观有效的界面和图形，以提升用户对信息的参与度。

（6）文化与虚拟现实设计

文化与虚拟现实设计研究如何利用虚拟现实技术，创造具有文化意义和沉浸式体验的虚拟场景。通过深入了解特定文化的历史、价值观和传统，设计者可以将这些元素融入虚拟现实环境，以呈现出与特定文化相关的场景、艺术品或体验。运用虚拟现实技术的沉浸性和交互性，用户可以身临其境地感受到不同文化的氛围，从而增强对文化的理解。

（7）信息与交互设计

信息与交互设计融合了人机交互和信息设计。它关注着信息与用户之间的交互体验，以及信息的界面使用方式和呈现形式。主要研究如何将交互设计原则应用于信息设计，创造出具有用户友好性的信息化应用场景。通过分析用户需求、行为和信息，设计者可以确定合适的交互模式、界面布局和操作方式，以提供便捷、直观和愉悦的用户体验。

近年来，设计学学科领域不断涌现出与数字化、信息化和智能化相关的新兴研究方向，以适应现代社会的热点和潮流。这些新的设计领域体现了将不同专业特点重新组合的趋势，将设计学与现代科技紧密结合，为社会带来更智能化、数字化和个性化的设计解决方案。

四、范式“共同体”的组成要素

范式“共同体”是一个共同接受并遵循特定范式的学术社群，其构成要素包括共同的范式理论、语言符号系统、学说道德价值观以及多学科跨界合作。这些要素共同构成范式的“科学共同体”的核心价值。

1. 范式理论

范式“共同体”的核心在于研究成员共同接受和遵循的范式理论。这个范式理论应该是经过广泛讨论和实证验证的，以确保它是可靠有效的。为了构建共同的范式，先要进行广泛的文献综述分析，以了解当前设计学领域的研究趋势和共同点。因此，我们需要建立共同的范式理论来统一不同领域的研究。

2. 语言符号系统

为了建立有效的范式“共同体”，研究成员需要共享语言符号系统，这些术语和符号不仅具有特定的含义，还涉及具体的方法实践。如果不同的成员使用不同的术语和符号，或者对同一术语的理解不同，就会导致交流困难。设计学涉及的领域非常广泛，有必要建立共同的语言符号系统，以确保交流通畅。

3. 开放透明的交流

范式“共同体”需要建立开放和透明的交流渠道，以促进设计学领域内专家之间的交流。应积极组织专家研讨会，以讨论并确定共同的范式理论。为确保设计活动的公正性和透明性，需要鼓励公开透明的设计过程，这可以通过公开设计方案和决策过程，并征求利益相关者的意见来实现。上述措施不仅促进了设计学领域内专家之间的互动，也为构建共同的范式理论奠定了基础。

4. 道德价值观

建立共同的道德价值观是确保成员之间诚信合作的基础。在设计活动中，为了提升其合理性和可持续性，有必要建立共同的伦理准则，其中包括对于人权、公正性等方面的规定。此外，通过在设计活动中确定核心问题、强调社会责任、建立合作机制来推动设计实践的发展。同时，为在设计过程中考虑伦理和道德问题，并避免负面影响，需通过制定共同的行为准则以及伦理规范来实现。

5. 多学科跨界合作

范式“共同体”需要鼓励多学科跨界合作，以促进创新和发现。这一目标可以通过建立跨学科的研究团队、组织跨学科的研讨会、建立跨学科的教育体系、推广设计思维方法以及建立共同的语言符号系统等多种方式来实现。此外，设计领域内的学者之间应建立跨学科合作的机制平台，共同推动设计学的跨学科创新发展。

第三节　系统层面：范式的系统构建

设计问题往往是复杂的，需要综合考虑多个方面的因素。跨学科范式研究系统可以将不同学科的知识方法相互融合，提供更全面、综合的解决方案。建立设计学跨学科范式研究系统，有助于跨界合作，进一步解决设计问题。

一、设计学核心理念

2022 年 9 月，国务院学位委员会发布了调整后的研究生招生目录。《研究生教育学科专业目录（2022 年）》对“艺术学”门类进行了结构性调整。新版目录里艺术学门类下的一级学科为“艺术学”（含音乐、舞蹈、戏剧与影视、戏曲与曲艺、美术与书法、设计等），并成立了一个综合性的“艺术学”一级学科博士学位授予点；而在 2011 版中艺术学门类下设置了“艺术学理论”“戏剧与影视学”“音乐与舞蹈学”“美术学”“设计学”5 个一级学科。这也是本次新版的学科目录争议较大的地方，其对南京艺术学院、中国传媒大学等部分院校产生一定的影响。这一调整的主要目的是更好地反映不同学科之间的差异和特点。

新版目录中最引人注目的调整是新增了第 14 个学科门类“交叉学科”，其中包含的 9 个一级学科里包含了设计学。设计学在这次调整中受益最大，既包含在一级学科科学学位的艺术学（设计）中，也有专业学位“设计”，并且独立设置了一个专门的“交叉学科”设计学（可授予工学、艺术学位）。设计学被重新划分为一个独立的门类，强调设计在现代社会中的重要性和广泛应用。设计学被赋予了交叉学科的特色，这是符合设计学发展规律的，与其他学科形成了更紧密的联系。这次调整也表明中国设计学主体话语权不断提升。在交叉学科框架下的一级学科设计学，可以授予艺术学、工学等学位。同时，这也意味着交叉学科的设计学人才培养倾向工学方向，该学科的知识属性将融入工学知识，以弥补以人文社会科学为主的艺术学在自然科学能力方面的不足。

在学科应用上，若要实现既定目标，不仅需要对知识进行深度探究，还应注重与相关领域的知识融合。例如，视觉传达设计与材料科学、数字媒体设计与光学工程、环境设计与城乡规划、工业设计与机械工程等领域的结合都能形成紧密的跨学科协同关系，推动理论与实践的创新发展。

无论是艺术性的理论表达，还是涉及工学的专业实践，都避免不了学科之间的交流与合作。这种交叉学科的特色将有助于培养更具综合能力的设计人才。

二、新版学科设计学调整的作用

交叉学科“设计学”的成立有助于建立设计学研究的新范式和方法论。通过将设计学与其他学科相结合，可以引入新的理论框架和研究方法，促进设计学研究更加深入地探索设计的本质、设计过程和设计效果，为设计实践提供更科学、更有效的指导。

1. 促进跨学科融合发展

新版学科目录将设计学定位为一个交叉学科门类，有利于促进设计学与其他学科的交叉融合发展，使得设计学能够更好地与其他学科进行跨学科的合作研究，推动设计学与科学、工程、艺术等领域的对话，促进不同领域的知识交流与创新。随着专业的交叉变化，以“问题导向”为原则的绿色设计、健康设计、信息设计、农业设计、社区设计、社会创新等新设计专业群开始出现。当然，设计学也需要借鉴和吸收其他学科的理论方法，与其他学科形成紧密联系，才能更好地满足实际需求。

2. 强化学术影响力

新版学科目录将设计学单独列为一个门类，并赋予其交叉学科的身份，有利于强化设计学的学术地位和影响力，进一步提升了设计学的学术地位和认可度。这意味着设计学在学术界和社会中的地位更加突出，其价值和贡献得到更多人的认可，吸引了更多研究者从事设计学的研究，并推动设计学在学术领域的进步。

3. 推进人才培养

新版学科目录的调整有助于促进设计学人才培养。通过独立门类的设置，可以更好地满足设计学人才培养的需求，提高设计学学科的教育质量和培养水平。在教育类型的结构上，中国现有的2000余所开设设计及相关设计专业的高校中，非艺术高校占比达98%。这说明综合性院校在不断调整教育观念、教育资源及教育重心。新版学科设计学的调整对设计教育具有重要意义，为进一步明确设计教育定位创造了条件。

4. 加强国际交流合作

新版学科目录的调整也将推动设计学的国际交流与合作。设计学作为一个交叉学科门类，需要与国内外不同学科的研究者进行交流，才能更好地提高设计学的国际化研究水平。

三、设计学跨学科研究的方法体系

设计学跨学科研究的方法体系是一个综合性的概念，涵盖了跨学科研究所需要的理论、方法和工具。它是在设计学跨学科研究中，综合运用多个学科领域的理论，构建出一套系统性的研究方法，以实现设计学领域的理论知识体系化。

本书将从方法论、研究方式和工具方法三个层面，构建设计学跨学科研究方法体系。这种划分为设计学研究提供了一个框架，帮助研究者在设计学领域中选择适当的研究方法。

1. 方法论

方法论分为实证主义和人文主义，是常见的研究划分方式之一。实证主义方法论通常强调客观性和可量化的研究方法，倾向于收集和分析观察到的数据；而人文主义方法论更注重主观性和理解性的研究方法，关注个体经验和文化背景。这两种方法论在设计学研究中都有其应用价值，要根据具体研究目的和问题选择合适的方法论。

（1）实证主义

实证主义是一种基于科学方法的研究取向，强调对可观察现象的客观测量和解释。实证主义认为社会现象可以通过经验观察和定量测量来理解和解释，追求客观性、可重复性和普遍性的研究结果，并强调因果关系的确定性和预测性，注重收集、分析大量的数据，使用统计分析等定量方法进行研究。

在设计学研究中，实证主义通过定量数据收集和统计分析，探索设计决策、用户行为、产品性能等方面的规律和因果关系。以下内容是实证主义在设计学研究中常用的方法。

实验研究：通过实验设计和控制变量，研究设计决策对用户行为和反应的影响。实验研究帮助设计者评估设计选择的效果，如网站界面设计对广告效果的影响。

问卷调查：使用结构化的问卷来收集用户的反馈意见，以了解他们对设计产品体验的满意度、偏好和行为。通过统计分析和数据挖掘方法，揭示用户群体之间的差异和关联。

用户行为分析：利用用户行为数据，使用统计学方法，如流量分析、用户路径分析、购买行为分析等，来研究用户在设计产品中的行为模式和偏好。

（2）人文主义

人文主义是一种以人类经验和意义为核心的研究取向，注重对个体、文化和社会意义的解释。它强调人的主体性和情感体验的重要性，关注人类的个体经验、价值观、情感和意义的理解；同时，注重对文字、语言、符号和语境的分析，并借助定性研究方法，如文本分析、访谈、观察等来促进理解。

在设计学研究中，人文主义通过定性研究方法，可以探索设计的社会和文化影响、用户体验、创意过程等方面的问题。例如，下面是有关人文主义的常用方法。

参与式观察：研究者参与设计活动、用户体验或设计社群，并通过观察和访谈，深入理解设计过程和设计意义。

反思和批判性分析：通过对设计实践、设计产品、设计理论等的反思和批判性分析，探究设计与社会、政治、文化等方面的意义。

个案研究：深入研究个别设计项目或设计实践，通过深入访谈、文本分析、图像分析等方法，了解设计者的创意过程、设计决策和设计作品的意义。

2. 研究方式

将研究方式分为实证研究、思辨研究和实践研究，涵盖了设计学中常见的研究方法和方式。实证研究是基于观察、实验和数据分析的研究方式，旨在验证理论假设。思辨研究强调批判性思考、逻辑推理和理论探讨，通过思辨和分析来推进理论的发展。实践研究则强调对实践经验的研究，通过实践探索和反思来推动设计实践的发展。这三种研究方式在设计学中相互支持。

（1）实证研究

在设计学跨学科研究中，需要综合运用多种实证方法，如问卷调查、实验研究、案例分析等，以收集和分析研究数据，从而得出结论和建议。此外，实证方法还将帮助验证研究假设，发现问题和挑战，并提供解决问题的方法。研究者通过明确的方法步骤和规范，使研究过程更加透明可追溯。这有助于其他研究者能够重复和验证研究结果，增强研究的科学性。

实证研究在设计应用中，可以揭示设计现象的规律和因果关系。实证研究强调客观性、可重复性和普遍性，通常使用定量研究方法，可以进行以下研究。

用户行为研究：通过实验、观察或问卷调查等方法，收集用户反馈和行为数据，以了解用户对设计产品的偏好、满意度和行为模式。

评估设计效果：通过实证研究方法，比如 A/B 测试、实验设计等，评估不同设计选择对用户行为、认知、情感的影响，以便改进设计决策，并优化设计成果。

用户群体研究：通过定量方法，如统计分析和数据挖掘，研究用户群体之间的差异和关联，以帮助设计者了解不同用户群体的需求。

（2）思辨研究

思辨研究是一种探索性的研究方法，注重对未来设计可能性和创新的推测和思考。思辨研究强调对设计的潜在影响。在设计学研究中，思辨研究可以进行以下研究。

设计理论与哲学研究：通过对设计理论、设计哲学和设计思维的思考和批判性分析，探索设计的社会、文化和伦理等方面的意义。

提出设计观点和未来愿景：通过文献综述、专家访谈、文化分析等方法，提出关于设计未来发展趋势、新理念和新价值观的思考。

通过思辨性的研究方法，思考和探索设计创新的方法、工具和实践，为未来的设计实践提供新的思路和启发。

（3）实践研究

实践研究是一种基于实际设计项目的研究方法，强调通过设计实践来产生新的知识和见解。实践研究将实际设计项目作为研究材料，通过对设计实践的反思和批判性分析，推动理论与实践的相互交融。在实践中可以进行以下研究。

设计实践案例研究：通过深入研究和分析实际设计个案，探索设计决策、设计过程和设计结果的相关问题，以提炼设计原则和经验。

探索创新设计方法：通过创新研究，探索新的设计方法、工具和实践策略，以解决具体的设计问题。

反思性实践与实践创新：通过实践研究，设计者可以反思自己的设计实践，提出新的设计理念、方法和策略，并将其应用于实际项目中，以验证其有效性和可行性。

3. 工具方法

在学术研究中，工具方法指的是用于收集、分析和解释数据的具体方法，即研究者在进行实证研究时使用的技术手段，用于获取和处理研究所需的信息数据。设计研究将工具方法分为搜集资料方法和分析资料方法。搜集资料方法包括问卷法、量表法、访谈法等，用于收集和获取相关的研究资料信息。分析资料方法则包括文本分析、统计分析、数理分析、比较分析等，用于对搜集到的资料进行整理归纳和分析解释。这两种具体方法在设计学研究中经常使用，可以根据研究目的和数据类型选择合适的方法。

构建设计学跨学科研究的方法体系，需要考虑工具方法的应用，以下是从工具方法层面上研究的详细过程。

（1）研究问题

确定希望解决的设计问题，并明确需要跨越哪些学科领域进行研究。

（2）文献综述

进行文献综述以了解已有的相关研究和理论框架。通过对现有研究的分析总结，确定适用于研究目标的工具方法，并借鉴前人的经验。这有助于了解已有的工具方法，并为构建跨学科工具方法提供基础。

（3）工具选择

根据研究领域的目标，选择合适的工具方法来支持设计学跨学科研究。这些工具方法包括数据收集工具、数据分析工具、可视化工具、模型和仿真工具等。根据研究需求，选择最合适的工具方法来实现研究目标。要使用相应的工具方法进行数据收集、数据分析、模型构建等操作，确保工具方法的正确应用。

（4）方法整合

将选定的工具方法与其他研究方法进行整合，形成一个综合的研究方法体系。考虑不同工具方法之间的协同作用，以及如何最大程度地发挥它们的优势。此外，根据具体研究需求，对工具方法进行优化整合，以适应跨学科研究的特点和要求。

（5）数据可视化

使用选择的工具方法对收集到的数据进行分析可视化。根据研究问题进行选择，如运用统计分析、网络分析、主题建模等技术，揭示数据的内在规律和关联性。同时，利用可视化工具和技术，将数据结果以图表、图形或交互界面的形式展示出来，便于理解。

（6）模型仿真

在设计学跨学科研究中，根据研究问题，选择合适的建模工具和仿真平台，建立相应的模型并进行仿真实验。然后，对设计学跨学科研究中的复杂系统进行建模分析，模拟不同设计方案的效果，最后评估其性能和可行性。

（7）解释应用

对于使用工具方法进行数据分析、模型构建和仿真实验的研究，需要对结果进行解释并将其应用于实际设计实践中。通过解释实证结果，揭示设计问题的本质和用户需求的特点，并将实证结果应用于实际设计过程中。

（8）方法验证

对构建的工具方法进行验证测试。研究者通过实证研究、案例分析或专家评审等方式，评估工具方法的有效性和适用性。根据验证结果进行必要的修正和优化。

总之，工具方法在研究中的应用，是根据具体研究问题和目标而定的，研究者应选择最合适的工具方法来支持研究。这些工具方法通常是经过验证和标准化的，能够提供可靠和可重复的研究结果。

四、设计学研究范式的构建

在设计学跨学科研究中，设计相关的问题形态、领域形态、范畴形态以及学科形态之间存在密切的关联。这些要素共同构成了设计学跨学科研究的范式框架（如图 6-1 所示），并影响着设计研究的关系。

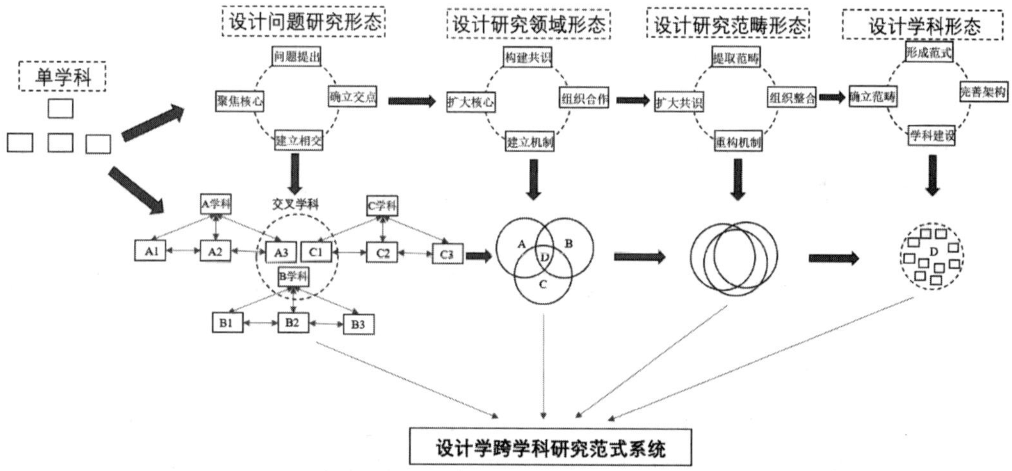

图 6-1　设计学跨学科研究范式系统图

1. 设计问题研究形态

设计问题研究形态是设计学跨学科研究的出发点。这是设计研究活动的表现形式，设计学可以通过跨学科研究，探索和创新不同的研究形态，如实验研究、实地调查、文献综述、案例研究等。这有助于设计学研究方法的多样性，提高设计研究的科学性。问题研究形态的选择直接决定了研究领域形态、研究范畴形态和学科形态的方向和内容。在设计学跨学科研究中，问题形态需要与研究领域形态、研究范畴形态和学科形态相互匹配，以确保研究的一致性和连贯性。

选择研究问题是构建研究范式框架的第一步。在选择研究问题时，需要考虑问题的重要性、可行性和可研究性。研究问题既可以来自实际生活，也可以来自学术界或产业界。研究者在选择研究问题的同时，需要明确问题的研究对象、研究目的和研究方法。

（1）问题提出

在设计学的问题研究形态中，需要明确问题的起源。定义设计问题是一个关键的步骤，它帮助研究者明确研究的目标和范围，以便进行系统的研究和解决方案的开发，基于研究目标提出明确的设计问题。该问题应具有可研究性，并指导研究中的探索和实践。研究者要确保问题具有明确的焦点，不要过于广泛或模糊。这包括对设计实践中的现有问题、需求的识别和界定，如存在创新性不足、可持续性问题或用户体验不佳等方面的问题。

例如，一个设计问题陈述可以是“在家庭环境中，如何改善老年人对智能家居系统的使用体验，以提高他们的生活质量”。

一个良好的设计问题陈述应包含以下要素：

研究对象：明确你要研究的对象是什么，如产品、系统、服务、界面、文字等。

目标用户群体：指定目标用户群体，如特定年龄段、职业群体、性别等。

行为或需求：描述用户的行为、需求或问题是什么。

目标和目的：说明你的研究目标和目的是什么。

应用场景：指明研究发生的环境条件是什么。

总之，在提出问题时，研究者应该尽量避免问题过于宽泛，要保持问题具有可操作性。问题应该能够激发研究者的好奇心，引导后续的研究和实践工作。

（2）聚焦核心

一旦设计问题被提出，聚焦问题的核心是设计研究中的关键步骤。这有助于确保研究工作的准确性、有效性和可行性。首先，聚焦问题核心需要将设计问题分解成更具体和可操作的子问题。其次，通过逐步剖析问题，重新定义和细化其关键要素，确保研究工作集中在解决问题的核心方面。这意味着确定设计学领域中具有重要性和影响力的特定问题，如设计创新方法、可持续设计的策略或用户参与设计的实践等。

（3）建立相交

在问题研究形态中，设计学需要与其他相关学科建立相交。这涉及探索设计学与其他学科（如人机交互、认知科学、社会学等）之间的融合领域。借鉴其他学科的理论和方法，能够为设计问题研究提供新的思维框架和解决方案。例如，在人机交互领域，可运用认知心理学的知识来理解用户的认知过程；在可持续设计领域，可借鉴环境科学的理论和方法来评估设计方案的生态影响。

（4）确立交点

研究者需要确立设计学与其他学科的交点。这意味着需确定设计学与其他学科之间具体的研究交叉点。仔细审视设计问题和其他学科的研究领域，寻找交集和重叠之处，通过文献综述、学术会议或研讨会等渠道来寻找相关研究。在具体交点的操作层面上，学习和运用其他学科的理论、方法和工具。例如，探索设计思维在认知科学中的应用、社会学对设计实践的影响、工程学与设计方法论的结合等。在学科间确立交点，促进跨学科研究的整合方向。

通过问题提出、聚焦核心、建立相交和确立交点这四个方向的论述，全面理解和探索设计学的问题研究形态，为设计学的跨学科研究提供指导。

2. 设计研究领域形态

设计研究领域形态是设计学跨学科研究的基础支撑。首先，设计研究领域包括形态研究设计活动所涉及的多学科领域，涵盖了科学、工程、计算机、社会学等多学科。跨学科研究能够拓展研究领域形态，将设计学与其他学科相结合，探索设计在不同领域的影响。其次，确定设计研究领域形态需要综合运用不同学科领域的理论方法，形成新的研究视角。最后，研究领域形态也需要与问题研究形态、研究范畴形态和学科形态相互配合，以确保研究的深入和广泛。

（1）扩大核心

在设计学的研究领域形态中，需要扩大研究的核心点。这意味着将设计学与其他相关学科的交叉点扩展到更广泛的领域。关注当前社会和科技的发展趋势，探索与设计相关的新兴领域，如人工智能、数字孪生、公共医疗等方面。通过将设计研究与这些新领域相结合，可以为设计研究带来新的问题、方法和创新。例如，人工智能技术在设计中的应用可以提供新的设计工具和方法，数字孪生技术可以实现产品的虚拟测试和优化，公共医疗领域的设计研究可以提升医疗服务的效率和用户体验。

（2）建立共识

在拓宽核心的基础上，需要建立设计学与其他学科之间的共识。这涉及在跨学科研究中寻找共同的问题、目标和价值观，并促进跨学科间的合作协同。确定设计学与其他学科之间的共同研究兴趣，分析设计学的核心概念和方法，并探索这些核心概念和方法与其他学科之间的关联。通过寻找设计学与其他学科之间的共同问题，以及相互受益的合作机会，建立学术上的共识，实现学科间的知识共享和资源整合。例如，在可持续设计领域，设计学可以与环境科学和经济学紧密合作，共同探讨可持续发展的路径。

（3）组织合作

在研究领域形态中，进一步组织跨学科交叉研究合作关系至关重要。这包括建立跨学科研究团队、项目或平台，以促进不同学科之间的交流。通过组织交叉，整合不同学科的专业知识和方法。开展共同的研究项目，这是建立设计学与其他学科之间合作的有效方式。通过合作项目，设计学和其他学科的研究者可以共同探索问题，并运用各自的专业知识和方法。这种合作有助于加深彼此对学科的理解，建立共同的目标，促进合作者之间的信任关系。

（4）构建机制

研究者需要构建支持跨学科研究的机制。这包括建立学术机构、研究中心或学科交叉部门等，为跨学科研究提供组织管理的支持。同时，还需要制定相应的政策规范，鼓励学者从事跨学科研究，并为其提供适当的奖励和认可。例如，建立一个跨学科研究基金，专门资助设计学与其他学科的联合研究项目，激励学者积极参与跨学科研究。

总之，通过扩大核心、建立共识、组织合作和构建机制之间的作用关系，这将有助于拓宽设计学的研究领域，提高解决复杂问题的能力，从而推动设计学跨学科研究的持续发展。

3. 设计研究范畴形态

研究范畴形态是设计学跨学科研究的核心要素，主要指在设计学内部，各个子领域和专业方向之间的交叉与融合。其所涉及的主题包括设计思维、设计方法、设计工具等多个内容。

研究范畴形态的选择确定，需要根据问题研究形态和研究领域形态的具体情况，综合运用多种研究方法理论，深入探究研究问题。设计学跨学科研究可以扩展研究范畴形态，如探索设计与乡村发展、文化遗产保护、医疗卫生等领域的关系，解决实际问题，推动社会进步。这有助于拓展设计学的研究应用领域。此外，研究范畴形态也需要与学科形态相互配合，确保研究的跨学科性。

在构建研究范式框架时，应根据研究问题的具体情况，选择相应的研究范畴，也需要综合运用多种研究方法深入探究研究问题，可分为以下几步。

（1）扩大共识

在设计研究范畴形态中，扩大设计共识关系的关键在于建立共同的视野。组建跨领域的研究团队，邀请来自不同设计子领域和专业方向的研究者共同参与。鼓励设计研究者培养综合性思维，跨越不同设计范畴的边界。如果要促进设计共识关系的扩大，设计研究者需要超越自身领域的局限，学习和理解其他设计子领域的理论和方法，并将其应用于自身的研究实践中。

（2）提取范畴

在原有的基础上，设计研究者需要提取设计学的核心研究范畴。这涉及确定设计学研究的基本领域、概念和理论框架。这里包括设计思维、设计方法论、用户体验、可持续设计等范畴。通过提取研究范畴，进一步明确设计学研究的基本要素。确定想要研究的设计范畴，可以帮助研究者更好地聚焦研究内容，并使研究目标更具有针对性。

（3）组织整合

在基本研究范畴形态中，要对组织不同范畴之间进行资源整合。这包括将设计学的各个范畴进行整合，以促进跨学科范畴之间的相通性。鼓励设计学研究者和从业人员跨越不同的设计范畴进行研究实践。例如，将数字艺术与产品设计结合，探索如何通过数字技术设计来改善产品的智能化。这种跨范畴的研究和实践，可以促进不同范畴之间的相通性，发现新的创新机会。组织跨范畴的研究项目，邀请不同设计范畴的研究者参与。通过共同开展研究项目，可以促进不同范畴之间的交流和合作，探索不同范畴之间的相通性和融合点。

（4）重构机制

建立学术机构和研究中心是重构机制的重要措施。这些机构将提供资源支持、研究资金和学术交流平台，为设计学研究者提供一个合作共享的环境。通过聚集专家学者和研究人员，这些机构能够促进不同范畴之间的合作，推动知识的融合创新。设立学科交叉部门是重构机制的关键措施之一，通过将不同学科领域的专家学者聚集在一起，形成学科交叉部门促进跨学科的研究合作。此外，制定研究政策和规范是重构机制的重要方面。这些政策和规范涵盖研究项目评审、研究成果评价、学术道德规范等方方面面。通过建立明确的设计行业规则标准，确保设计学研究的质量。

4. 设计学学科形态

设计学学科形态是设计学跨学科研究的整体框架。它涵盖了问题研究形态、研究领域形态和研究范畴形态等多个方面。

学科形态是学科的内部结构和组成，跨学科研究在设计学中起到了促进学科形态的发展和变革的作用。通过引入新的理论框架和研究方法，拓展学科的研究领域和应用领域，提高设计学的学术地位。学科形态的建立和发展，需要综合考虑问题研究形态、研究领域形态和研究范畴形态的具体情况，也需要跨学科交叉融合形成新的理论方法。在学科形态的建立和发展过程中，需要不断完善制度规范，根据实际变化，确立不同的研究范畴。

设计学作为一个跨学科领域，在构建研究范式框架时，必须综合考虑不同学科的理论和方法，并进行跨学科的融合，具体流程如图 6-2 所示。

图 6-2　设计学学科形态

（1）确立范畴

在研究设计学的学科形态时，需要确立其明确的研究范畴。这意味着研究者要定义设计学的核心领域、概念和研究对象。研究者通过确立范畴，界定设计学的研究边界，使设计学具有明确的学科特征。

研究对象：设计学的研究对象可以是各种设计活动、产品、环境等。明确这些对象有助于界定研究范畴的具体内容。例如，将产品设计、环境设计、用户体验设计等作为设计学的研究对象，能够具体化设计学研究领域。

专业方向：设计学可以涉及多个子领域或专业方向。例如，平面设计、工业设计、建筑设计等。界定设计学的各个专业方向，并确定其在整个学科形态中的位置关系，有助于设计学形成系统的学科结构。

概念方法：设计学的研究范畴还涉及一系列概念方法，如创意思维、用户研究、设计工具、原型制作等。定义这些概念和方法，有助于界定设计学的研究特征和边界。

（2）形成范式

构建研究范式是一个逐步发展和演化的过程。在设计学领域内，形成一套共同的理论框架、方法论和实践模式至关重要。

理论框架：基于设计学的核心理论和概念，构建适合自己领域的理论框架和概念模型。这可以帮助研究者理解和解释设计现象，提供分析和解决问题的基础。例如，以人为中心的设计范式、系统化的设计过程范式、可持续性设计范式等。

方法论：通过运用设计理论形成设计范式，提供设计学研究的基本指导规范，促进设计学研究的顺利进行。此外，设计学构建自己的跨学科研究范式，需要促进不同学科之间的交流合作。为设计学的发展和创新提供新的视角，并解决复杂的实际问题。

（3）完善架构

在学科形态中，必须完善设计学的知识体系架构。这包括构建设计学的核心理论体系、方法体系和实践体系。

理论体系：建立设计学跨学科的理论体系是关键一步，涵盖设计学的核心原理、基本概念和理论框架，以便理解设计过程。例如，设计原理探讨基本原则和规律，设计评估研究、评估品质的方法和标准，设计决策探索决策的方法和工具。

方法体系：构建设计方法体系包含各种设计方法和工具，帮助设计者在实际项目中应用设计理论。例如，用户研究方法帮助了解用户需求和行为，原型制作方法快速验证和演示设计概念，用户测试方法评估设计的可用性和满意度，从而优化设计方案。

实践体系：发展设计实践体系，关注不同领域和应用场景中的设计实践，如产品设计实践、环境设计实践和交互设计实践等。通过研究和总结这些实践案例，形成设计案例库和实践指南，为设计者提供解决实际问题的参考。

通过完善设计学的核心理论体系、方法体系和实践体系，有助于提高设计学的系统性和实用性。这不仅有助于培养具备扎实理论基础和创新能力的设计人才，还为设计实践提供指导支持。

（4）学科建设

在学科建设方面，积极建立相关的学术机构、研究中心和教育机构，以支持设计学的发展和推广。

学术机构：设立设计学院或学部，作为设计学学科的核心实体，集中资源和专业知识，提供全面的教育和研究支持，这是构建稳定学术生态系统的第一步。

设计学专业：开设设计学专业，全面覆盖不同领域和专业方向，满足学生的多样化需求，提供深入研究和专业发展的机会，这是培养设计人才的关键。

研究中心：建立设计研究中心，成为设计学研究的重要枢纽，聚集学者、研究人员和实践者，推动学术研究、实践创新和产业合作，发挥“产、学、研”结合的优势。让高校、政府及企业实现多方共赢。

学术交流：积极促进学术交流与合作，举办学术会议、研讨会和讲座，提供学者展示研究成果和交流经验的平台。

通过确立范畴、形成范式、完善架构和学科建设，有利于促进设计学跨学科形态的发展，推动设计学学术地位的提升。

第七章　设计学跨学科研究方法路径

设计学跨学科研究面临一定的挑战，需要解决学科体系、研究范式、研究工具、研究技术、语言表达等问题。但这种尝试也将推动设计研究理论和方法论的重构，有助于设计学研究范式的拓展。因此，如何进行设计学跨学科研究，是否应该借鉴多个学科领域的理论，以提升研究的科学性和全面性，是摆在设计学界面前的新课题。

第一节　跨学科性的工具与技术

作为一个多学科交叉的研究领域，设计研究需要借鉴自然科学、社会科学等领域的理论与方法，以提升研究的科学性与系统性。了解和掌握研究工具与技术，为实现这一目标提供了可行路径。

一、测量理论

设计研究面临着从传统经验主义范式向科学实证研究范式的转型。这需要建立系统的定量分析体系与方法，测量理论为实现这一转型提供了有力的理论支持。它阐明了如何对抽象特征进行客观测量的一般原理，为研究者建立了设计变量的量化指标体系。

美国学者史蒂文斯（S. S. Stevens）指出，测量就是依据某种法则给物体安排数字。基于测量理论，研究人员可以明确界定设计行为中难以量化的内在特征，开发相应的测量工具，并对其进行外显化表达。测量的主要作用是将一个特定的分析单位进行属性或类别的确定，然后对事物做出定量或定性的说明。可见，测量理论是研究如何进行有效测量的一门学科。它提供了一套框架原则，用于指导研究者设计、开发和评估测量工具（如问卷、量表）。测量理论强调对所要测量的构念进行明确定义。由此可见，构念是抽象的概念或特征，需要将其转化为可观察和可测量的指标。清晰的构念定义能够确保测量工具准确地反映测量的内容。

1. 构念与概念的异同

在语义上，“构念”和“概念”是两个相关但略有不同的概念。

（1）构念

构念是社会科学研究中的一个重要概念，是通过观察和测量来定义的抽象概念或变量。构念是为了研究目的而定义的，通常用于描述和解释现象、行为或心理过程。当然，构念可以是具体的，如“收入水平”“满意度”，也可以是抽象的，如“自尊”“幸福感”。通常来看，需要操作性定义和测量方法来进行实证研究。

（2）概念

概念是对事物或思想的一般性理解或认知。它代表了对某个对象、现象或主题的抽象化总结。概念是人类思维的基本单位，用于分类、理解和描述世界。例如，“猫”“植物”“友谊”等都可以被理解为概念，它们代表了对特定事物或概念范围的共同认知。

两者区别：构念通常指的是一种认知结构或思维模式，是个人或文化中的某个特定概念的形成和传递方式。进一步看，构念是一种比较抽象的概念，包括语言、文化、历史、哲学等方面的元素，具有很强的主观性和文化性。构念更多地涉及个人或文化中特定信念的形成和传递方式。概念是对事物的一般性理解或认知，是人们对世界的抽象化总结，更广泛地是指人们对客观事物的认知。它通常是通过逻辑推理、科学实验或其他形式的证据来形成的，具有一定的普遍性和可比性。

2. 测量相关概念

（1）信度

信度主要是指量表测量结果的稳定性和一致性，即在同样条件下，重复使用该量表是否能够得到相似的结果。如果量表具有高信度，那么不同时间、不同测量者或不同测量工具得到的结果应该是一致的。信度是确保量表测量结果可靠和稳定的关键因素。如果量表缺乏信度，即使测量者或被测者没有发生变化，也可能出现不一致的结果，从而影响对研究对象的准确理解和得出结论。高信度意味着在相同条件下，重复使用该测量工具会得到相似的结果。

常用的信度检验方法包括重测信度（test–retest reliability）、内部一致性信度（internal consistency reliability）和平行信度（parallel forms reliability）。这些方法通过比较同一受众在不同时间、不同测量者或不同测量工具下的得分来评估量表的信度。

例如，心理健康量表可用于测量个体的心理健康水平。为了评估该量表的信度，在两个不同的时间点对同一组受众进行测试，并比较两次测试的结果。如果两次测试的结果高度相关，那么该量表具有较高的信度，即在时间上保持稳定和一致。

（2）效度

效度指的是量表是否能够准确地测量所要衡量的观点，即量表是否测量到了研究目标的本质特征。量表具有高效度，能够提供可靠的、有效的信息来回答研究问题。效度要确保量表测量结果的有效性和准确性。在研究中量表缺乏效度，即使测量结果稳定和一致，也可能无法真实反映研究对象的特征。

常用的效度检验方法包括内容效度（content validity）、构效效度（construct validity）和准则效度（criterion validity）。通过与其他已经被广泛接受的测量工具进行比较，评估量表的效度。

例如，用户满意度量表用于评估用户对某个产品的满意程度。为了评估该量表的效度，与其他已经被验证过的用户满意度测量工具进行比较，并检查两者之间的相关性。如果两个量表的得分高度相关，那么该量表具有较高的构效效度，能够准确反映用户满意度。

（3）测量尺度

测量理论涉及不同类型的测量尺度，如名义尺度、顺序尺度、区间尺度和比率尺度。不同的测量尺度对应不同的数据类型和统计分析方法。选择适当的测量尺度，是确保测量结果可靠有效的重要一步。

（4）测量误差

测量理论认识到测量过程中存在误差来源，如受试者主观因素、测量工具的不准确性或环境因素等。研究者需要考虑并控制这些误差，以提高测量结果的准确性和可靠性。

综上，测量理论提供了一套系统科学的方法，帮助研究者设计和评估测量工具，以确保测量结果的信度和效度。它在各个学科领域都有广泛的应用，从社会科学到自然科学，为设计研究提供了可靠的数据基础。

二、概念化

“概念化”是一种研究思维，主要是将抽象、模糊或不明确的概念，转化为具体、清晰、可度量概念的过程。在社会科学研究中，概念化是非常关键的一个环节，能够帮助研究者准确理解研究对象。

第一，概念化有助于研究者理解不同事物。通过将抽象的概念转化为具体的概念，研究者能够更加准确地描述研究对象，并且能够更好地比较研究结果。此外，概念化还能够促进研究者之间的沟通和交流，减少误解。概念化对于准确衡量社会科学中的概念非常重要，因为许多概念是模糊的，容易产生歧义。

第二，概念化需要关注不同概念之间的异同。例如，“产品功能”这一概念是否可以划分为不同种类？如果可以，应该如何进行划分？是否存在不同属性的“产品功能”？如果存在，应该如何定义？这些问题的回答对于准确衡量“产品功能”这一概念是非常关键的。

第三，概念化需要区分单维度和多维度的不同。单维度只包含一个基本维度，可以用单个变量进行衡量；而多维度包含两个或两个以上的基本维度，需要分别进行衡量，并综合得出总体衡量结果。例如，“苗条”这一构念属于单维度构念，可以用单个变量进行衡量；而“学术水平”这一构念属于多维度构念，需要分别衡量写作能力、思维能力、逻辑能力等不同维度，并综合各个维度的评价指标来总体衡量。

第四，将思维上的构念变为现实的过程，即具体化。在定义构念并找出衡量构念的变量时，具体化是一个重要的环节。例如，衡量“幸福感”就需要考虑具体的行为，如物质影响、心理影响、环境影响等因素，以便更准确地衡量这一概念。

因此，概念化是基于主观意象的共识，而不是客观标准。只有将不同主体对于某个构念的意见和理解进行比较整合，才能得出共识性的定义。

三、概念的操作化

在研究中，常常面临如何衡量理论概念的问题。这些概念，如资源、贫困、权力等，通常是无形的，看不见、摸不着，难以直接观察和测量。为了能够对这些概念进行测量，必须对其进行操作化处理。这就是操作化在社会研究中的应用，它的主要作用就是将抽象的概念转化为可观察的具体指标。操作化指的是将高度抽象的概念转化为可测量的过程，包括确定程序、方法和手段，用于测量抽象概念在现实世界中的表现。操作化起到了连接理论概念和实际经验的桥梁作用，为测量抽象概念提供了关键手段。通过操作化，我们能够将抽象的变量转化为具体可见的事实。这种过程使得从抽象到具体的实现成为可能。因此，在进行研究时，了解指标和变量概念是非常必要的。这能帮助我们更好地理解如何将抽象概念转化为可操作的指标，以便在实践中进行具体的测量。

1. 指标

指标是用于衡量理论构念的工具，是一组代表构念的变量的组合。通常在实证层面，其用于代表构念的潜在特征或维度。可见，指标是定量的或定性的，定量指标通过数值进行度量和比较，而定性指标通过对现象进行描述和分类来测量。

例如，探究公共健康科普海报设计对青少年心理健康的影响，那么海报设计和心理健康就是两个概念，需要找到一些指标来具体衡量这两个概念。

首先，为了衡量公共健康科普海报设计，研究者可以选择一些指标，如海报的图文设计、色彩搭配、设计辨识度等。这些指标可以通过问卷调查等方法收集，并进行定量分析。其次，为了衡量心理健康，研究者可以选择焦虑、暴躁、自尊心等指标，通过心理量表等工具收集，再对指标进行定量分析。最后，通过对这些指标的分析，研究者得出公共健康科普海报设计对青少年心理健康的影响。以上研究发现，海报图文搭配的可理解性与青少年健康情绪之间存在正相关关系，而自尊心与海报设计无关。这些发现帮助研究者深入理解公共健康科普海报设计对青少年心理健康的影响，并为预防和治疗青少年心理健康问题提供有益信息。

总之，指标是用于衡量理论构念的工具，帮助研究者具体化和操作化抽象的概念，从而进行实证研究。研究者根据问题来选择适当的指标，并通过分析它们之间的关系来解释研究结果。

2. 指标类型

指标分为反映型指标和构成型指标，这两种指标类型在研究中都扮演着重要的角色，但它们的定义和用途有所不同，具体类型如下。

（1）反映型指标

这是一种代表构念的测量，它反映了构念的某个方面或特征。该指标类型是从构念的定义中推导出来的，通常是定量的，可以通过具体的测量工具收集，用来衡量一个特定的概念。例如，研究者想要衡量一个社区的文明程度，可以选择反映型指标来代表这个概念。这些指标包括社区成员之间的信任、合作意愿、社交网络等，通过问卷调查等工具来收集这些指标，运用统计分析方法来对社区文明程度进行测量。

（2）构成型指标

该指标由多个反映型指标组成，代表构念的多个维度。它们通过将多个反映型指标组合起来衡量一个复杂的概念，如衡量一个人的文化水平，就可以选择构成型指标来代表这个概念。这些指标包括教育程度、知识水平、文化参与度等。研究者通过问卷调查等工具来收集这些指标，并通过统计分析方法来对文化水平进行测量。

3. 变量

变量是指在研究中可能发生变化的特征或属性，是研究者想要观察、测量或研究的事物的特定方面。变量可分为自变量、因变量、中介变量、调节变量以及控制变量，具体解释如图 7-1 所示。

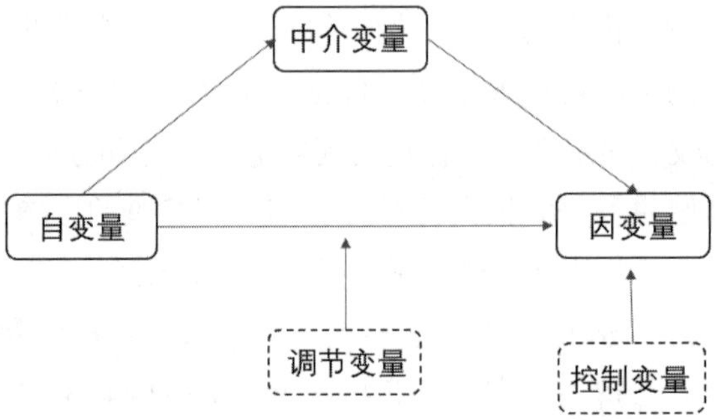

图 7-1　变量关系

（1）自变量

自变量是研究者可以操纵和控制的变量，是研究中的独立变量。自变量对因变量产生影响，因此也称为解释变量。例如，研究者想要了解体育锻炼对心理健康的影响，那么体育锻炼就是自变量。

（2）因变量

因变量是研究者想要衡量和观察的变量，是研究中的结果变量。因变量受自变量的影响而发生变化，因此也称为被解释变量，通常是研究中的理论核心。在上述例子中，心理健康就是因变量。

（3）中介变量

中介变量是自变量和因变量之间的一个中介，在自变量和因变量之间传递影响。中介变量既能帮助理解自变量和因变量之间的关系，也能解释因变量的变化。在体育锻炼对心理健康的影响中，考虑锻炼环境的重要性，寒冷的环境与舒适的环境对于心理的影响是不一样的，那么锻炼环境就是中介变量。

（4）调节变量

调节变量是影响自变量和因变量之间关系的变量。调节变量能够增强或减弱自变量和因变量之间的关系，或者改变自变量和因变量之间的关系。在研究体育锻炼对心理健康的影响时，性别可以作为调节变量，因为男性和女性可能会对体育锻炼产生不同的反应。

（5）控制变量

控制变量是在研究中被控制或保持恒定的变量。它们是研究者刻意保持不变的因素，以确保对自变量和因变量之间关系的观察不受其他变量的干扰。通过控制变量，研究者可以排除其他潜在的影响因素，从而更准确地评估自变量对因变量的影响。例如，研究体育锻炼对心理健康的影响时，研究者可以控制参与者的年龄范围，确保研究对象在相似年龄段内，以排除年龄因素对心理健康的影响，在这里年龄就是控制变量。

在设计学领域，对变量的理解更强调设计过程中的可变性影响。变量在设计中可以指代各种设计元素、特征或条件，它们会对设计产生影响。设计变量可以是颜色、形状、材料、尺寸、布局、用户需求、文化背景等。通过对这些变量的分析，设计者可以更好地理解设计问题，制订合适的解决方案。但在实际设计研究中，变量的定义和分类需要根据具体的设计领域进行调整，以满足特定的设计需求。

四、量表

量表是一种标准化的心理测量工具，由一系列具有良好心理计量特性的题项组成，用于测定和定量描述心理特征。在设计学研究中，使用适当的量表具有重要的方法论意义，量表能够提高研究的科学性，并为设计学研究提供有效的测量工具。

量表为设计评估提供重要依据，能够准确测量人的审美态度、使用体验等难以直接观察的心理特征。它们在揭示人与设计之间的关系方面发挥着关键作用，并为设计评估提供重要的工具。通过不同时期的量表测试，评估设计方案的效果，并通过量表筛选获取具有特定心理特征的被试样本。此外，量表结果还能验证设计心理学理论，推动设计学理论的进一步发展。总之，使用验证有效的量表，对于提升研究方法的科学化和研究结果的可信度具有帮助。量表能够准确测量难以直接观察的心理特征，为设计评估和理论验证提供有力支持。常用量表分类如图 7–2 所示。

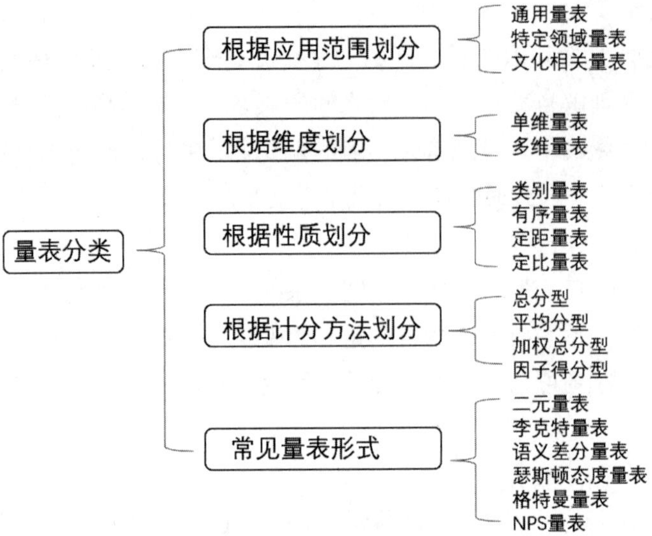

图 7-2　量表分类

1. 范围划分

（1）通用量表

通用量表（General Scale）是广泛适用于多个领域和研究主题的量表。其不针对特定领域，而是关注心理、行为或主观评价。通用量表可以用于各种研究领域，如幸福感、自尊心、压力水平等。其设计目的是测量普遍的概念，以便比较和分析不同研究中的数据。

（2）特定领域量表

特定领域量表（Domain-Specific Scale）是针对特定领域而设计的量表，在特定领域有较高的适用性和敏感性，并且通常与该领域的理论模型和研究问题紧密相关。在设计学领域，有特定的量表用于评估用户的体验性、界面的可用性、产品的易用性等方面。

（3）文化相关量表

文化相关量表（Culture-Specific Scale）是针对特定文化而设计的量表。不同文化背景下的个人价值观、信念和态度可能有所差异，因此，文化相关量表帮助研究者了解和比较不同文化群体之间的差异。文化相关量表通常经过跨文化验证，以确保在不同文化中的有效性。

2. 维度划分

量表根据维度划分为单维量表和多维量表。量表在社会科学研究中广泛应用，帮助研究者获取被测对象的观点、态度、经验等信息，并进行定量分析和比较。在进行设计学研究时也可借用这些量表，需要注意设计合理的问题，确保量表的可靠性和效度，并采用适当的统计方法进行数据分析。

（1）单维量表

在社会科学研究中，常使用的三种单维量表如下：

①划分量表（Nominal Scale）

划分量表是对被测对象进行分类和划分的量表，是一种用于分类标记个体或对象的测量尺度。它将个体或对象分为不同的组别，但没有任何顺序或数量上的差异，通常不具有数量意义，只表示不同类别的区分。例如，性别（男、女）、民族（汉族、白族、苗族）等都可以使用划分量表进行测量。

案例：研究用户对于手机颜色的喜好。设计一个调查问卷，在问卷中列出几种手机颜色选项（如红色、蓝色、黑色、白色），要求被测对象从中选择最喜欢的颜色。这里的手机颜色就可以使用划分量表进行测量。

设计划分量表需要确定划分的类别或组别，并确保每个类别都是相互独立的。在设计调查问卷时，提供一个列表或选项供被测对象选择，然后根据被测对象的选择进行统计分析。数据分析可以使用频数统计来计算每个类别的出现次数或比例。

②顺序量表（Ordinal Scale）

顺序量表是对被测对象按某一属性的顺序进行排列的量表。它带有明显的顺序关系，但各级差异的量化意义不明确。在顺序量表中，类别之间存在顺序关系，但不能确定它们之间的具体差距。例如，教育程度（小学、初中、高中、本科、研究生）就可以使用顺序量表进行测量。

案例：研究用户对于产品外观的满意度。设计一个调查问卷，在问卷中提供几个评价选项，如"非常不满意""不满意""一般""满意""非常满意"，要求被测对象根据满意程度进行排序，该用户满意度就使用顺序量表进行测量。

设计顺序量表需要确定排序的类别，并确保它们之间存在明确的顺序关系。在设计调查问卷时，提供一个有序的评价选项供被测对象进行排序，然后根据被测对象的排序结果进行统计分析，接着使用顺序统计方法进行数据分析，如中位数或百分位数。

③间隔量表（Interval Scale）

间隔量表是一种测量尺度，具有明确的顺序关系，并且类别之间存在间隔或差异。在间隔量表中，比较不同类别之间的差距，并进行数值上的运算。例如，温度（摄氏度、华氏度）就可以使用间隔量表进行测量。

案例：研究用户对于新开发产品价格的接受程度。设计一个调查问卷，在问卷中使用数字刻度，要求被测对象根据他们对于不同价格的接受程度进行评分，如从 1 分到 10 分。这里的价格接受程度就可以使用间隔量表进行测量。

在这里，该方法需要确定测量的范围和间隔，并确保类别之间的差异是固定的。在设计调查问卷中，使用数字刻度或评分选项来表示不同类别之间的差距，并要求被测对象进行评分。使用均值、标准差等统计指标进行数据分析，来描述和比较不同类别之间的差异。

单维量表使用方式

在设计学研究中使用单维量表，通常包括以下步骤：

（1）确定研究目的和变量：明确研究要探究的问题，并确定需要测量的变量。

（2）设计量表：根据变量的性质和测量要求，选择合适的单维量表类型（划分量表、顺序量表、间隔量表）进行设计。

（3）构建问卷或测量工具：根据选定的量表类型，设计相应的问卷或测量工具，确保问题清晰明确，选项合理完整。

（4）数据收集：通过调查问卷、访谈等方式，收集被测对象的回答或观察数据。

（5）数据分析：根据不同的量表类型，采用相应的统计方法对数据进行分析，如频数统计、顺序统计、均值计算等。

（6）结果解释与讨论：根据分析结果，解释和讨论变量的测量情况，得出结论并提出相关建议。

在设计和使用单维量表时，要确保量表的有效性和可靠性。通过预测试、信度分析、效度检验等方法来评估和验证量表的质量。此外，还应考虑样本的代表性和研究的可推广性，以增强研究的有效性。

总之，这三类单维量表越来越具有量化的意义，但都存在一定限制。划分量表只能进行分类，顺序量表不能量化差异，而间隔量表没有绝对零点。在具体的设计研究中，通常需要进行数据的进一步转换，以获得更多统计信息。

（2）多维量表

在社会科学研究中，常见的三种多维量表如下。

①预设量表（Pre-existing Scale）

预设量表是已经被广泛使用和验证的工具，用于测量特定概念或构念，如人格特质、满意度、心理健康等。研究者可以直接使用这些预设量表，以获得关于被测对象的多个维度的数据。

在设计学研究中，研究者使用被广泛验证的标准量表和预设量表来测量特定的概念。例如，研究者使用产品用户体验度量表（如 SUS 量表，系统可用性量表）来评估某个产品的可用性和用户体验。SUS 量表是一个已经被验证和应用广泛的标准量表，其主要通过陈述句来评估产品界面的易用性和用户的满意度。

在设计学研究中，以下是部分常用的预设量表，用于测量不同的构念和维度。

SUS 量表（System Usability Scale）：用于评估用户对产品、界面或系统的可用性和用户体验。它包含一组陈述句（10 个），用户需要根据自己的体验程度进行评分。

TAM 量表（Technology Acceptance Model）：用于评估用户对新技术接受程度。它包括对技术易用性和有用性的评估，帮助研究者了解用户对新技术的态度和意愿。

PSSUQ 量表（Post-Study System Usability Questionnaire）：用于评估用户对系统或产品的满意度和可用性。它涵盖了系统的各个方面，包括界面设计、性能和信息组织等。

UEQ 量表（User Experience Questionnaire）：用于评估用户体验。它包括对系统各个方面的评估，如吸引力、容易学习性、效率等。

NPS 量表（Net Promoter Score Scale）：用于评估用户对产品或服务的推荐意愿。它通过一个 11 点量表，从 0 到 10，评估用户的推荐程度。

以上是研究中常用的预设量表，它们已经被广泛使用和验证，适用于不同的设计领域和用户群体。研究者可以根据自己的研究目的选择合适的预设量表，并在研究中使用它们来获取数据。

②构建量表（Constructed Scale）

构建量表是根据研究者的研究目的和理论构建的，用于测量特定的概念。研究者根据自己的研究问题和理论构思，设计出合适的问题或陈述，以便获得所需的数据。

例如，在研究品牌形象的感知时，研究者设计一套问题，包括品牌的外观、色彩、文字等方面，以测量被测对象对于品牌形象的感知程度。通过构建量表，研究者可以获取关于被测对象对于品牌形象不同维度上的评价。

③综合量表（Composite Scale）

该量表结合了预设量表和构建量表的特点，旨在同时测量多个相关的概念。由此可见，综合量表常常由多个子维度或子量表组成，用于全面评估一个复杂的概念。

例如，在研究城市公园的可持续性时，研究者会设计一套综合量表，包括环境影响、社会包容性、经济可行性等子量表。这些子量表涵盖不同方面的评估，帮助研究者获得对城市公园可持续性维度的全面了解。

使用多维量表考虑因素

在设计学研究中，使用哪种类型的多维量表，需要考虑多方面的因素。

其一，研究问题。

研究者需要明确他们的研究问题和目的。确定研究问题有助于研究者确定需要测量的概念及其相关维度。如果研究问题涉及已被广泛研究和验证的概念，使用预设量表是合适的选择；但研究问题是新颖的，选择构建量表则更适合。

其二，理论依据。

研究者需要考虑相关的理论框架和先前的研究，以确定是否有适用的预设量表。若已有的理论和研究提供了已验证的量表，使用预设量表可以增加研究的可比性和可靠性。若没有现成的量表可用，研究者则需要根据理论构建自己的量表。

其三，被测对象特征。

研究者应该考虑被测对象的特征和背景。不同的被测对象群体，对量表的适应性和理解能力有所差异。研究者需要选择适合被测对象特征的量表，以确保其能够准确理解和回答量表中的问题。

其四，信度效度。

在选择量表时，研究者应评估量表的可靠性和效度。可靠性指量表在不同时间和不同样本中的一致性与稳定性。效度指量表测量的概念是否与研究问题相关，并且能够准确地测量所需的维度。研究者应查阅已有的文献，评估量表的可靠性和效度，确保选择的量表具备良好的测量性质。

3. 性质划分

（1）类别量表

类别量表（Nominal Scale）是最基本的量表类型，它只能对被测对象进行分类，无法确定各分类之间的差异。在设计研究中，类别量表常用于区分用户或对象的类型，如性别、民族、设计风格偏好等非顺序类型的变量。使用类别量表可以将被测对象进行归类，并作为自变量进行不同组别的比较。

（2）有序量表

有序量表（Ordinal Scale）用于对被测对象进行排序，但无法确定排序之间的差异。在设计研究中，有序量表可用于对多个设计方案或产品样品进行优劣排序。例如，让用户根据偏好程度，对 5 款产品样品进行 1 ～ 5 的排序，虽无法确定每两个样品的具体差距，但能明确它们的优劣顺序关系。

（3）定距量表

定距量表（Interval Scale）用来确定被测对象之间的差异，但没有绝对零点。在设计评估中，许多量表属于定距量表，如用户体验量表中各题目的评分并不表示绝对值，但差值具有一定意义。其用于评估不同设计在易用性、满意度等方面的差异大小。

（4）定比量表

定比量表（Ratio Scale）不仅能反映差异的大小，还有一个真正意义上的零点。利用定比量表可以准确测量时间、价格等变量。例如，记录用户完成指定任务的时间来评估设计的高效性，或者比较不同设计方案的成本差异。

总之，不同类型的量表适用于测量设计研究中不同性质的变量，选用合适的量表能够提高研究结果的可靠性和效度。

4. 计分方法划分

（1）总分型

总分型量表（Total Score）是最常见的一种计分方法。在这种方法中，每个问题或陈述都被赋予一个特定的分值，被测对象的得分是所有问题或陈述的分值之和。这种计分方法适用于那些各个问题或陈述之间没有明确顺序关系的量表。

（2）平均分型

平均分型量表（Mean Score）是将被测对象对每个问题或陈述的评分的平均值作为最终得分的计分方法。这种方法适用于那些各个问题或陈述都具有相同权重或重要性的量表。

（3）加权总分型

加权总分型量表（Weighted Total Score）是在总分型量表的基础上，引入权重因素进行计分的方法。每个问题或陈述都被赋予不同的权重，被测对象的得分是每个问题的分值乘以相应的权重后的总和。这种计分方法适用于具有不同权重的量表。

（4）因子得分型

因子得分型量表（Factor Score）是基于因子分析的结果，通过将被测对象的回答映射到潜在因子的得分上进行计分的方法。在因子分析中，将多个相关变量归纳为几个潜在因子，最后因子得分即代表被测对象在各个因子上的得分值。

以上来看，计分方法根据量表的特点和研究需求来定。在设计和使用量表时，需要明确计分方法，并确保计分方法与研究问题的一致性。

5. 常见量表形式

（1）二元量表

二元量表（Dichotmous Score）是一种测量工具，用于评估被测对象对某个特定属性的态度或偏好。它由一对相对的陈述组成，被测对象需要在两者之间选择一个更符合自己观点的选项。它只有两个可能的响应选项，通常是“是”和“否”、“是”和“不是”、“同意”和“不同意”等。一个二元量表可以用于评估被测对象对于某个产品的喜好程度，其中一个陈述可能是“我喜欢这个产品”，另一个陈述可能是“我不喜欢这个产品”。二元量表适用于需要收集简单二选一意见的情况，具有简洁明了、易于分析和解释的优势。当然，它也存在一些限制，如无法捕捉到更细致的差异和多样性的观点。

因此，在设计调查时，根据研究目的和需求综合考虑，是否使用二元量表或其他更复杂的测量工具。例如，衡量办公椅设计的六语句二元量表，如表 7–1 所示。

表 7–1　衡量办公椅设计的二元量表

这款办公椅子的设计符合人体工程学原则吗？	是	否
这款办公椅子在美学上具有吸引力吗？	是	否
这款办公椅子的功能性能满足需求吗？	是	否
这款办公椅子与目标用户群体相契合吗？	是	否
这款办公椅子在交互体验上好吗？	是	否
这款办公椅子在可持续性方面做得好吗？	是	否

（2）李克特量表

李克特量表（Likert Scale）是一种常用的心理测量工具，用于评估被测对象对于某个特定属性的态度。它由一系列陈述组成，被测对象需要在一个五点量表上选择一个最符合自己观点的选项，通常是从“非常同意”到“非常不同意”。一般使用下列方式来表示同意或反对的强烈程度：1= 强烈反对，2= 反对，3= 既不同意也不反对，4= 同意，5= 强烈赞成。

以下是运用李克特量表的完整案例，针对社区医疗废弃物垃圾分类的态度的调研问卷。

案例分析

社区医疗废弃物垃圾分类回收问卷

您好！我是 ××× 大学博士研究生，目前在做一项有关垃圾分类的调研，希望您能合作填写一份关于社区医疗废弃物回收的问卷。此问卷的目的在于了解社区医疗废弃物的回收情况，请您根据自己的实际情况和真实感受，在相应的选项上打“√”，或者在空白处写出相应内容。您的回答没有正误之分，本次调查不记姓名，对问卷资料严格保密，请您放心填写。

感谢您的合作！谢谢！

一、人口统计学特征

1. 您的性别是？［单选题］

○男　○女

2. 您的年龄是？［单选题］

□ 18 岁及以下 □ 19 ～ 30 岁 □ 31 ～ 40 岁 □ 41 ～ 50 岁 □ 51 ～ 60 岁 □ 60 岁以上

3. 您的学历是？［单选题］

○高中及以下　○大专　○本科　○硕士及以上

4. 您的职业是？［单选题］

○机关事业单位职工　○企业 / 公司职员　○学生

○自由职业者　○离退休职工　○其他

5. 您的月平均收入是？［单选题］

○ 3000 元以下 ○ 3001 ～ 5000 元 ○ 5001 ～ 8000 元 ○ 8001 ～ 10000 元 ○ 10001 元以上

二、医疗废弃物的垃圾分类、收集、运输和处理

	非常不满意	很不满意	一般	很满意	非常满意
1. 您对当前医疗废弃物在垃圾分类的满意度是？	○ 1	○ 2	○ 3	○ 4	○ 5
2. 您认为医疗废弃物在社区垃圾分类标签的辨识度是？	○ 1	○ 2	○ 3	○ 4	○ 5
3. 您认为医疗废弃物在社区垃圾分类色彩的辨识度是？	○ 1	○ 2	○ 3	○ 4	○ 5
4. 您对当前社区医疗废弃物的垃圾处理满意度是？	○ 1	○ 2	○ 3	○ 4	○ 5
5. 您对当前社区医疗废弃物回收保护措施的满意度是？	○ 1	○ 2	○ 3	○ 4	○ 5
6. 您对当前社区医疗废弃物容器的满意度是？	○ 1	○ 2	○ 3	○ 4	○ 5
7. 您对当前社区医疗废弃物储存方式的满意度是？	○ 1	○ 2	○ 3	○ 4	○ 5
8. 您对当前社区医疗废弃物处理方式的满意度是？	○ 1	○ 2	○ 3	○ 4	○ 5

三、医疗废弃物的社区垃圾分类管理

	非常不满意	很不满意	一般	很满意	非常满意
1. 您对社区工作人员对于医疗废弃物垃圾分类的服务态度的满意度是?	○ 1	○ 2	○ 3	○ 4	○ 5
2. 您对当前社区工作人员对于医疗废弃物垃圾分类描述的满意度?	○ 1	○ 2	○ 3	○ 4	○ 5
3. 您认为当前社区居民对废弃物管理法规的满意度是?	○ 1	○ 2	○ 3	○ 4	○ 5
4. 您对当前医疗废弃物垃圾分类科普的满意度是?	○ 1	○ 2	○ 3	○ 4	○ 5
5. 您对当前社区医疗废弃物管理的满意度是?	○ 1	○ 2	○ 3	○ 4	○ 5
6. 您对当前社区医疗废弃物垃圾分类步骤的满意度是?	○ 1	○ 2	○ 3	○ 4	○ 5

四、医疗废弃物的社区垃圾分类问题和建议

1. 您认为当前社区医疗废弃物管理中的突出问题是? [填空题]

____

2. 您认为社区管理医疗废弃物应该从哪些方面入手? [填空题]

____

（3）语义差分量表

语义差分量表（Semantic Differentical Score）是一种用于测量被测对象对于某个特定属性的态度的工具。它由一系列对立的词语组成，被测对象需要在一个连续的量表上，选择一个最符合自己观点的选项。

例如，一个语义差分量表用于评估被测对象对于图中杯子质感的评价，选择 5 个量化的数字，即“1、2、3、4、5”，这些数字代表每一组感性词汇的体验值，其中对立的词语是“坚硬的—柔软的”“复杂的—简洁的”“现代的—传统的”“耐用的—易坏的”等。被测对象打分后，研究者算出打分平均数，最后得出打分结果，如表 7-2 所示。

表 7-2 衡量材料质感的感性意象语义问卷

材料	感性意象语意描述		
		1 2 3 4 5	
	坚硬的	□□□□□	柔软的
	复杂的	□□□□□	简洁的
	现代的	□□□□□	传统的
	耐用的	□□□□□	易坏的

（4）瑟斯顿态度量表

瑟斯顿态度量表（Thurstone Attitude Scale）是一种常用的心理测量工具，用于评估个体对特定主题或对象的态度。该量表采用等距离度量，通常由多个陈述组成，要求被测对象根据自己的态度水平，在一个预定的等级范围内进行评分。分数的平均值可用于表示被测对象对所评估对象的整体态度。

（5）格特曼量表

格特曼量表（Guttman Scale）是一种用于测量和排列个体在某种特性或观点上的态度强度的量表。它通过一系列陈述或问题，根据被测对象的回答情况，确定其态度在一个单一维度上的强度。格特曼量表的设计目的是让被测对象的回答能够表示自己在该观点上的态度层次，从最强烈的态度到最不强烈的态度。

（6）NPS 量表

NPS 量表（Net Promoter Score Scale）是一种用于衡量客户满意度和客户忠诚度的量表。它通过一个简单的问题"您愿意向朋友或同事推荐我们的产品 / 服务吗？"来评估被测对象对于特定品牌、产品或服务的推荐意愿。被测对象可以在 0 到 10 的等级上进行评分。根据评分的范围和分类，被测对象可以被归类为推荐者（得分 9 ～ 10）、中立者（得分 7 ～ 8）或批评者（得分 0 ～ 6）。NPS 通过计算推荐者与批评者的差异来确定一个指数，该指数可用于衡量客户忠诚度和品牌口碑。

五、量表开发

量表开发是一种常用的数据收集方法，用来系统地收集并量化有关设计相关变量的数据，以便对设计现象进行量化研究和比较分析。设计研究通常会面临如何选择量表的问题，选用前人已经开发成熟的量表？还是自己进行量表的开发？这是研究者常常纠结的地方，采用已经开发出来的量表，这些量表在不同领域已经反复使用，经过了实践的检验，具有较高的信度和效度，使用起来风险小，学术界认可度高，但通常在不同的学科领域，使用成熟量表会出现"水土不服"的情况。因此，必须自己开发适合本研究领域的量表。

当然，量表开发是指根据一定规则对抽象概念进行具体化，以得到衡量特定构念的语句或指标的过程。量表开发的最终目标是创建一个包含给定构念的指标量表。因此，了解量表开发在设计研究中的作用非常关键，必须掌握量表开发的作用及方法。

1. 量表开发的作用

（1）量化设计相关变量

量表是一种量化的数据收集工具，能够将相关变量转化为可量化的指标，如态度、意见、偏好等。通过对相关变量进行量化，促使研究数据更加规范、清晰、可比较，从而提高研究的科学性和可信度。

（2）规范数据收集过程

量表开发规范数据收集过程，降低在研究过程中其他因素的影响，提高数据的可重复性和可比性。量表使数据收集过程更加标准化和规范化，减少研究者个人主观因素的干扰，使收集的数据更可靠。

（3）促进研究成果的应用

量表开发可以促进研究成果的推广和应用，使得研究成果更具有可操作性和实践性。量表可以得到结构化、系统化的数据，有助于研究成果的推广和应用，如在产品设计、市场营销等方面得到实际应用。

2. 量表开发的方法

（1）定义研究问题

量表开发的第一步是定义研究问题，明确需要量化的相关变量。这需要对研究领域进行深入的理解，确定需要量化的变量，如态度、意见、偏好等。例如，在产品设计中，用户体验是一个重要的研究问题，因此，可以选择研究用户对产品设计的满意度、易用性、美观度等方面的评价，作为研究问题的指标。

（2）确定量表类型

量表分为直接度量量表和间接度量量表两种类型。直接度量量表是指直接测量设计相关变量的量表，如对设计的评价、偏好等；而间接度量量表是指测量反映设计相关变量的间接指标，如问卷中的态度表述等。根据研究问题和研究变量的特点，选择适合研究的量表类型。

（3）编制量表题目

编制量表题目是量表开发的关键环节，需要根据研究问题和研究变量的特点，编制出合适的题目。量表题目应该简洁明了、具有代表性、不含有歧义性，以便被测对象理解和回答。例如“您对该产品的整体满意度如何？”“该产品的易用性如何？”“该产品的美观度如何？”等，应该具体地描述问题。

（4）试题选取与分析

量表开发完成后，需要进行试题选取和试题分析。试题选取是指从所编制的题目中选择适当的试题，以构成最终的量表。试题分析是指对所选试题进行统计分析，以确定其信度、效度等指标。

（5）量表的试行和修订

量表开发完成后，需要进行试行和修订。试行是指在被测对象中进行实验，以检验量表的可靠性和有效性。修订是指根据试行结果对量表进行完善，以提高量表的质量。

总之，量表开发在设计研究中具有重要的应用价值。在开发量表时，需要根据研究问题和研究变量的特点，规范数据收集过程，量化相关变量，促进研究成果的推广应用。

案例分析

以量表开发在产品设计中的应用为例，进一步说明量表开发在设计研究中的具体应用方法。

研究题目：老年人数字素养量表开发与维度构建——以广州为例。

研究目的：开发一种老年人数字素养量表，以衡量老年人的数字素养水平，并构建量表的维度结构。

研究设计：

本研究采用问卷调查的方式进行数据收集，以广州市的老年人为研究对象。首先，本研究通过文献综述和专家访谈，确定了老年人数字素养的概念和内涵。其次，编制了一个初步的量表，共 25 个题目。最后，对该量表进行了实证研究和因素分析，以验证其效度和信度。

量表共包括 5 个维度和 25 个题目，分别如下：

一、数字设备使用能力，包括使用手机、电脑等数字设备的能力。

1. 我能熟练使用手机上的各种功能。

2. 对于电脑软件的使用，我感到自信。

3. 使用平板电脑或其他移动设备对我来说是轻而易举的。

4. 我能够快速适应新型数字设备的使用方法。

5. 我在使用数字设备时几乎没有困难。

二、数字信息获取能力，包括获取数字化信息的能力。

6. 我能够有效地搜索和筛选互联网上的信息。

7. 在处理大量数字化信息时，我感到游刃有余。

8. 我能够理解并评估数字化信息的可靠性和准确性。

9. 我知道如何利用在线数据库和资源获取所需的信息。

10. 我能够迅速找到我需要的数字化资料。

三、数字交流能力，包括使用数字化工具进行交流的能力。

11. 我能够使用社交媒体和即时通信工具与他人进行有效的沟通。

12. 在虚拟会议或在线协作中，我能够顺利参与并表达自己的观点。

13. 我善于使用电子邮件和其他数字化工具与他人保持联系。

14. 我能够有效地利用数字化工具进行团队合作和项目管理。

15. 在在线论坛或社区中，我能够积极参与讨论和交流。

四、数字安全意识，包括数字信息安全知识和防范意识。

16. 我了解如何保护个人隐私并避免数字欺诈行为。

17. 我知道如何设置强密码并定期更改它们。

18. 在下载和安装软件时，我会仔细检查其来源和可信度。

19. 我能够辨别网络钓鱼和恶意软件的风险，并采取相应的防范措施。

20. 我对数字信息泄露和身份盗窃有足够的警觉性。

五、数字素养意识，包括对数字化社会的认知和理解。

21. 我理解数字化技术对社会和经济的影响。

22. 我能够评估数字化工具对个人生活和工作的益处与挑战。

23. 我了解数字化社会中的信息权和隐私权问题。

24. 我知道如何使用数字化工具来促进学习和个人发展。

25. 我对数字化创新和科技发展保持持续的关注。

每个题目都采用了五级评分法，从“非常不同意”到“非常同意”，分别对应1～5分。其中，有些题目采用了反向评分，以避免被测对象单调回答。

通过以上量表问卷的发放，采用随机抽样的方式，在广州市抽取了500名老年人作为样本，收集到的样本数据完整度缺失，对其进行了量表的实证研究分析。通过运用SPSS（社会科学统计软件）分析，结果表明，该量表具有较好的效度和信度，可以用于衡量老年人的数字素养水平。具体结果如下：

效度分析

采用探索性因素分析和验证性因素分析进行效度分析，结果表明，该量表的5个维度和25个题目均具有较好的因子载荷与结构，符合相关的理论预期。

信度分析

采用Cronbach's alpha系数和重测信度进行信度分析，可靠性统计得到数字素养量表的Cronbach's α 值和基于标准化项的Cronbach's α 值，均为0.901，数据具有很高的内在一致性，问卷整体信度较好。结果表明，该量表的5个维度和25个题目均具有较好的内部一致性与稳定性。

因素分析

为了验证量表的结构和维度构建，本研究采用因素分析方法进行分析。结果表明，该量表的5个维度的因子载荷均大于0.5，且符合相关的理论预期。因此，该量表的结构和维度构建得到了验证。

以上表明，本研究通过问卷调查、实证研究和因素分析等方法，开发了一种老年人数字素养量表，并验证了其效度和信度。该量表共包括5个维度和25个题目，可用于衡量老年人的数字素养水平，并可以为相关研究提供参考。

第二节 搜集资料方法与技术

在设计学研究中，搜集资料的方法与技术起着至关重要的作用。为了深入理解和探索设计问题，研究者需要采用适当的方法和技术来搜集资料，其方法与技术多种多样，研究者需根据研究目的、问题和资源的情况选择合适的方法。

一、搜集方法

1. 调查法

调查法是一种常用的研究方法，用于描述性、探索性和解释性的研究。尽管该方法最适用于以个体为分析单元的研究，但也可以在其他分析单元（如群组、组织或双向关系）的研究中使用。

在个体层面的研究中，调查法通过收集个体的观点、态度、行为和经验等数据，了解特定现象。这种方法可以通过设计问卷，或者进行面对面访谈等方式进行数据收集，一般采用自填式问卷或结构式访问的方法，通过对资料的统计分析，认识和发现社会现象、社会规律。调查法最主要的特征表现为，从某个总体中抽取一定规模的样本，这种样本特征具有代表性，是其他研究方式不具备的。

调查法在个体层面的研究中被广泛应用。在选择调研对象时，研究者需要认识到潜在的应答偏差，并采取适当的方法来确保数据的可靠性和有效性。

调查法具有以下优势：

（1）多维度数据收集

设计学涉及人类行为、用户体验、产品功能等多个方面。调查法通过问卷调查或面对面访谈等方式，收集被测对象对设计对象的观点、态度、需求和反馈等多维度数据。这有助于全面了解用户需求和期望，从而指导设计决策。

（2）用户参与和反馈

调查法能够直接与用户进行互动，让他们参与到设计过程中。通过收集用户的意见和反馈，获得对设计方案的实际评价和改进建议。用户参与可以增加设计的可接受性和用户满意度。

（3）大样本容量

调查法通常覆盖较大的样本容量，使得研究结果更具代表性和可推广性。在设计学跨学科研究中，被测对象来自不同背景和文化，能够提供更全面的数据基础，支持跨文化和跨群体的比较分析。

（4）定量和定性分析

调查法既能够收集定量数据，如频数、百分比和平均值等，也可以收集定性数据，如开放式问题的回答和主观评价，使得设计学研究能够进行深入的统计分析和主题分析。

（5）跨学科整合

设计学涉及多个学科领域，如心理学、社会学、人机交互等。调查法作为一种跨学科方法，可以整合不同学科的理论和方法，提供综合的研究视角。通过问卷设计、数据分析和解释，设计学与其他学科得以交叉合作以及知识共享。

2. 问卷调查法

问卷调查法通过向被调查者分发问卷或在线调查表格，收集对特定问题的观点、态度、行为和经验等信息。问卷中的问题设置分为结构化和非结构化，结构化问题要求被测对象从选项的集合中选择一个答案，非结构化问题则是用开放式语言来回答的。

使用方法

（1）设计问卷：研究者需要设计问卷，明确研究目的和问题，并选择合适的问题类型，如开放式问题、封闭式选择题、评分量表等。问卷的设计应该简洁明了，避免歧义和引导性问题。

（2）选择样本：研究者需要确定调查的目标群体，并选择合适的样本。样本的选择应该具有代表性，能够反映出研究领域的特征和多样性。

（3）数据收集：研究者通过不同途径进行数据收集，如面对面发放问卷、邮寄问卷或在线调查。在数据收集过程中，需要确保被测对象理解问题，并提供准确和真实的回答。

（4）数据分析：数据收集完成后，研究者使用统计软件或手动方法对数据进行整理和分析。常见的分析方法包括描述性统计、相关性分析、因素分析等，以揭示数据背后的模式关系。

案例应用

研究目的：大学生对在线学习平台设计的满意度研究

首先，设计一份问卷，包含开放式问题和封闭式选择题，涵盖用户体验设计、功能设计和界面设计等方面。从不同学院的大学生中，随机选择了 500 名学生作为样本。

其次，研究者通过在线调查的方式发送问卷链接给被测对象，并设定问卷截止日期。被测对象填写问卷时，根据自己的实际经历和感受回答问题。数据收集完成后，研究者使用统计软件对数据进行整理和分析，计算满意度得分的平均值、标准差等统计指标，并进行因素分析，以确定影响课程内容的质量、平台的易用性和界面设计，以及技术支持和用户服务的内容。

最后，通过问卷调查法，研究者获得大量被测对象的观点和反馈，了解他们对在线学习平台的看法和使用体验。这些数据可以帮助设计者改进平台的功能和界面设计，提高用户满意度。此外，研究者还可以根据不同群体的回答，进行差异性分析，以获取更详细的学生需求。

总之，通过问卷调查法，研究者收集到大量被测对象的观点和反馈，显示了他们的态度、需求和体验。这种方法为设计者提供有价值的信息，指导产品、服务或政策的改进，并促进用户满意度的提升。

3. 访谈调查

作为测量量表的一个组成部分，与问卷调查相比，访谈调查是一种更个性化的数据收集方法。访谈者需要具备一定的访谈技巧，访谈的内容由研究者来设定，而被测对象看不到先前设定的内容，并且研究者会记录个人观察和评论的部分。通过与被测对象进行面对面或电话交流，深入了解他们的观点、经验、态度和行为。该方法提供了详细和丰富的信息，帮助研究者深入探索问题背后的动机。

使用方法

（1）研究目的：研究者需要明确研究目的和问题，确定需要与被测对象讨论的主题和领域。

（2）参与者选择：选择合适的被测对象作为访谈对象。被测对象的选择应该与研究问题相关，并具有代表性，能够提供丰富的信息。

（3）访谈设计：设计访谈指南或大纲，明确要探索的问题和主题。访谈指南包含开放式问题、追问问题和澄清问题等，以引导访谈过程并获得详细的回答。

（4）进行访谈：研究者与被测对象进行面对面或电话交流。在访谈过程中，研究者需要倾听被测对象的观点和经验，提出适当的追问，以获取更深入的信息。

（5）数据分析：访谈完成后，研究者需要对访谈录音或笔记进行整理和分析。常见的分析方法包括主题分析、内容分析和情感分析等，选择合适的分析方法，获得研究所需要的结论。

案例应用

研究目的：研究者想要了解人们对于健身产品购买的意向

首先，选择一些已经购买过该产品的消费者作为访谈对象。研究者通过面对面访谈的方式，如图 7-3 所示，与参与者进行深入的讨论。访谈指南包括开放式问题，如“您购买该健身产品的原因是什么？”研究者在访谈过程中可能会进一步追问参与者的产品体验和对竞争产品的比较等问题。

图 7-3　研究者对老年人进行访谈

其次，通过访谈调查法，研究者获得老年消费者详细的观点、动机和经验，了解他们在购买该产品时考虑的因素、满意度以及对产品的建议和改进意见。这些深入的信息可以帮助企业了解市场需求、优化产品设计和营销策略，从而提高产品的竞争力。

总之，访谈调查法通过与被调查者进行面对面或电话交流，提供了深入了解其观点、经验和态度的机会，为研究者提供了丰富的数据。

4. 田野调查

田野调查是通过实地观察和深入参与研究对象所在的现场环境，从而收集详细数据的一种方法。它的使用原理包括选择合适的研究场所、建立密切联系、进行系统观察和记录等。

以下是田野调查法的一般步骤：

（1）确定研究目的：明确希望通过田野调查法回答的研究问题，并确定研究的范围和目标。

（2）制订研究计划：设计一个详细的研究计划，包括选择研究区域、确定样本大小和抽样方法等。

（3）数据收集：在实地进行数据收集时，使用多种方法，如观察、访谈、问卷调查等。根据研究目的选择合适的数据收集方法，并确保按照事先制订的计划进行操作。

（4）数据记录和整理：在数据收集过程中，及时记录观察到的信息和收集到的数据，包括文字记录、摄影、录音等，确保数据准确无误，并进行适当的整理和分类。

（5）数据分析：对收集到的数据进行分析，使用统计方法、质性分析或混合方法，根据研究问题和数据类型选择合适的分析方法。

（6）结果解释：对数据分析的结果进行解释。总结研究的主要结论，并进行进一步的讨论。与现有理论和研究结果进行比较，并提出可行性建议。

案例分析（指尖上的艺术——广州增城榄雕）

广州增城榄雕是中国广东省广州市增城区的一项非物质文化遗产，起源于明代，具有几百年的历史。榄雕以橄榄核为主要材料，经过独特处理和精湛工艺，雕刻师傅们运用细腻的刀法和雕琢技巧，创造出精美的艺术品，如图 7-4 所示。作品涵盖花鸟、人物形象、神话传说等多个主题，以细腻、栩栩如生著称，展现了广东地区的文化底蕴和独特艺术风格。广州增城榄雕作为一种独特的雕刻艺术形式，不仅具有观赏价值，更承载了历史和文化的内涵，对于传承和弘扬地方文化具有重要意义。

图 7-4　榄雕工艺

以下是运用田野调查法来研究广州增城榄雕的建议：

（1）确定研究目标：明确研究的目标。例如，了解广州增城榄雕的历史渊源、技艺传承、创作过程、文化意义等。将研究问题具体化，以便在田野调查中有针对性地收集数据和观察情况。

（2）实地观察记录：前往广州增城地区，亲自观察榄雕手艺人的工作室、工作场所和创作过程。记录观察到的细节，包括手艺人使用的工具、材料、创作技巧和步骤，以及他们与榄雕作品的互动过程。同时，观察和记录榄雕作品的外观、形态、图案、材质等特征。

（3）访谈和交流：与榄雕手艺人、艺术家、相关社群进行访谈和交流。通过与他们的对话，了解他们的经验、技艺传承方式、创作动机、文化价值观等。询问他们关于榄雕的历史、传统技艺、意义和象征的问题，以获取内部视角和知识。

（4）参与性观察：作为观察者的一员，参与到榄雕工作和相关活动中。与手艺人一起工作、学习、讨论，体验他们的创作过程和日常生活。这种参与性观察可以更深入地了解工匠的视角、技艺传承的实践和文化价值的体验。

（5）文化背景和社会环境：除了观察榄雕工艺本身，还要关注榄雕的文化背景和社会环境。研究广州增城地区的历史、地理、社会结构、价值观念和相关的民俗文化。了解当地社区如何支持和认可榄雕的非遗传承，以及榄雕与其他文化元素的关系。

（6）数据整理和分析：整理和分析田野调查收集到的数据与观察材料。将观察、访谈和参与性观察的数据整合起来，寻找其中的模式、关联和问题。进行比较和对比分析，深入挖掘榄雕的技艺、文化意义和社会影响。

通过运用田野调查法，获得广州增城榄雕的详细数据。这种方法帮助研究者与研究对象建立密切的互动关系，获取真实的信息和体验，从而更好地理解榄雕的技艺传承和文化意义，为榄雕手工进行再创作提供基础，如图 7–5 所示。

图 7–5　榄雕文创产品设计

5. 文献法

文献法是指通过对已有文献、书籍、期刊文章和其他相关资料的系统收集、整理和分析，来获取信息并推导出结论。它的使用原理包括文献搜索、筛选、归纳和综合等，具体步骤如下：

（1）确定目的：明确希望通过文献法回答的研究问题，并确定研究的范围。

（2）搜索策略：根据研究问题，制定一个详细的搜索策略，包括选择适当的数据库、关键词、筛选条件等，这有助于提高搜索效率和准确性。

（3）检索文献：根据制定的搜索策略，在相关数据库中进行文献检索，使用关键词和筛选条件来缩小搜索范围，并获取与研究问题相关的文献。这一步通过图书馆目录、在线数据库、搜索引擎以及其他来源收集尽可能多的相关文献，以便后续的筛选和分析。

（4）评估质量：对检索到的文献进行评估，包括查看摘要、方法、结果，以确定其质量和相关性，使用评估工具来辅助评估过程。筛选的标准可能包括文献的出版年限、研究方法、作者的权威性等。通过筛选过程，从大量的文献中选出最具价值和适用性的部分。

（5）提取数据：从选定的文献中提取关键信息和数据，如研究设计、样本特征、主要发现等。根据研究问题，对文献进行综合比较，以得出结论或提供理论支持。

（6）解释呈现：对综合分析的结果进行解释，并将其以适当的方式呈现，如报告、论文、演示等。确保准确引用所使用的文献，并遵循相关的引用规范（如美国心理学会刊物准则、美国现代语言协会论文指导格式等）。这些步骤可以帮助研究人员通过对已有文献的分析，获取信息并推导出结论，从而为研究提供理论和实证支持。

案例应用

题目：探索用户体验在交互界面设计中的重要性

文献搜索

首先，进行文献搜索，以寻找与用户体验和交互界面设计相关的文献资料。使用在线学术数据库，如 ACM Digital Library（美国计算机协会数字图书馆）、IEEE Xplore、Google 学术搜索等，以及图书馆的目录来查找相关文献。关键词可以包括“用户体验”“界面设计”“人机交互”等。

筛选

其次，需要对文献进行筛选，并评估每篇文献的相关性和质量，以确定是否符合我们研究的目的。筛选的标准可能包括文献的出版年限、作者的研究背景和权威性、研究方法的可靠性等。例如，可能会筛选出一些关于用户体验设计原则和方法的研究论文，以及一些关于界面设计中用户参与和反馈的研究论文。

归纳

再次，需要对这些文献进行归纳总结。阅读每篇文献，并提取出其中的重要信息、关键观点和实证结果。例如，可能会发现一些文献提到了用户体验设计的核心原则，如可用性、易学性、满意度等，还可能发现研究表明用户参与和反馈能提高交互界面的用户满意度。

综合

最后，将归纳出的信息进行综合分析。把不同文献中的结果、观点和结论进行比较和综合，以得出一个更全面准确的结论。例如，通过对不同文献的综合分析，得出结论：用户体验在界面设计中起着重要的作用，通过遵循设计原则、引入用户参与和反馈，改善交互界面的用户体验。

这个示例说明了文献法在设计研究中的运用过程。通过文献搜索、筛选、归纳和综合等步骤，系统地整理和分析已有的文献资料，从而获取信息并推导出结论，为设计研究提供理论和实证支持。

6. 抽样法

抽样法是从总体中选取部分个体作为样本，通过对样本的研究了解总体的一种统计方法。它的使用原理包括确定研究目标、定义抽样框架、选择抽样方法、执行抽样过程和分析样本数据等。该方法的使用步骤如下：

（1）确定研究目标：明确研究问题、目标和假设，确定需要了解的总体特征。

（2）定义抽样框架：建立一个包含总体中所有个体的框架，以便从中选择样本。

（3）选择抽样方法：根据研究目标和资源可行性，选择适当的抽样方法。常见的抽样方法包括随机抽样、系统抽样、方便抽样和分层抽样等。

（4）执行抽样过程：根据选定的抽样方法，从抽样框架中选择符合要求的样本。通过随机抽取，按照一定规则进行筛选，并邀请用户参与调查。

（5）分析样本数据：对收集到的样本数据进行整理、归纳和分析。这将涉及统计分析、质性研究或其他相关方法，最终可以得出关于总体特征趋势的结论。

常见的抽样方法：

（1）简单随机抽样法：从总体中随机选取一定数量的个体作为样本，每个个体被抽取的概率相同，这种方法抽取的样本能够很好地反映总体的特征。

（2）系统抽样法：按照一定的系统从总体中选取样本，该方法操作简单，但可能会偏离总体的特征。

（3）分层抽样法：先将总体分割成多个相对同质的层，再从各层中抽取样本。这能确保各层特征都能反映在样本中。

（4）整群抽样法：将总体分割成多个群体，再随机抽取部分群体进行研究，通过研究这些群体来推断总体特征。

（5）聚类抽样法：当总体分布比较离散时，可以将个体分为若干聚类，再从各聚类中抽取样本。

总体上来说，简单随机抽样法抽取的样本质量最好，但在实际操作中应根据不同情况，选择不同的抽样方法，以获得有代表性的样本。

案例应用

在设计学研究中，抽样法常应用于用户研究、市场调查和设计评估等方面。例如，要了解目标用户对一款新手机应用的使用体验满意度，则可采用抽样法来选择一部分代表性用户，进行调查和观察。

首先，设计团队明确了研究目标，即了解目标用户对手机应用的使用体验和满意度。接着建立一个包含所有目标用户的抽样框架，并通过用户数据库或市场调查等方式获得用户信息。其次，设计团队选择适当的抽样方法，如随机抽样，以确保样本具有代表性。再次，执行抽样过程，从抽样框架中随机选择一部分用户作为样本，邀请他们参与调查。最后，设计团队分析收集到的样本数据，通过统计分析或质性研究方法，了解用户对手机应用的使用体验和满意度，并根据结果提出改进建议。通过抽样法，设计团队在有限资源下获取代表性用户的反馈，从而更好地理解用户需求并改进设计。

7. 观察法

观察法通过直接观察和记录现象来获取信息与理解。它的使用原理是基于对观察对象的客观记录和分析，以揭示其特征、模式、关系或变化。同时，观察法包含直接观察与参与式观察，直接观察是参与者以现场观察到的实际情境为研究对象，不加以其他方式影响观察的过程，而参与式观察是让研究者完全沉浸在获取信息的情境当中，从而更客观真实地记录研究对象。

观察法常用步骤如下：

（1）确定研究目的：明确通过观察法回答的研究问题，确定研究的范围和目标。

（2）制订观察计划：设计一个详细的观察计划，包括选择观察场景、确定观察对象、确定观察要素、制定观察指标等，确保观察计划能够有效地回答研究问题。

（3）进行观察：在选定的观察场景中进行观察。根据事先制订的观察计划，记录所观察到的现象和事件，使用文字记录、摄影、录音等方式。

（4）数据整理和编码：对观察到的数据进行整理和编码，以便后续分析和解释，包括整理记录的文字描述、分类和归类观察数据等。

（5）数据分析：对整理和编码后的数据进行分析，使用统计方法、质性分析或混合方法，根据研究问题和数据类型选择合适的分析方法。

（6）结果呈现：对数据分析的结果进行解释，并将其以适当的方式呈现，如报告、论文、演示等。必要时使用图表、表格或引用具体观察案例来支持解释。

观察法在设计学中可以应用于多个领域。以下是一些设计学案例，可通过观察法来进行研究。

零售环境设计：观察法可用于研究零售环境中的顾客行为和购物体验。通过观察顾客在商店中的行为方式，如浏览商品的路径、停留时间和购买决策，了解他们的偏好、需求和行为模式，从而优化商店的空间设计和商品展示设计。

用户界面设计：观察法可用于研究用户与用户界面的交互行为。通过观察用户使用电子应用程序的操作方式，发现用户界面的问题，从而改进设计，提升用户体验。

室内空间设计：观察法可用于研究室内空间的使用和用户体验。通过观察用户在室内环境中的行为、活动和情感反应，了解空间布局、家具配置和氛围对用户的影响，为室内设计提供改进的建议。

以上示例涵盖了设计学中的不同领域和应用，通过观察法可以获得实际的用户行为数据。观察法的优势在于它能够提供客观的观察结果，揭示用户行为和需求的细节，并为设计者提供直接的观察结果。

总之，观察法在设计学领域帮助设计者深入了解用户行为和需求，揭示问题、提供改进机会，并为设计决策提供客观的依据。

二、数据分析研究

在研究中收集完数据后，就需要对这些数据进行分析。进行数据分析是为了从收集到的数据中提取有意义的信息、揭示模式关系，并回答研究问题。因此，数据分析在研究中起着至关重要的作用。

1. 编码

编码是指将观察到的数据或信息，转化为可供分析和理解的形式符号系统的过程。编码的目的是将复杂的原始数据整理、分类和组织，以便更好地分析和解释研究结果。编码的主要作用如下。

（1）数据整理

编码帮助研究者将大量的原始数据进行整理和归类，使其更易于管理和分析。

（2）数据分析

编码后的数据可以被用于统计分析、模式识别和关系发现等，从而揭示数据中的潜在模式、趋势和关联。

（3）结果呈现

编码为研究者提供一种清晰、简洁的方式来呈现研究结果，使得其他人能够更容易地理解和评估研究的发现。

在设计学领域，编码的过程可以应用于用户研究和用户体验评估。例如，设计者进行用户访谈时，会记录下用户的回答和观点。接着，设计者需要对这些访谈数据进行编码，将不同主题或问题的回答进行分类和整理。这样设计者能够更好地理解用户需求和意见，并从中提取关键信息，指导设计与改进方案。另外，编码是在用户观察过程中进行的。设计者会观察用户在使用产品时的行为，如点击、滑动、表情等。通过对这些观察数据进行编码，从而识别出用户的行为模式、偏好以及遇到的问题，进一步指导改进产品的交互设计。

2. 叙事分析

叙事分析是指通过对个体或群体的叙述，以故事形式进行系统性的分析解释，以揭示其中的意义、结构和模式。它的使用原理是认为人是通过叙述来构建和传达经验、观点和情感的，而这些叙述提供了深入了解社会文化和个体心理等方面的信息。

叙事分析常应用于用户研究、用户体验评估和产品故事化等方面。设计者想要了解用户对某个产品的使用体验，采用叙事分析方法来收集和分析用户的使用故事。设计者邀请用户分享他们与产品相关的真实故事，包括使用场景、情感体验和问题解决过程等。通过对这些故事进行分析，进而发现用户的需求期望和痛点。

此外，通过叙事分析，设计者可以确定关键的故事元素，如主角、情节、冲突和解决方案，探索用户的情感诉求和故事偏好，从而塑造一个引人入胜的产品故事，使用户能够在体验产品时与故事产生情感共鸣。通过将产品与故事相融合，激发用户的情感参与和连接，从而增强用户对产品的认知、喜好和忠诚度。同时，叙事分析涉及对用户的目标、动机、挑战和冲突进行深入研究，以及用户与产品或品牌之间的情感联系。

总之，叙事分析在产品故事化设计过程中发挥着重要作用。它帮助设计者深入了解目标用户的文化背景、价值观和情感需求，从而更好地构建与目标用户共鸣的故事情节。通过将产品与故事相结合，设计者可以打造出更具情感共鸣的用户体验，从而提升产品的吸引力，如图 7-6 所示。

图 7-6 “二十四节气”儿童台历盆栽设计（作者　李俊杰）

“二十四节气”儿童台历盆栽设计，主要是利用四季中植物的不同生长状态，自然真实地反映节气变化的特性。孩子通过完成每个节气布置的种植任务，在实践中去感受背后的自然现象与民俗文化，以“寓教于乐”的形式让孩子体会到传统文化的魅力，同时长时间的打卡任务能够培养孩子们的动手能力，帮助孩子快乐成长。

3. 内容分析

内容分析法是一种用于系统地分析文本、图像、音频或视频等非数值化数据的方法。它旨在通过对这些数据进行编码分类和解释，从而揭示其中的主题模式关系。该分析法常应用于分析设计作品、设计文献、用户反馈等方面，以获得对设计过程和设计成果的深入理解。

举例来说，研究者想要探索不同时期、不同文化背景下的陶瓷设计趋势。

首先，收集来自不同文化背景的设计作品、设计评论和用户反馈等文本数据；其次，研究者需要从总体样本中选择一部分文本进行分析，如选取来自不同时期的具有代表性的陶瓷设计作品和相关文献；再次，将文本分割为可独立分析的单元，如每个设计作品或每段评论；最后，研究者构建了一个编码方案，用于识别和分类不同的设计特征、风格、材料使用等概念，并编码陶瓷产品的形状、色彩、功能性、文化符号等内容。

完成编码后，研究者对编码数据进行定量和定性分析，计算不同设计特征的频率，比较不同文化背景下的设计趋势，并探索设计元素之间的关联。

总之，通过这种内容分析方法，研究者可以获得对设计在不同文化中的变化、共性和影响因素的深入理解。

案例分析（岭南瑰宝——“广彩”艺术）

“广彩”作为一种瓷器艺术形式，其通过丰富的金饰、翠绿的色彩、精湛的绘画和纹样设计，以及中西文化交流融合的特点，成为一种独具魅力和价值的艺术珍品。“广彩”作品广泛使用金饰，创造出华丽的效果，塑造了一种“金镶玉”的艺术风格，尤其在绘画和纹样设计方面具有过人之处。其独特之处在于它是中西文化交流的产物，融合了岭南文化传统元素和欧洲风格特点。

“广彩”丰富的艺术形式包含了许多不同的文化特色和艺术风格，可以为现代设计带来独特的视觉效果和文化内涵。通过内容分析法将广彩艺术运用到现代设计中，如图 7–7 所示，流程如下：

（1）灵感借鉴：研究“广彩”艺术的历史和特点，从中获取灵感。设计者可以观察“广彩”作品中的颜色组合、图案元素和纹饰，然后将其转化为现代设计中的图形、纹理或装饰元素。

（2）文化融合：将“广彩”艺术与现代设计元素相结合，创造出独特的融合效果。设计者可以将“广彩”的色彩和图案应用到家居、服装、室内设计或产品设计中，打造具有跨文化风格的作品。

（3）创新形式：通过重新演绎“广彩”艺术的形式，创造出新的设计语言和表达方式。设计者可以将“广彩”的线条、几何形状或装饰元素重新组合，形成现代艺术形式，如抽象化的图案或现代主义的几何构图。

（4）色彩运用：“广彩”以其鲜艳多彩的色彩著称，运用“广彩”艺术中的色彩搭配原则，为现代设计注入活力和视觉冲击力。设计者可以运用鲜明的颜色对比或渐变效果，营造出丰富多样的色彩层次。

图 7-7　“广彩”瓷器色彩提取（谢嘉怡绘制）

（5）手工艺结合：广彩艺术通常包含丰富的手工工艺技巧，如绘画、刺绣、染色等。设计者可以将这些手工艺技巧融入现代设计，以传统的工艺方式制作出具有广彩艺术特色的产品或装饰。

（6）数字化处理：利用现代技术将广彩艺术进行数字化处理，可以将图案、纹饰等元素，转化为可供现代设计者使用的纹理资源。这样设计者可以更方便地应用广彩艺术的元素到设计作品中。

4. 解释学分析

解释学分析是指通过对文本、作品或现象进行深入的诠释和理解，揭示其背后的主观意义和社会历史情境。它强调将文本置于特定背景中，通过迭代的方式逐渐理解作者的感受和意图。

德国哲学家马丁·海德格尔认为，理解社会现实的更为直接的方式是对现实进行体验，而不仅仅是观测。传统的解释学源于宗教研究，主要是指对书写的文献的诠释。

解释学分析可以应用于设计作品、设计理论、设计文献等方面，以深入理解设计的含义和背后的社会历史情境。比如，探索某个时期家具设计的意义和影响因素，可以选择一些具有代表性的家具作品、设计者的著作和相关文献作为研究对象，并运用解释学分析方法进行研究。

首先，研究者需要收集并阅读与该时期家具设计相关的文本资料，包括设计者的访谈、设计理论书籍、展览评论等。然后，将这些文本材料置于特定的社会历史情境中，考虑当时的文化、政治、经济等因素对家具设计的影响。

其次，研究者通过迭代的过程，不断深入理解文本中的主观意义和作者的感受。运用哲学释义学的思想，通过体验和想象来理解设计者的意图。这有助于揭示家具设计作品背后的深层含义，以及家具设计与社会历史情境之间的关系。

最后，通过解释学分析，研究者可以获得对设计作品更深入的理解，超越表面的形式和功能，探索其背后的意义和价值，进一步诠释设计作品所传达的文化符号、审美观念、社会态度等，并将其置于特定的时代背景中进行解读。

总之，解释学分析是一种研究方法，用于深入理解文本、作品或现象的主观意义和社会历史情境，有助于研究者更全面地理解设计的意义。

5. 统计分析

统计分析是指通过收集、整理和分析数据，推断总体特征的过程。它的使用原理是统计学理论，设计者通过对样本数据进行推断，了解总体的性质和规律。

该分析可以应用于用户研究、市场调查和用户行为分析等方面。例如，设计者想要了解目标用户对某个产品的偏好和评价，进行一项问卷调查。通过收集大量的用户反馈数据，并使用统计分析方法对这些数据进行处理，设计者可以得出关于用户偏好的总体趋势、显著差异和相关关系等结论，进而指导设计决策。

另外，在用户界面评估中常应用统计分析。设计者进行用户实验，观察用户在不同界面条件下的行为反应。通过收集和记录用户的操作数据，如点击次数、完成时间等，使用统计分析方法来比较不同界面条件之间的差异。这能帮助决策者确定何种界面设计更有效，哪些因素会对用户体验产生重要影响，并为界面优化提供依据。

6. 数理分析

数理分析是指通过运用数学和逻辑推理的原理来分析和解释问题。例如，设计者想要了解用户在使用产品时的行为模式和决策过程，就可以采用数理分析方法来建立用户行为模型。通过收集和分析大量的用户行为数据，设计者利用统计学、机器学习或决策树等数学模型，揭示用户的偏好选择和行为规律，从而指导设计活动。

另外，在数据可视化中也可以应用数理分析。设计者需要将复杂的数据集转化为可视化图形，以便更好地传达信息。在这种情况下，运用数理分析的原理，如统计分布、数据聚类或网络分析等方法，处理数据，并选择合适的可视化方式呈现数据，使其更易于分析，帮助用户更好地理解数据的含义。数理分析还可用于交互设计的优化。设计者使用数学模型和算法来分析用户与界面之间的交互过程，评估交互效率、错误率或用户满意度等指标，并通过优化设计交互流程来改进用户体验，实现自然的交互，提高用户在产品体验过程中的满意度。

数理分析是一种运用数学和逻辑推理原理进行定量分析和建模的研究方法，能帮助设计者理解用户行为、处理复杂数据和优化交互设计。

第三节　设计学跨学科的定性研究

定性研究和定量研究是科学研究中两种常用的方法，它们在研究目的、数据收集和分析等方面有所不同，但在实际应用中可以相互补充。这两种方法在科学研究中，各有其独特的优势和适用范围，帮助研究者获得更全面深入和可靠的研究结果。选择何种方法取决于设计领域的研究问题、目的和可行性等因素。

一、定性研究概述

1. 定性研究概念解析

定性研究是人文社科常见的一种研究方法，主要是利用观察、访谈、调查和文档记录等非结构化的数据收集方法来探索主题和意义，用于对非数值化的数据进行解释，以形成对世界的理解。它可以跨学科进行，应用于社会科学、人文学科和质性研究领域中，旨在深入探索和描述现象、观点、态度和行为等问题。

首先，要明确研究问题，它不仅决定了研究视角，也决定了研究方法的选择。定性分析关注收集和分析非结构化的数据，如访谈记录、观察笔记、文本文档、图像和视频等。它与定量分析相对，后者主要处理数值化的数据和统计推断。因此，不同的问题需要使用不同的研究方法来解决。

其次，在定性研究中，研究者通过系统地组织、分类、解释和归纳数据来提取其中的主题、模式和关系。这通常涉及对文本进行编码、标记和分类，以识别出重要的概念。研究者使用不同的方法和工具，如内容分析、主题分析、情境分析、比较分析和理论分析等，来进行定性分析。因而，当问题研究不能只用“是”或“否”来回答时，定性分析就十分有效，可以更好地解释问题的本质，以及“是什么”和“怎么解决”的问题。

最后，定性研究的目标是获得对研究问题的深入理解，并生成新的见解与理论。它强调对个体经验、社会互动和文化背景的理解，帮助研究者揭示复杂现象的内在含义。因而，定性分析的结果通常以描述性的形式呈现，并最终通过引用来支持研究结论。

2. 定性研究的作用

通常情况下，定性研究主要适用于研究难以量化的主观性较强的事物，如文化、价值、态度、信仰等。

定性研究在设计学研究中的作用主要体现在以下几个方面。

（1）描述和解释设计现象

定性研究帮助研究者对设计现象进行描述和解释，从而形成理论与概念框架。设计现象通常包括设计风格、设计效果、设计评价等，这些现象都具有主观性较强的特点，因此，需要采用定性研究方法进行研究。

（2）探索新的设计领域问题

定性研究促使研究者发现新的设计领域与问题，开拓设计研究的视野。通过对设计领域较为模糊或不确定的问题进行深入探究，挖掘出新的设计领域与问题，从而推动设计研究的发展。

（3）增强设计实践的有效性

定性研究有助于提高研究者深入了解用户需求的能力，从而设计出更符合用户需求的产品。通过对用户的态度、习惯、价值观等方面进行深入探究，为设计实践提供有力的指导，提高设计实践的效果。

3. 定性研究的应用范围

当涉及不同设计专业时，定性研究的应用范围和方式会有所差异。以下是一些设计专业的具体应用范围：

产品设计：在产品设计领域，定性研究可用于了解用户对产品功能、外观、材料选择、交互方式的需求和偏好。通过深入访谈、用户测试和观察，设计者可以获取关于产品使用情境、用户期望和问题的详细信息。

用户界面设计：在用户界面设计中，定性研究可以帮助设计者理解用户与界面之间的互动体验。通过用户观察、焦点小组讨论和用户反馈收集等方式，发现用户对界面布局、导航、可用性和可理解性的看法，从而改进界面设计。

服装设计：在服装设计领域，定性研究主要用于了解消费者对服装风格、材质、舒适度和功能的需求。通过访谈法，以及对时尚趋势的观察，设计者可以获取关于消费者购买决策、穿着习惯和审美标准的信息。

室内设计：在室内设计中，定性研究帮助设计者了解用户对空间布局、色彩选择、家具、装饰品的喜好和需求。通过观察用户在不同环境中的行为、深入访谈和情境模拟，了解用户的生活方式、功能需求和审美偏好。

平面设计：在平面设计领域，定性研究可用于了解受众对品牌标识、广告、包装、印刷品的感知和反应。通过焦点小组讨论、用户测试和视觉分析，设计者可以获取关于受众认知、情感反应和信息传达的见解。

用户体验设计：在用户体验设计中，定性研究可帮助设计者了解用户在数字产品或服务中的需求、期望和行为。通过深入访谈、用户测试、用户观察和分析用户数据，设计者可以了解用户使用过程中的问题，从而提出改进建议。

交互设计：在交互设计中，定性研究可用于探索用户与数字界面之间的互动方式和体验。通过用户观察、焦点小组讨论、原型测试和用户反馈收集等方式，设计者可以发现用户对交互流程、界面元素和反馈机制的看法，以更好地优化交互设计。

二、定性研究方法

1. 民族志

“民族志”是一种质性研究方法，主要采用参与观察的方式深入理解一个社会群体。“民族志”起源于 19 世纪的文化人类学，最早的民族志工作是由博物馆的人类学家完成的。他们通过实地考察，观察记录小规模社会的文化与生活方式。

布罗尼斯劳·马凌诺斯基（Bronisław Malinowski）是早期重要的民族志学者，他通过对殖民地土著居民的观察提出了“功用论”。玛格丽特·米德（Margaret Mead）在萨摩亚岛的田野调查则被认为是民族志研究的典范。德国人类学家弗朗茨·鲍亚斯（Franz Boas）认为，每个文化都有其独特的价值观念、习俗和生活方式，应该以尊重和理解的态度进行研究，强调实地观察和深入了解当地文化的重要性，这为后来的“民族志”方法奠定了基础。

由此可见，“民族志”描述特定文化群体的生活方式、价值观念、社会结构和行为模式等方面，主要是指对个体与社会群体的实地观察、参与观察、深度访谈和文化比较，最终获取详尽而全面的信息。

“民族志”运用的方法主要包括实地观察、参与观察和深度访谈和文化比较，具体如下。

（1）实地观察

研究者亲自前往研究对象所在的社区文化环境，通过直接观察和体验来获取信息。这种实地观察能够帮助研究者感知和理解当地的生活方式、社会结构、价值观念等。

（2）参与观察

研究者积极参与到研究对象的活动中，并与其建立密切联系。通过与当地人共同生活、工作以及参与仪式活动等，研究者能更深入地了解研究对象的行为模式、信仰体系和社会互动。

（3）深度访谈

研究者通过与研究对象进行面对面的交流和访谈，以获取研究对象的主观经验、意见以及观点。这种深度访谈帮助研究者了解当地人的思维方式、文化认同和个体差异。

（4）文化比较

文化比较强调对不同文化的比较研究。通过比较不同文化群体的生活方式、价值观念和社会结构，研究者可以发现共性和差异，并深入理解社会文化的丰富性。

在设计学领域，常运用“民族志”方法来研究特定文化背景下的设计实践、审美观念和用户行为。以下案例是通过“民族志”的研究来获取相关资料，然后进行文化转化的文创设计。

案例分析（潮汕地区民俗活动“迎老爷”民族志研究）

下面进行潮汕地区民俗文化“迎老爷”的民族志研究，按照以下步骤展开：

选定研究对象：确定研究的特定民俗文化项目，即潮汕地区的“迎老爷”。“迎老爷”是一种潮汕地区特有的传统民俗活动，通常在特定的节日或庆典上进行，以迎接和祭祀神明。

实地调研观察：前往潮汕地区进行实地调研和观察，以了解“迎老爷”的活动形式、仪式流程和参与者的行为。观察和记录“迎老爷”活动的准备过程、庆典仪式、祭祀场所和相关民俗活动。例如，观察和记录“迎老爷”活动中的舞蹈表演、音乐演奏、祭祀仪式、游行队伍等，以及与活动相关的服饰、道具和装饰品。

参与交流：与“迎老爷”活动的参与者、组织者和相关社群建立互动关系，参与他们的活动和项目。与他们交流并合作，以深入了解他们的设计观念、价值观和文化背景。

例如，与活动的组织者、舞蹈演员、音乐人交流，了解“迎老爷”活动的意义、象征和传承方式。这样的交流可以帮助我们理解“迎老爷”活动在潮汕地区的文化意义、社会功能和仪式价值。

分析解释：在收集足够的数据后，对数据进行分析和解释。整理和分类数据，发现“迎老爷”活动的仪式特点、表演形式、象征意义和民俗传统，并将其与潮汕地区的文化背景和价值观相联系。例如，通过观察和交流，发现潮汕地区“迎老爷”活动中特定的舞蹈动作、音乐曲调、服饰风格和祭祀仪式的重要性。这些发现可以帮助我们理解“迎老爷”活动在潮汕地区的文化认同、宗教信仰和社会凝聚力的作用。

结果应用：通过对“迎老爷”民俗文化的民族志研究结果进行解释和分析，为文化保护、传承与创新提供有价值的指导。

通过以上的民族志研究过程，深入了解潮汕地区的“迎老爷”民俗文化的背后故事、仪式意义和社会功能。这样的研究有助于推动“迎老爷”民俗文化的传承与保护，促进文化交流。

设计应用——潮汕老爷文创产品设计

潮汕老爷又被称为“迎老爷”，是潮汕地区一种流传很久的民俗文化，具有祭祀守护神的功能，主要祭祀对象是“三山国王”。在特殊的节日，人们会前往庙宇祭拜神明，希望得到精神和心理上的支持。潮汕老爷的存在和祭祀活动是潮汕地区民众信仰与传统文化的重要组成部分。

运用“民族志”方法，通过深入研究潮汕地区的文化、历史和民俗，收集与“迎老爷”相关的资料，包括祭祀仪式、神明形象、相关的传说故事等，再从以下两部分进行设计：

一是在视觉上，主要以“三山国王”的人物形象为核心元素，通过图形、图案、符号等方式呈现神明形象或相关场景，并提取出故事中的关键元素进行创意组合，如

图 7-8 所示。通过简约的线条勾勒出人物形态和轮廓，并结合主题文字，突出潮汕地区的民俗文化代表与主题语言文字的融合，使标志传达出文化传承的内在含义。

图 7-8 “迎老爷”民俗文化转化

二是在产品上，将从“迎老爷”文化中提取的元素和符号融入产品的外观设计，将“迎老爷”的故事融入产品宣传和包装，通过文字、图像、影像等多种媒介形式，向用户传达相关的文化背景和故事内涵，增加产品的情感价值和吸引力，如图 7-9 所示。让用户更深入地了解和感受潮汕民俗文化。

图 7-9 “迎老爷”文创设计（作者　郭耿杰）

通过“民族志”研究方法与设计手段的结合，文创产品设计及衍生品设计能够有效地传达民族文化的精髓和内涵，促进文化的传承和发展。这种方法不仅为文创产业提供了一种创新的设计思路，还为保护和传承民族文化提供了实际的行动方案。

2. 现象学

现象学是哲学的一个分支，主要研究人类经验的本质、结构和意义。它关注主体与客体之间的关系，探索人如何感知、理解和解释世界。现象学强调直接经验的重要性，试图超越抽象概念和预设观念，以纯粹的描述和直觉为基础来揭示事物的本质。

现象学创始人、德国哲学家爱德蒙·胡塞尔（Edmund Husserl）提出“回归到事物自身”的原则，主张将注意力集中在直接经验上，摆脱对于外部世界的假设。通过减少主观假设和先入为主的观念，揭示事物的本质特征，并实现对经验的真正理解。法国哲学家让－保罗·萨特（Jean–Paul Sartre）在存在主义的框架下，发展了现象学思想。他强调人的存在是主体与客体之间的相互作用，通过意识和行动来构建与定义自己的存在，每个人都有自己独特的视角。

案例分析（智能手机的体验与感受）

在设计研究中，现象学方法常用来研究用户与产品之间的交互感知体验。比如，研究者探索用户在使用某款智能手机时的体验和感受，就采用现象学方法进行研究。

首先，研究者进行详细的个案研究，选择一些具有代表性的用户，并与他们进行深入的访谈。通过询问用户使用智能手机的感受、行为和意义，获取他们的主观体验和认知。其次，研究者进行观察，记录用户使用智能手机时的动作、姿态和表情等非语言行为。这种观察帮助研究者捕捉到用户在使用过程中的情感状态、注意力焦点和行为习惯。最后，研究者借助辅助工具，如日志记录、摄像机或眼动仪等，来获取更详细和客观的数据。这些数据用于分析用户与智能手机之间的交互模式、注意力分配和情感反应。

总之，通过运用现象学方法，研究者可以深入了解用户对产品的主观体验和意义构建过程。这种方法强调个体的感知情感和行为，有助于设计者更好地理解用户需求和期望，从而创造出更符合用户体验和情感联结的设计。

3. 人类学

人类学理论为设计学的研究提供了重要的支持和启示。人类学关注人类文化、社会和生物方面的研究，这些研究对设计学研究产生重要的影响，并发展为一个新的研究方向——设计人类学。

在20世纪中叶，研究者开始意识到，设计不仅是产品的外观和功能，还涉及人类行为、文化和社会背景等方面的复杂因素。这促使设计者与人类学家进行合作和对话，逐渐形成了设计人类学这一跨学科领域。例如，维克多·帕帕奈克（Victor Papanek）在《为真实世界设计》中，强调关注设计对社会和环境的影响，提倡社会责任感和可持续发展的设计实践。

如今，设计人类学关注的范围更广阔。它关注设计与文化、用户、社会和环境之间的相互作用与影响。设计人类学通过深入研究不同文化背景下的设计实践，揭示设计如何受到文化因素的影响。它探索设计在满足用户需求、提升用户体验方面的作用，运用人类学的研究方法来理解用户的需求、行为和体验。在方法层面，通过田野调查、访谈、观察等，研究者深入研究用户在特定环境中的行为和互动方式，以提高设计的可用性、适应性和用户满意度。

此外，设计人类学还强调设计的过程性和动态性，将设计视为一种社会实践和协作过程。这种观点有助于设计者将用户参与、社会互动和文化变迁等因素纳入设计过程，以更好地满足用户需求，并适应不断变化的社会和文化环境。设计人类学还鼓励跨学科的合作与创新，将设计思维与人类学的理论和方法相结合，共同探索如何解决复杂的设计和社会问题，创造出具有创新性的设计解决方案。

案例分析（佛山“非遗”“大头佛”表演）

“大头佛”起源于佛山市的民间信仰和宗教文化，可以追溯到数百年前。它最早以庙会等宗教仪式为背景，是民间信仰和娱乐活动的结合。这一表演形式传承于民间，代代相传，至今仍然在佛山地区广泛开展。它也是佛山非物质文化遗产的重要组成部分，代表着佛山地区独特的文化特色和身份认同。

在表演活动中，表演者头戴特制的大头佛面具，其通常由竹篾和纸张制成。“大头佛”面具呈现出夸张而喜庆的形象，脸部特征夸张，如大眼睛、大鼻子和大嘴巴。表演者穿着华丽的服装，配以舞蹈动作和音乐伴奏，展示出独特的艺术风格，如图 7-10 所示。

图 7-10　“大头佛”表演

“大头佛”表演通常在庙会、传统节日和喜庆场合中进行，如春节、中秋节等。表演者会在街头巷尾、庙宇广场等地进行表演，吸引观众的关注和参与。他们用生动活泼的动作和幽默风格，表达喜庆、祝福和祈福的愿望，给人们带来欢乐和祥和的氛围。如今，“大头佛”表演在佛山地区仍然非常活跃，并且得到了广大民众的喜爱和关注。它不仅在传统节日和庙会上表演，还在各种文化活动、旅游景点等场合展示。该传统表演形式的传承和发展，为佛山的文化遗产保护和推广作出了重要贡献。

以下是对“大头佛”表演的设计人类学研究的基本过程：

（1）背景研究：了解“大头佛”表演的起源、历史和文化背景。这包括查阅相关文献、采访表演者和当地人、观看现场表演等。通过这些信息，了解“大头佛”表演在佛山“非遗”中的意义。

（2）观察和交互：观察表演者的动作、服装和道具，以及观众的反应和参与程度。同时，也可以与表演者和当地社区的人们进行交流，了解他们对“大头佛”表演的看法。

（3）社会和文化分析：研究“大头佛”表演在佛山社区中的角色和地位，以及与佛山文化、信仰或历史的联系，可以进一步探索“大头佛”表演对社区凝聚力、身份认同和传承文化的作用。

（4）设计洞察和创新机会：改进大头佛的造型和材料，将其转化为文创产品设计，如图 7-11 所示，以更好地表达佛山文化和精神；设计互动性更强的表演场地，以促进观众参与；创造数字化的媒体展示形式，以扩大“大头佛”表演的影响力。

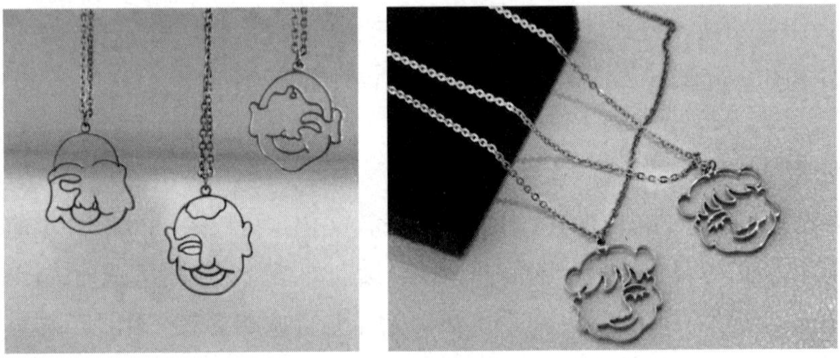

图 7-11 “大头佛”文创设计 （作者 廖韵林）

（5）用户反馈和迭代设计：表演者可以与观众分享设计洞察和创新理念，并征求他们的反馈。这样可以确保设计方案符合他们的期望需求。基于这些反馈，进行迭代设计，并不断优化设计解决方案。

通过这个研究过程，设计人类学可以深入了解“大头佛”表演的文化背景、社会意义和用户体验，从而为创造更好的“大头佛”表演体验提供机会。

4. 扎根理论

扎根理论是一种典型的定性研究方法，从发文量来看，该方法在众多核心期刊中颇受欢迎。扎根理论的提出者是社会学家巴尼·格拉塞（Barney G. Glaser）和安塞尔姆·斯特劳斯（Anselm L. Strauss）。他们在 1967 年的合著作品《扎根理论的发现：质化研究策略》（*The Discovery of Grounded Theory*：*Strategies for Qualitative Research*）中首次提出了这一方法。格拉塞和斯特劳斯认为，传统的研究方法往往过于依赖已有的理论和假设，限制了对新现象的理解和解释。扎根理论通过对数据的系统分析和概念发展，从实证数据中构建出新的理论体系。其强调从数据中提取出的概念和模式，而不是事先设定的假设或理论。

扎根理论的核心是三级编码，该编码过程是指在数据分析中，研究者逐步将原始数据进行开放编码、轴向编码和选择性编码。这三个级别的编码有助于研究者从具体的数据中提取出更高层次的概念。

（1）开放编码

在开放编码阶段，研究者对原始数据进行逐行逐段切割，并赋予每个单位描述性的编码。这些编码可以是具体的描述、关键词或概念。开放编码的目的是捕捉数据中的各种现象和意义，不受任何预设的限制，以保持对数据的开放态度。

（2）轴向编码

在轴向编码阶段，研究者开始比较和整合开放编码的结果，以发现其中的相似性和关联性。研究者将不同的开放编码进行归类，并探索它们之间的关系。这个过程涉及对数据的反复阅读、比较和思考，以形成更高层次的概念。

（3）选择性编码

在选择性编码阶段，研究者进一步筛选和整合轴向编码的结果，以发展出一个更为综合和凝练的理论框架。研究者选择最具代表性和最重要的编码，并将其作为核心类别，进行进一步的深入分析和解释。选择性编码的目标是形成一个能够解释数据中的模式、关系和主题的理论。

这三个级别的编码过程是循环迭代的，研究者需要多次回到前面的阶段，进行进一步的编码和整合。通过逐步提取和整合数据中的编码，逐渐构建出一个更具解释力和理论性的框架，用于解释研究现象。

总结起来，扎根理论的三级编码过程包括开放编码、轴向编码和选择性编码。这些编码过程有助于研究者从原始数据中提取出概念，并逐步发展出一个能够解释现象的理论框架。

案例分析

研究主题：老年人健康生活方式影响因素研究。

研究目的：了解老年人健康生活方式的影响因素，以便后期为老年人设计解决方案。

研究问题："老年人在生活中受到哪些因素影响，哪些因素会对他们生活产生较大影响？"

第一步：数据收集

本研究采用深度访谈法，访谈方式为非结构化访谈，研究者与老年人进行一对一访谈。每次访谈时间设置为 30 分钟左右。研究者仔细观察老年人的肢体语言和其他非语言类型的反应。如果访谈过程被打断，老年人情绪不稳定或不配合，研究者可暂时中断访谈，并等待老年人情绪稳定下来。此外，可以通过增加合适的轻松话题来帮助老年人融入访谈过程。

在数据分析阶段，如发现继续收集到的数据不再贡献新的属性和维度，则达到理论的饱和。根据理论饱和原则，本研究选择了 20 位老年人作为受访者，具体信息如表 7–3 所示。

表 7-3　受访者信息表

序号	年龄	性别	受教育程度	婚姻状况
1	65	男	初中	已婚
2	73	男	小学	丧偶
3	70	女	文盲	丧偶
……	……	……	……	……
20	68	男	小学	已婚

本研究通过前期的参与观察并参考相关文献，形成半结构化访谈提纲。访谈问题包括但不限于以下内容：

老年人的基本信息，如年龄、性别、婚姻状况和教育程度。

老年人的日常生活方式，包括饮食习惯、作息时间和户外活动等。

老年人与家人、朋友或社区的互动情况，如是否经常与他们交流和参加活动。

老年人的兴趣爱好，如喜欢刷手机、看电视、锻炼身体等。

老年人对社会支持的感受和需求，如是否需要有人照顾、提供精神支持等。

老年人对改善生活方式的期望和建议。

针对老年人的访谈，研究者需要在访谈过程中尊重老年人的意愿和需求，并尽量引导他们详细讨论问题。由于老年人的个体差异，研究者需要灵活运用不同的访谈技巧和措辞，以增加访谈的有效性和趣味性。每次访谈结束后，研究者应及时整理资料，将录音或录像等资料转化为文字材料，并进行比较。当不再出现新的理论或观点时，即达到理论饱和，访谈结束。

第二步：编码过程

使用扎根理论的分析方法，形成开放编码、轴向编码和选择性编码。

开放编码

仔细阅读并标记定性数据，将数据分割成有意义的内容单元（如短语、句子），然后为每个单元分配描述性编码。例如，对于这条回答——“我认为乐观心态是我健康生活的关键因素之一”，为其分配开放编码“心理健康”。下面介绍了对老年人健康生活方式的访谈资料的整理，并进行了开放编码（见表 7-4）。

表 7-4　开放编码

范畴	初始概念	原始语句
社交活动	社交互动	“我看到很多社交活动对老年人不友好，排斥我们”
	社区支持	“我在的社区对老人的关爱很少”
	社交网络	“我没有人可以一起出去旅行和娱乐”

续表

范畴	初始概念	原始语句
健康状态	心理健康	"我常常感到孤独，无法保持良好的心理健康"
	身体健康	"我身体不好，无法进行身体锻炼"
	医疗保健	"我无法获得适当的医疗保健，不会使用数字化设备"
经济环境	经济状况	"我经济困难，无法承担额外的费用"
	物价水平	"我很关心物价水平，物价上涨会让我的生活负担加重"
	住房条件	"我住的地方太老旧，不适合老年人居住"

轴向编码

根据开放编码的结果，将相关的编码按照共同的类别进行组织和归纳，并研究各概念之间内在的关系，然后在形成对应范畴并厘清逻辑关系后，得到主范畴。将开放式编码阶段获得的 9 个初始概念进行归类整理，形成一个主题类别，得到轴向编码（见表 7–5），再根据表 7–5 进行选择性编码，如表 7–6 所示。

表 7–5　轴向编码

主范畴	范畴	内涵
社会因素	社会环境	包括老年人与他人之间的交流、社交活动等
	社区服务	社区对老年人提供的支持和帮助
	社交环境	老年人在社交媒体、互联网上与他人建立联系和交流的渠道
个体因素	心理健康	老年人的心理状态和心理健康状况
	健康保健	老年人的身体健康状况、疾病管理和健康应用程序的获取
	医疗服务	老年人接受医疗服务、医疗资源的情况
经济因素	经济收入	老年人的经济收入、财务状况和经济压力
	物价水平	社会物价对老年人的影响
	居住条件	老年人的居住环境、住房安全和适应性等方面

表 7–6　选择性编码

典型关系结构		关系结构的内涵
社会因素	影响老年人健康生活方式的外驱性因素	老年人生活福祉需要全社会各界的广泛关注，需要全社会各界共同关爱
个体因素	影响老年人健康生活方式的内驱性因素	个体的心理素质和生理素质会影响老年人的健康
经济因素	影响老年人健康生活方式的支持性因素	经济因素直接影响老年人的生活质量

第三步：结果解释和设计建议

对老年人健康生活方式影响因素进行编码分析，确立影响因素之间的关系和作用方式。并根据数据分析的结果提出一些设计建议。

根据数据分析，得出以下结果：

社会因素：社会因素对老年人的健康生活方式有显著影响。社交互动、社区支持和社交网络的程度与老年人的心理健康、社会参与和生活满意度呈正相关关系。这表明提供丰富的社交机会和支持网络，对于改善老年人的健康生活方式至关重要。

个体因素：老年人的心理健康和身体健康与其生活方式密切相关。心理健康问题、身体健康状况和医疗保健的可及性，是影响老年人健康生活方式的重要因素。为老年人提供便捷的医疗保健服务，能够使他们健康生活。

经济因素：经济因素对老年人的健康生活方式有显著影响。养老金水平、社会福利政策和个人财务状况对老年人的生活质量产生重要影响。因此，提供充足的经济支持和福利保障，对于老年人的健康生活方式具有正向作用。

设计建议：

第一，设计社交活动中心，提供舒适、安全的环境，鼓励老年人进行社交；组织定期的社交活动，如老年人聚会、兴趣小组或文化活动，以促进老年人社交互动和建立社交网络；设计易于使用的适老化数字平台，帮助老年人与亲友保持联系、分享经验和参与在线社区。

第二，设计适合老年人的健身设施，如健步道、休闲区和康复中心，鼓励他们积极参与体育锻炼和康复活动。优化住宅和公共场所的设计，考虑老年人的特殊需求，提供无障碍设施、良好的照明和舒适的室内氛围。在应用方面，设计易于理解和获取的可视化健康信息，为老年人提供健康教育和预防保健知识。

第三，设计用户友好的健康规划在线工具，帮助老年人数字化管理个人健康。设计针对老年人的健康教育课程，为老年人提供有关健康保健、疾病预防和健康管理的知识。建立社区合作模式，鼓励老年人共享健康信息和参与互助组织，实现健康生活的稳定性。

通过以上分析，可以发现扎根理论是一个循环迭代的过程，通过对数据的编码、比较和整合来构建新的理论，进而广泛应用于研究设计的决策过程、用户体验、服务设计等方面，并通过理论验证和修订来不断完善理论框架。

5. 案例研究

案例研究是一种研究方法，用于深入全面地探究一个特定现象、事件或个体的复杂性和特征。它通过对一个或多个具体案例的详细分析和调查，以获取丰富的数据信息，并从中推导出理论观点，提出新的见解。

在案例研究中，研究者通常选择一个具有代表性的案例为研究对象，该案例可以是一个组织、一个社区、一个人或一个特定事件。通过收集大量的数据，包括文档资料、采访记录、观察记录等，以全面了解案例的背景、历史、环境和相关参与者。

案例研究的目标是通过对案例的深入探究，揭示出其中的模式、关系、因果机制和特殊情境。它强调对细节和上下文的重视，帮助研究者获得对研究对象的深入理解，发现新的知识。

（1）案例研究的特点

①深入理解

案例研究允许研究者深入地研究一个特定的现象，通过详细的数据收集和分析，获得对该现象的全面理解，这种研究方式有助于进一步揭示出现象的复杂性和多样性。

②现实情境

案例研究在自然情境中进行，反映了真实世界中存在的特殊性。研究结果更具现实意义，能够提供对实际问题的建议。

③多种数据来源

案例研究使用多种数据收集方法，如访谈、观察和文档分析，从不同角度获取信息。这种多源数据的使用可以增加研究的可靠性和有效性。

④理论发展

案例研究用于理论构建和理论检验。通过对案例的深入分析，研究者可以验证现有理论，并在此基础上提出新的理论假设。

（2）案例应用

研究题目：探索城市公共空间的可持续性设计研究，如图 7-12 所示。

图 7-12　城市公共空间

研究步骤：

第一步，研究者选择一个具体的城市公共空间项目作为案例，如休息公园、城市广场、运动场所等，接着使用案例研究方法来收集和分析与该项目相关的数据。

第二步，数据收集包括对设计者、规划者和利益相关者进行访谈，以了解相关者在设计过程中的决策、考虑因素和影响；观察公共空间的使用情况，以及收集影响环境的数据。此外，研究者还可以分析项目文件、规划报告和相关文献，以获取更多背景信息和理论支持。

第三步，通过对这个案例深入研究，获得对城市公共空间可持续性设计实践的丰富理解。由此发现设计者如何应用可持续性设计原则，如节能设计、水资源管理、生态系统设计等保护措施。同时，了解到设计决策如何受到政策、社会需求和技术限制的影响。

第四步，案例研究方法揭示设计过程中的挑战和成功因素。例如，研究者发现在项目中合作与沟通的重要性，以及如何解决不同利益相关者之间的冲突；了解到可持续性设计实践对公众参与、社区反馈和政策支持的依赖。

综上所述，案例研究方法的关键包括选择合适的案例、确定数据收集方法、分析和解释数据以及推广。这是一种有价值的研究方法，能够提供丰富的信息，特别适用于探索复杂问题。

6. 个案研究

个案研究是一种研究方法，用于详细地分析一个特定的个体、事件或现象。它侧重于对个别案例的全面观察、描述和解释，以获取关于该个案的深入理解。

个案研究通常涉及对一个或几个个体进行详细的调查分析，以收集丰富的数据信息。这些数据可以包括采访记录、观察记录、文档资料、个人经历等。研究者会通过多种途径收集数据，以获得全面而详尽的了解。

个案研究的目标是通过对个案的深入研究，揭示出其中的模式、关系、因果机制和特殊情境。它强调对个案内因和外因的重视，以及对个案内部特征的深入观察。通过对个案的分析解释，其为理论构建和实践指导提供有价值的见解。

（1）个案研究的特点

深度详尽：个案研究允许研究者对一个特定个案进行深入的调查和分析，以获取丰富的数据和信息。

重要性：个案研究强调将个案置于特定的背景与环境中进行观察和分析，以理解其复杂性和特殊性。

多源数据：个案研究通常采用多种数据收集方法，如访谈、观察、文献研究等，以获取全面的信息。

独特性：个案研究关注个体或事件的独特性和个别性，通过对其细节特征的观察和描述来揭示其内在规律。

个案研究在社会科学、心理学、教育学、医学等领域得到广泛应用。它能够提供具体、深入的研究结果，帮助研究者理解个体经验、探索个案的特殊情境，并为实践和决策提供有针对性的建议。

案例分析（分布式手艺村落的服务系统设计研究——以道明竹艺村为例）

随着乡村振兴战略的深入实施，政府多部门联合印发了《关于推动文化产业赋能乡村振兴的意见》，相关部门大力倡导将“手工艺赋能”作为重点发展的领域之一，这为激活乡村传统手工艺产业带来了巨大发展潜力。乡村文化具有本土性、可持续性、社会联系性等特征，如何唤醒村民的“文化自觉”意识，改善乡村经济结构形式，重构乡土文化生态，促进乡村可持续发展，是当前亟待解决的关键问题，如图 7-13 所示。

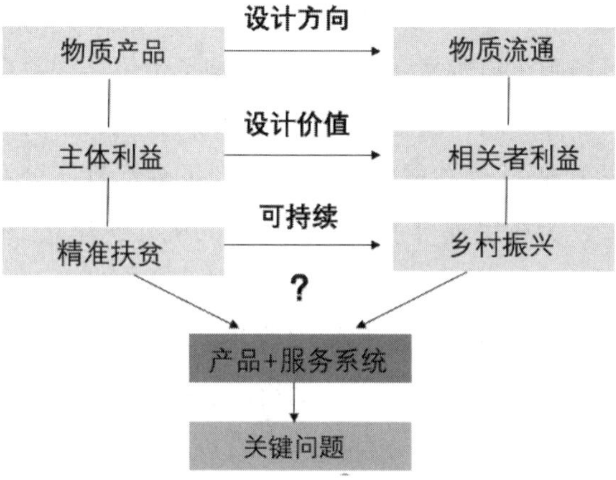

图 7-13　乡村关键问题分析

道明竹编工艺流传悠久，被称为“中国民间艺术（竹编）之乡”。该村曾是川西地区的重点贫困村，所处环境恶劣，竹编产业以自产自销为主，村民经济收入较低。近年来，通过发展特色竹编产业并与分布式产品服务系统相结合，道明竹艺村找到了崭新的乡村振兴路径，迅速成为乡村振兴的典范，如图 7-14 所示。

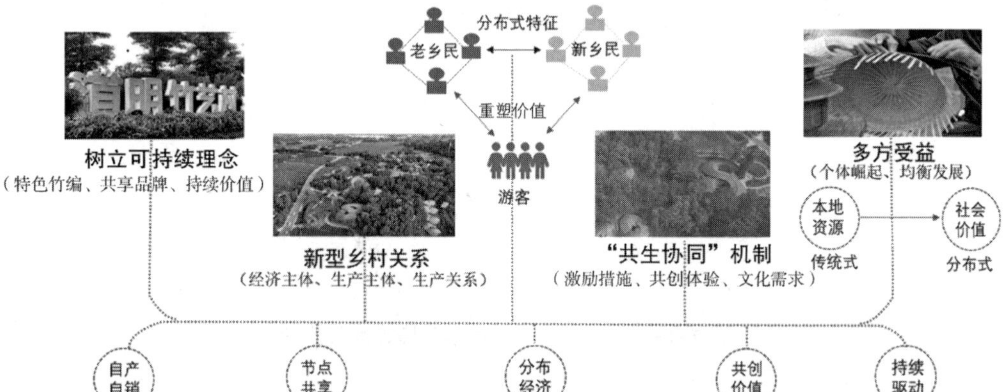

图 7-14　道明竹艺村服务系统

第一，从树立可持续理念到共创价值，新的理念催生了乡村关系的创新。新理念催生乡村创新，从可持续发展到共创价值。道明竹编工艺村作为中国竹编艺术之乡，经济主体包括个体经济、集体经济和国有公司。合作社共享资源，中业文旅公司负责品牌运营，小规模生产单元通过经营项目获取收入。这种分布式经济模式以手工艺人为节点，推动共同创造价值，完善乡村发展的利益链，实现更多人的参与。

第二，分布式产品服务系统为道明竹艺村创造了乡村文化新体验。通过建立多元主体关系和“共生协同”机制，道明竹艺村吸引了外来人才，改变了人口结构，激发了村民的创新意识。他们通过竹编技能培训和互相学习，分享竹编技艺。道明竹艺村还吸引了艺术家、建筑师和诗人等新乡民，他们利用线上平台传播技术知识。同时，其提供了沉浸式学习场所，与游客互动体验，重塑了价值共创关系。这种“共生协同”机制鼓励知识共享和资源协同，满足了消费者对乡村文化的新需求。

第三，道明竹艺村通过分布式经济模式实现了灵活性、公平性和多方受益的发展。改善了就业环境，为村民提供了加入合作社的机会，建立了分布式协作关系，如图 7-15 所示。此举促进了群体的均衡发展，尤其为老年人、妇女和残疾人等提供了公平的就业和学习机会，实现了技能和知识的共享。在道明竹艺村，游客也被鼓励参与产品开发，并通过线上众筹的方式进行销售。这种开放和灵活的模式吸引了更多用户的参与，同时降低了风险，使各方都能从中受益。通过这种转变，道明竹艺村将传统农业中心式的经营模式转变为分布式经济，为乡村发展开辟了新的渠道，带来了新的机遇。

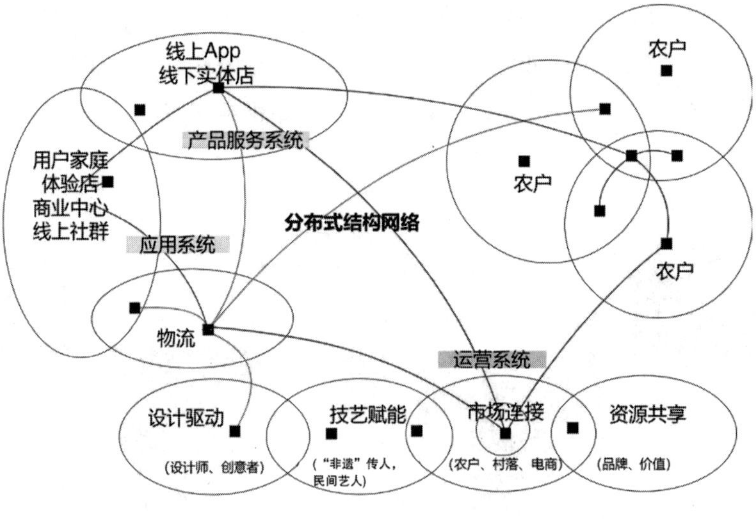

图 7-15 分布式“手艺村落”模式运营系统

以上表明，道明竹艺村以手工艺为核心，成功构建了多方联动的价值共创模式，与分布式经济产品服务系统有机结合。这一模式不仅有效解决了乡村贫困问题，也为手工艺的价值注入了新活力，进一步推动了道明竹艺村的可持续发展。通过这种模式，道明竹艺村实现了资源共享和协同合作，吸引了各方参与者的积极投入。在这个过程中，乡村居民获得了更多的就业和收入机会，也传承和发展了手工艺技能。道明竹艺村的成功经验证明了分布式经济在乡村发展中的重要性，为其他地区提供了可借鉴的实践路径。

在乡村手工艺产业振兴的过程中，主要是解决可持续发展的动力问题。从社会创新设计扩展到可持续发展的层面，传统的中心化商业模式难以解决乡村振兴的可持续问题。面向手工艺村落的分布式经济服务系统设计通过去中心化，实现个人的崛起、个体之间协作、一对多链接式共享资源，为乡村文化资源的共享、创新与发展提供了一个新型的分配、合作平台，如图 7-16 所示。

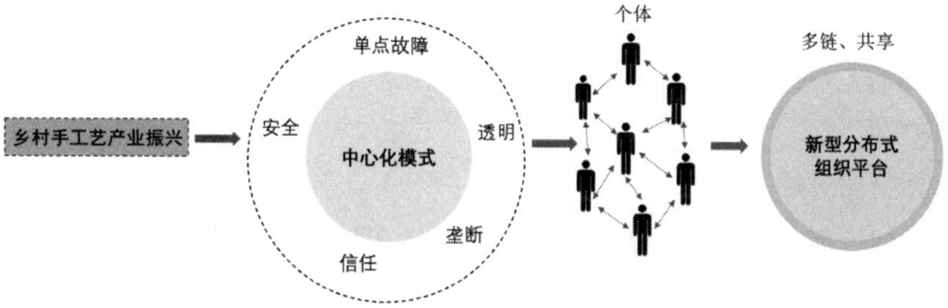

图 7-16　乡村手工艺产业组织变化

这种分布式模式的实施不仅促进了经济增长，还保护和传承了乡土文化，为乡村振兴注入了新的活力。道明竹艺村的案例展示了分布式经济与传统手工艺的结合，为乡村发展提供了一个可行而具有可持续性的发展模式。

（2）个案研究和案例研究的区别

个案研究强调对一个特定个体、事件或现象的深入研究分析。它侧重于对个别个案的全面观察、描述和解释，以获取关于该个案的深入理解和洞察。个案研究通常涉及对一个或几个个体进行详细的调查分析，以收集丰富的数据和信息。同时，其更注重对个案内部细节特征的深入观察，并通过对个案的分析解释来揭示其中的模式、关系和因果机制。

案例研究也是一种深入研究方法，但更广泛地涵盖了多个案例的研究。案例研究可以涉及一个或多个具体案例，这些案例可以是组织、社区、个人或特定事件。案例研究通过对多个案例的详细分析和调查，以获取丰富的数据和信息，并从中推导出理论观点或提出新的见解。案例研究强调对案例的上下文和背景的重视，帮助研究者理解复杂的现象和问题，并为实践提供有针对性的建议。

因此，个案研究更侧重于对一个特定个体或事件的深入研究，而案例研究更广泛地涵盖了多个相关案例的研究。两种方法都强调对细节和上下文的重视，以获得全面的信息和深入的理解。

（3）如何选择个案研究与案例研究

在设计学研究中，选择个案研究或案例研究，取决于研究目标、问题和研究对象的特点。

第一，研究目标

首先，明确具体的研究目标是什么，如果研究目标是深入了解一个个体、事件或现象，个案研究可能更适合。个案研究可以提供详细的、全面的信息，帮助对特定情境下的设计问题进行深入分析。若研究目标是比较和分析多个相关案例，推导出理论观点或提出新的见解，那么案例研究更适合。

第二，研究问题

在研究目标确定后，要对研究问题进行界定。如果研究问题是关于一个具体的设计实践、项目或产品的特定方面，个案研究可能更适用。个案研究能够深入了解该设计实践的背景、过程、挑战和成果。研究问题是关于设计现象、趋势或策略的普遍性问题，案例研究可能更适合。通过多个案例的比较和分析，探索共同的特征、影响因素和解决方案。

第三，研究对象

要考虑研究对象的特点和可行性。如果有一个特定的个体、组织、产品或设计项目作为研究对象，并且能够获得充足的数据和信息进行深入观察与分析，个案研究可能更适合。如果研究对象是一个复杂的设计现象、社会环境或行为模式，并且涉及多个相关案例，案例研究可能更适合。

总而言之，了解个案研究与案例研究的优势及局限。个案研究提供深入、详尽的理解，但结果的普遍适用性可能有限。案例研究揭示出模式、关系和共同特征，但需要注意案例之间的差异的影响。因此，根据研究目标、问题和研究对象的特点，灵活选择并结合使用个案研究和案例研究。

第四节　设计学跨学科研究方法的定量研究

定量研究方法通过收集大规模的数字化数据，并运用统计分析技术，提供了具有客观性和可验证性的研究结果。这种客观性和可验证性使得研究者能够减少主观偏见的影响，并确保研究结果的可靠性和科学性。通过大规模数据的收集分析，设计研究者可以对不同群体、文化背景和设计情境进行分析，为设计决策和实践提供更全面、普遍、适用的结论。

一、定量研究概述

自包豪斯开始，设计趋向于注重设计理念和设计的科学性。设计作为一门学科，应是可总结、可传授的，其科学性体现在可计算、可重复、可评估上。随着数据处理和分析技术的不断进步，设计研究中的理性和计算成为理解量化的基础，定量分析已成为设计学研究中不可或缺的工具之一。了解定量分析在设计学研究中的应用，以及该方法的优势和局限性，对于设计实践具有重要意义。

定量研究，也称为量化研究，主要是指通过客观科学的调研和实验获取数据进行分析的方法。它广泛应用于研究和分析用户、市场以及设计成果评估中。定量研究具有客观性和科学性的特征，通过测量和数据分析获得结构化数据，确保研究的可重复性和可验证性。

早在 1955 年，德国乌尔姆设计学院便提出设计不仅是情感或直觉的体现，还应基于科学和逻辑。威廉・冯特（Wilhelm Wundt）作为实验心理学的创立者，提出了统计和实验的量化方法，用于研究人的疲劳和操作表现。J. 克里斯托弗・琼斯（J. Christopher Jones）提出了人机系统设计概念，倡导零学习成本的机器操作，并撰写了《设计方法》一书。彼得・G. 罗（Peter G. Rowe）提出了设计思维，强调以人为中心解决问题的方法论。这些学者为量化设计方法的发展提供了理论和实践支持，推动了设计学的科学化和系统化。通过这些研究和方法，定量研究在设计实践中的应用日益广泛，为设计者提供了更加科学和客观的工具。

1. 定量研究作用

（1）数据收集

定量研究通过问卷调查、实验设计等方法，收集大量的结构化数据。这些数据可以提供关于用户行为、偏好、态度和反应的量化信息。通过统计分析和数据建模，揭示变量之间的关系，帮助设计研究者获得客观的数据支持。

（2）用户行为分析

定量研究帮助设计研究者理解用户在特定情境下的行为模式。通过使用传感器、眼动追踪、脑电等技术，定量地记录和分析用户的行为数据，如点击次数、浏览时间、移动路径等。这些数据可以揭示用户与设计的交互方式，从而指导设计改进。

（3）评估和验证设计方案

定量研究可用于评估和验证设计方案的效果。通过实验设计与控制组比较，定量地测量和比较不同设计方案的性能、用户满意度和效果。这有助于设计研究者确定最佳的设计选择，并提供客观的证据来支持设计决策。

（4）数据可视化和模型构建

定量研究可通过数据可视化和建模技术，将复杂的设计数据转化为可理解和可操作的形式，帮助设计研究者发现数据中的模式、趋势和异常，从而提供洞察和启发。例如，定量研究可建立数学模型和预测模型，帮助设计研究者预测用户行为。

（5）量化效果评估

定量研究可以用于评估设计方案的效果和影响。通过收集分析大量的定量数据，如用户满意度调查结果、使用统计数据等，量化地评估设计方案对用户体验和效果的影响。这有助于设计研究者了解设计方案的实际效果。

2. 应用步骤

第一步　问题定义与假设

问题定义是定量研究的第一步。研究者需要明确研究的目的和问题，并假设与之相应的变量和关系。问题定义直接决定了分析结果的可靠性与有效性。

第二步　数据采集与处理

在研究设计问题时，需要收集相关的数据，并进行预处理分析。数据处理的方法包括数据清洗、数据挖掘、数据可视化等，以有效地提高数据的质量和准确性。同时，在数据采集和处理的过程中，研究者需要考虑数据的来源、质量、可靠性等因素。

第三步　数据分析与结果解释

在对数据进行处理后，研究者需要对数据进行分析，使用统计分析、回归分析、因子分析等方法，发现该问题的本质规律，从而确定结论的可靠性和有效性。

3. 优势与局限

首先，定量研究能够帮助研究者快速地收集、整理和分析大量数据，提高研究效率；其次，能够帮助研究者对研究结果进行验证解释，从而提高研究可靠性；最后，能够为决策者提供科学依据，帮助决策者做出更为精准合理的决策。

当然，定量研究也存在一定的局限性。一方面，在设计学研究中，有些数据难以获取，或者需要进行特殊的处理分析，这对于定量研究技术的应用造成了一定的困难；另一方面，分析结果的解释需要结合实际情况进行分析评估，否则容易引起偏差。

总之，研究者在设计学研究中应根据实际情况，选择合适的定量研究方法，以提高研究效果的精准度。

二、定量研究与定性研究比较

1. 两者差异

定性研究和定量研究是两种主要的研究方法，如表 7-7 所示。定性研究侧重于描述和解释研究对象的特征与现象，而定量研究侧重于数值化和统计分析研究对象的特征与现象。下面将从研究对象、数据类型、研究方法、应用领域和研究重点等方面，对定性研究和定量研究进行比较。

表 7-7　定性研究与定量研究比较

	定性研究	定量研究
研究对象	主观性较强的、难以量化的事物，如文化、价值观、态度、信仰等	客观性较强、容易量化的事物，如物品、人数、时间等
数据类型	非数值性的，包括文字、图像、声音等，主要目的是对研究对象进行描述和解释，从而形成理论和概念	数值性的，包括数字、百分比、比例等，主要目的是对研究对象进行测量和统计分析，从而形成数据模型和预测模型

续表

	定性研究	定量研究
研究方法	主要方法包括质性研究、文本分析、内容分析、现象学分析等，方法主要是基于研究者的主观认识和理解	主要方法包括统计分析、回归分析、因子分析等，方法主要是基于数据的数值化和统计分析
应用领域	应用于社会科学、人文科学等领域，如社会学、心理学、文化研究等	应用于自然科学、工程技术等领域，如物理学、化学、机械工程等
研究重点	观点态度	常规定律

2. 案例应用

以汽车设计为例，来说明定性研究与定量研究应用方法的异同。

第一种方法：定性研究

在汽车设计中，首先运用定性研究的方法，对汽车的设计风格、车身线条、内饰布局等进行描述和解释，从而形成对该车型的理解和认识，为汽车的设计定位提供决策参考。

具体步骤如下：

（1）收集数据：研究者通过调查问卷、采访专家、观察市场销售数据等方式，收集有关汽车设计的信息。

（2）分析数据：通过质性研究、文本分析、内容分析等方法，对收集到的数据进行分析和解释，形成对汽车设计风格、车身线条、内饰布局等方面的理解与认识。

（3）总结结论：将分析结果进行总结和归纳，形成对该车型设计风格和特点的概括性解释。

以上分析表明，研究者对某个品牌的新车型进行定性研究，通过文本分析、内容分析等方法，对该车型的设计风格、车身线条、内饰布局等方面进行描述和解释，最终形成对该车型的设计特点和文化内涵的理解与认识。

第二种方法：定量研究

在汽车设计中，定量研究将从其他角度来分析。其先对汽车的市场销售数据、用户评价数据等进行测量和统计，从而得出汽车的销售趋势、目标消费群体等信息，并预测出何种类型的汽车设计风格更受消费者青睐，为针对不同群体的汽车设计风格提供支持。

具体步骤如下：

（1）收集数据：研究者通过市场调查、问卷调查、用户评价等方式，收集有关汽车销售和用户评价的数据，了解不同风格款式的汽车销售情况。

（2）数据分析：研究者可以通过统计分析、回归分析、因子分析等方法，对收集到的数据进行测量与分析，从而得出不同风格汽车的销售趋势、目标消费群体等基本信息。

（3）制定策略：根据数据分析的结果，设计适合不同群体的汽车风格，以提高产品的竞争力。

通过将定性研究和定量研究对同一个汽车设计对象的比较分析，进而获得更全面、多维度的认识。从以上分析来看，定性研究能够深入挖掘用户的情感体验和主观感受，为汽车设计提供灵感和创新方向；而定量研究能够通过大样本数据的分析，揭示普遍规律与趋势，为汽车设计决策提供科学依据。

三、统计与分析

将统计学应用于设计学中的主要目的，是通过数据分析来支持设计决策和评估设计效果。了解统计学的基本概念，对于在设计学研究中正确应用统计方法、解读数据和支持设计决策至关重要。统计学概念与设计学具体化相结合使抽象的概念更通俗易懂，它提供了一种科学的方法来分析和解释数据，从而为设计过程提供了有力的支持。

（1）总体和样本

在设计研究中，总体可以指代设计的目标用户群体，即所有可能使用产品或服务的人群。样本则是指从总体中选择的一小部分用户，用于用户研究、用户测试或评估设计方案。

（2）参数和统计量

参数可以表示设计元素的特征或属性，如颜色、形状、排版等。统计量是指从用户反馈或行为数据中提取的度量，如平均满意度得分、点击率等。通过对样本数据进行统计分析，估计总体参数（设计元素的特征）并计算统计量（用户反馈或行为的度量）。

（3）*P* 值

在统计学中，*P* 值（P-value）是用于判断统计假设检验结果是否具有统计显著性的一个度量，它代表了观察到的数据或更极端情况出现的概率。

具体来说，当进行统计假设检验时，首先提出一个原假设，它通常表明没有发现效应或差异。然后，收集样本数据并计算相应的统计量，如 T 值或 F 值。*P* 值是根据这个统计量计算得出的。由此可见，*P* 值的含义是，给定一个零假设（通常是默认假设），*P* 值表示在零假设成立的情况下，观察到的数据或更极端情况的概率。如果 *P* 值很小（通常小于 0.05），则认为观察到的数据非常不太可能在零假设成立的情况下发生，因此有足够的证据拒绝零假设，认为结果是统计显著的。反之，如果 *P* 值较大（通常大于 0.05），没有足够的证据拒绝零假设，结果不具有统计显著性。

P 值只提供了关于观察到的数据与零假设一致性的信息，并不能确定备择假设的真实性。此外，*P* 值并不代表效应的大小或实际的概率，它仅仅是一个用于决策的统计指标，需要结合领域知识和实际背景进行解释。

案例分析

研究目的：评估两种不同的网页界面设计对用户点击率的影响

首先，设计者设计了两个版本的网页界面（界面A和界面B），并随机将用户分为两个组：一组查看界面A，另一组查看界面B。设计者想要确定是否存在统计学上的显著差异，即某个布局是否能显著提高用户的点击率。

在这个案例中，*P*值帮助设计者做出决策，判断两种界面是否在用户点击率上存在显著差异。下面是具体的步骤：

第一，提出零假设（H0）和备择假设（H1）。

零假设（H0）：界面A和界面B对用户点击率没有显著影响，两种界面的点击率相等。

备择假设（H1）：界面A和界面B对用户点击率有显著影响，两种界面的点击率不相等。

第二，选择适当的统计检验方法。

在这个案例中，可以使用独立样本t检验，比较两个组的点击率是否存在显著差异。

第三，进行实验或收集数据。

设计者将界面A分配给一部分用户，将界面B分配给另一部分用户，并记录他们的点击率。

第四，计算*P*值。

使用独立样本t检验对收集到的数据进行分析，计算出*P*值。

第五，判断统计显著性。

将计算得到的*P*值与事先确定的显著性水平进行比较（通常是0.05）。

如果*P*值小于显著性水平（$P < 0.05$），则可以拒绝零假设，认为界面A和界面B对用户点击率存在显著差异。

如果*P*值大于显著性水平（$P > 0.05$），则无法拒绝零假设，认为界面A和界面B对用户点击率没有显著差异。

通过这个案例，设计者可以使用*P*值来判断两种界面设计对用户点击率的影响是否显著。若*P*值小于显著性水平，设计者认为选择的界面对用户点击率有积极影响，从而做出相应的设计决策；若*P*值大于显著性水平，设计者则无法得出结论，需要进一步探索其他因素来解释观察到的结果。

（4）假设检验

假设检验用于评估样本数据是否提供足够的证据来支持或拒绝关于总体参数的某个假设。它涉及提出一个原假设和一个备择假设，然后使用样本数据进行推断和判断，以确定是否拒绝原假设。假设检验可用于评估不同设计方案之间的差异是否显著。例如，研究者可以提出一个假设，认为设计方案A比设计方案B更受用户欢迎。通过收集用户反馈数据，并应用假设检验方法，判断是否有足够的证据支持或拒绝这个假设，这个过程就是假设检验。

（5）置信区间

置信区间是一种统计估计方法，用于估计总体参数的范围。它提供了一个区间，该区间包含真实总体参数的可能值，并给出了一个置信水平（通常以百分比表示，如95%）。置信区间可以帮助设计者理解估计的不确定性，并提供对总体参数的范围估计。置信区间可用于估计设计方案的效果范围。例如，在收集用户满意度数据时，可以计算出一个置信区间，表示设计方案的满意度得分的范围。这个置信区间帮助设计者了解设计方案的效果，并确定其在总体中的表现情况。

（6）相关分析

相关分析用于研究两个变量之间的关系强度和方向。它衡量两个变量之间的线性相关性，并提供一个相关系数（如皮尔逊相关系数）来描述这种关系。相关分析可用于评估设计元素之间的关联性。例如，研究者通过调查用户对不同设计元素的偏好，并应用相关分析方法来确定哪些设计元素与用户满意度存在显著关联。

（7）方差分析

方差分析用于比较两个或更多组之间的均值差异是否显著。它通过分解总体的方差为组内方差和组间方差，来评估不同组之间的差异程度。方差分析可以用于比较不同设计方案或设计变量之间的差异。例如，研究者使用方差分析来确定不同颜色方案、布局变化或交互方式对用户体验的影响是否显著。

（8）回归分析

回归分析是一种统计方法，用于研究自变量（预测变量）与因变量（响应变量）之间的关系。它通过建立一个数学模型来描述自变量与因变量之间的相关性，并用于预测和解释因变量的变化。

回归分析的基本思想是基于已观察到的数据，建立一个数学模型来描述自变量与因变量之间的关系，其主要作用是预测与解释。

①预测

基于自变量的值，预测因变量的值。回归模型可以用于预测新的观测值或未来的事件。

②解释

通过回归系数的解释，理解自变量对因变量的影响程度。回归分析可以帮助确定何种自变量对因变量的变化具有显著影响。

回归分析的常见形式是线性回归，它假设自变量和因变量之间存在线性关系。线性回归模型可以表示为：

$$Y = \beta_0 + \beta_1 X_1 + \beta_2 X_2 + \ldots + \beta_n X_n + \varepsilon$$

其中，Y 为因变量；X_1，X_2，X_n 为自变量；β_0，β_1，β_2，β_n 为回归系数；ε 为误差项。回归系数表示自变量对因变量的贡献程度，误差项表示模型无法解释的随机误差。

案例分析

家具设计公司想要了解产品价格与各种家具设计特征之间的关系，以便制定合理的定价策略。该公司首先收集了一系列家具产品的数据，包括产品的价格（因变量）以及与设计相关的特征，如尺寸、材料、风格等（自变量）。然后，使用回归分析来探索这些设计特征对产品价格的影响。

具体步骤如下：

①数据收集

收集不同家具产品的价格以及与设计相关的特征数据。每个产品的数据包括价格（因变量）和设计特征（自变量）。

②模型选择

根据数据的特征和研究目的，选择合适的回归模型。在这个案例中，选择多元线性回归模型，其中产品价格是因变量，而设计特征（尺寸、材料、风格等）是自变量。

③参数估计

使用回归分析方法，估计回归模型中的回归系数。回归系数表示每个设计特征对产品价格的影响程度。回归系数显示，如果产品尺寸增加 1 个单位，价格就会随之增加。

④模型评估

评估回归模型的拟合程度和统计显著性。通过计算 R 方值和调整 R 方值来衡量模型的拟合程度。同时，进行回归系数的假设检验，判断设计特征对产品价格的影响是否显著。

⑤预测和解释

使用估计得到的回归模型进行预测。例如，根据给定的设计特征值，可以预测相应的产品价格。此外，通过解释回归系数的含义和影响，了解不同设计特征对产品价格的具体影响。

通过案例中的回归分析，可得出以下结论：

其一，确定不同设计特征与产品价格之间的关系。

其二，了解每个设计特征对产品价格的影响程度。回归系数的正负和显著性可以告诉研究者，哪些设计特征会对产品价格产生积极或消极的影响。

其三，使用回归模型进行预测，根据给定的设计特征值预测相应的产品价格，从而制定合理的定价策略。

以上案例展示了回归分析在设计领域的应用。通过分析设计特征与产品价格之间的关系，回归分析提供有关设计特征对产品价格的影响程度的定量信息，帮助设计公司制定价格策略、调整设计特征以及优化产品定位。

（9）因子分析

因子分析（Factor Analysis）是一种统计方法，用于探索多个变量之间的潜在结构和关系。它旨在找到可以解释观察到的变量之间共有方差的较小数目的因子（潜在变量），从而减少数据的维度。

因子分析的基本思想是，观察到的变量可以由较少的潜在因子来解释，这些因子代表了观察到的变量背后的潜在构造特征。通过将多个变量归因于较少的因子，因子分析可以帮助研究者理解数据中的模式结构，简化数据分析，并提供关于变量之间的关系。

因子分析由两种类型的因子组成：公共因子（common factors）和特殊因子（unique factors）。

第一，公共因子是解释多个变量之间共有方差的因子。它们代表了观察到的变量之间的共同特征或潜在构造。公共因子可以解释原始变量的相关性，并帮助研究者理解背后的潜在维度。

第二，特殊因子是解释每个变量独特的方差的因子。它们代表了未被公共因子解释的特定于每个变量的部分，也称为误差项或特殊因素。特殊因子表示与其他变量无关的独特特征。

总之，因子分析的目标是确定最佳的因子结构，即找到最能解释观察数据的因子数量和因子载荷（factor loading）。因子载荷表示每个变量与每个因子之间的关系强度，可理解为变量与因子之间的相关性。

案例分析

研究目的：了解消费者对自行车外观设计的偏好

首先，收集大量消费者的调查数据，包括用户对不同自行车外观特征的评价。通过因子分析，确定何种外观特征是消费者最关注的，并将这些特征作为设计的关键因素。

具体步骤如下：

①数据收集

收集消费者对不同自行车外观特征的评价数据。例如，让消费者对车身线条、前脸设计、车灯形状等方面进行评分或排名。

②因子分析模型建立

将收集到的评价数据应用于因子分析。运用因子分析确定潜在的影响因素，即自行车外观设计的关键特征。

③因子提取

通过因子分析，提取出与自行车外观设计相关的关键因素。分析结果显示出几个潜在因素，如外观流线型、前脸设计、车身比例等。

④因子解释和命名

对于提取出的因子，进行有关解释和命名，以便理解它们代表的概念。把提取出来的一个因子解释为“运动感”，这代表了消费者对于外观流线型和车身比例的偏好。

⑤结果应用

将提取出的因子作为设计的关键参考因素，为指导自行车外观设计提供重要的决策支持。设计者根据这些因子的重要性来决定设计重点，并将消费者的偏好纳入最终的设计。

通过案例中的因子分析，得出以下结论：

其一，确定了消费者对自行车外观设计的关键因素。

其二，理解了消费者对于每个因素的偏好程度，以及不同因素之间的相关性。

其三，从因子分析的结果看，设计者将用户的偏好纳入参考，最终确定自行车外观设计，提高产品的市场适应性。

因子分析能够识别出关键因素，并将其作为设计的依据，以满足消费者的需求和偏好，从而提升产品的设计质量和市场竞争力。因子分析是一种探索性的方法，它提供了数据的一种解释，但不能确定因果关系。因子分析的结果需要结合领域知识和实际背景进行解释。

（10）主成分分析

主成分分析（PCA）是一种降维技术，用于将高维数据转换为较低维度的表示，同时尽可能保留原始数据中的信息。它通过线性变换将原始数据投影到一组新的主成分（正交变量）上，这些主成分按照方差的递减顺序排列。其主要作用是减少数据维度、发现数据中的模式和结构以及提取关键特征。

在设计学中，主成分分析常用于减少设计元素的维度，并捕捉其最重要的变异性。通过收集多个设计元素的数据，主成分分析将这些元素转换为一组新的无关主成分，每个主成分都解释了原始数据中的一部分变异性。这样可以简化设计元素的复杂性，并帮助设计者更好地理解和解释设计方案的特征。

案例分析

想了解客户对不同冰箱产品特征的偏好，以指导设计过程。首先要收集客户对不同冰箱产品特征（如材质、颜色、形状等）的评分数据。通过主成分分析，确定哪些特征对客户最重要，并将这些特征作为设计的关键因素。

研究过程具体步骤如下：

①数据收集

收集客户对不同冰箱特征的评分指标，如材质、颜色、形状、功能等。

②主成分分析模型建立

将评分数据应用于主成分分析模型，使评分数据转换为一组主成分，这些主成分按照解释方差的比例排序。

③解释主成分

通过解释主成分，了解主成分所代表的冰箱特征。例如，第一个主成分可能代表材质与颜色，第二个主成分可能代表形状与功能。

④结果应用

根据主成分分析的结果，将客户对冰箱特征的偏好纳入最终的设计。例如，如果第一个主成分的权重较高，应在设计中注重选择符合客户偏好的材质和颜色。

通过这个案例中的主成分分析，得出以下结论：

其一，确定了客户对冰箱产品特征的主要偏好和关联性。

其二，识别了哪些特征对客户重要，并将其作为设计的关键因素。

其三，可以根据主成分分析的结果进行设计决策，以满足客户的需求和期望。

总之，通过主成分分析，将多个相关的设计元素（如形状、材质、颜色等）转化为几个主成分，每个主成分代表一种设计风格或特征，从而帮助设计者更好地管理设计的变量。主成分分析主要帮助研究者理解设计要素的重要性和关联性，方便提取关键特征。

（11）聚类分析

聚类分析是一种无监督学习方法，用于将相似的设计元素或用户群体归类到同一类别中。在设计研究中，聚类分析可以应用于用户行为数据、用户偏好数据或设计元素的属性数据，以发现隐藏在数据中的群组结构。通过聚类分析，设计者可以识别出具有相似特征或需求的用户群体，并针对不同的用户群体开发个性化的设计方案。

案例说明

室内设计公司想了解客户对室内设计风格的偏好，并为其提供个性化的设计方案。收集客户的调查数据，包括客户对不同室内设计风格的评价和喜好程度。聚类分析可以将客户分为不同的群体，并为每个群体提供定制化的设计建议。

具体步骤如下：

①数据收集

收集客户对不同室内设计风格的评价数据，如现代、传统、简约、复古等。

②距离计算

通过计算客户之间的相似性或距离，构建一个相似性矩阵。常见的距离度量包括欧氏距离、曼哈顿距离等。

③聚类算法应用

应用聚类算法（如 K 均值聚类、层次聚类等），将客户分为不同的群体或簇。聚类算法根据相似性度量将相似的客户分在同一簇内。

④群体解释

对于每个聚类得到的群体，可以解释他们的共同特征和设计偏好。例如，一个群体可能偏好现代与简约风格，而另一个群体可能偏好传统与复古风格。

⑤个性化设计方案

基于聚类分析的结果，可以为每个群体提供个性化的设计方案。根据群体的偏好和共同特征，可以定制化设计风格、家具类型、色彩方案等，以满足每个群体的需求与喜好。

通过这个案例中的聚类分析，得出以下结论：

其一，将客户分为不同的群体或簇，划分的依据是设计偏好和相似性。

其二，了解不同客户群体的共同特征和设计偏好。

其三，为每个群体提供个性化的设计方案，满足用户的需求与喜好。

总之，聚类分析可以帮助用户识别用户群体、发现隐藏的模式，并为每个用户群体提供个性化的设计方案。这种分析方法能为设计者提供有价值的见解，从而提高设计的针对性和用户满意度。

（12）显著性水平

显著性水平是用于假设检验的一个预先确定的阈值。它表示在进行假设检验时，我们愿意犯错误地拒绝真实假设的概率。

通常，显著性水平以 α 表示，并且通常取常见的值，如 0.05 或 0.01。这意味着我们将接受在零假设为真的情况下，观察到的数据或更极端情况出现的概率小于、等于 0.05 或 0.01 的结果。

当进行假设检验时，我们计算得到一个 P 值，它表示观察到的数据在零假设下出现的概率。然后，我们将 P 值与显著性水平进行比较：

如果 P 值小于或等于显著性水平（通常是 0.05 或 0.01），我们认为观察到的数据在零假设下是罕见的，因此我们有足够的证据拒绝零假设，并支持备择假设。

如果 P 值大于显著性水平，那么我们无法拒绝零假设，因为观察到的数据在零假设下是比较常见的，我们没有足够的证据支持备择假设。

选择适当的显著性水平是研究者根据具体情境和需求决定的。较高的显著性水平（如 0.05）意味着我们更容易拒绝零假设，但也增加了犯错误地拒绝真实假设的风险（称为第一类错误）。较低的显著性水平（如 0.01）则要求更强的证据以拒绝零假设，减少了犯第一类错误的风险，但也可能导致错过真实效应（称为第二类错误）。

显著性水平可以用于判断设计方案或设计变量之间的差异是否具有统计显著性。例如，当进行假设检验时，可以设置一个显著性水平，以确定是否有足够的证据拒绝原假设并接受备择假设。

总而言之，上述的概念是统计学分析中的基础，研究者使用它们来描述数据、推断总体特征、进行假设检验以及探索变量之间的关系。统计方法在设计学中的应用能够帮助设计者更好地理解和分析设计元素、用户反馈和用户行为数据，从而支持设计决策制定和优化设计方案。

四、描述性统计与推断性统计

描述性统计在研究中用于展示数据的特征和趋势，提供对研究对象的整体了解。

推断性统计则通过从样本数据中进行推断，帮助研究者做出关于总体特征、关系和效果的推断性判断。两者相互补充，可以提供全面的数据分析和解释，支持设计决策和研究结论的形成。

1. 描述性统计

描述性统计通过总结、组织、解释数据来描述和概括数据的特征。它提供了一种简洁而有意义的方式来呈现数据，并帮助研究者理解数据的分布、中心趋势、变异程度和相关关系等重要信息，以描述数据的基本特征、分布和关系。它的使用原理是通过汇总和展示数据的定量信息，提供对数据集的直观理解和概括。

（1）主要作用

描述数据特征：描述性统计提供了关于数据集的基本特征和分布情况的描述。通过计算平均值、中位数、众数、标准差等统计指标，了解数据的集中趋势、离散程度和偏斜程度等信息。

概括数据分布：描述性统计可以帮助概括数据的分布情况。通过绘制直方图、箱线图、频率分布表等可视化工具，方便观察数据的分布形态、异常值和离群点等特征。

数据比较和关联：描述性统计可用于比较不同组别或条件下的数据，并发现差异和关联。例如，通过计算两组数据的平均值并进行比较，判断它们之间是否存在显著差异。

数据摘要和报告：描述性统计提供了关于数据的简洁摘要和报告。通过将复杂的数据转化为统计指标、可视化图表，更好地传达呈现研究结果，使其易于理解。

（2）重要概念

平均值（Mean）：数据的算术平均值，用于表示数据的集中趋势。

中位数（Median）：将数据按大小排序后，位于中间位置的数值，用于表示数据的中心位置。

众数（Mode）：数据中出现频率最高的数值，用于表示数据的典型值。

标准差（Standard Deviation）：衡量数据的离散程度，表示数据点与平均值之间的差异程度。

百分位数（Percentile）：将数据按大小排序后，某个百分比处的数值，用于描述数据的分布情况。

频率分布表（Frequency Distribution Table）：将数据按照数值范围或类别进行分组，并统计每个组别的频数或频率。

这些概念和方法可以帮助研究者理解与总结数据的基本特征、分布情况以及数据之间的关系，为进一步的数据分析和推断提供基础。

（3）案例应用

在运动会举行期间，公司需要设计一款新的青少年运动鞋。为了了解目标用户的脚长数据特征，首先进行了调研，测量了 120 名 14 ～ 16 岁青少年的脚长，得到了以下结果（单位：mm）：

230，240，235，233，236，234，229，231，237，239，232，238，228，241，226，242，233，235，230，228，234，231，237，239，233，232，231，236，245，243，240，241……

第一步，研究者利用描述性统计来分析这组脚长数据：

计算脚长的平均数：235mm，反映样本整体脚长水平；

计算脚长的标准差：4.2mm，反映样本脚长变异情况。

第二步，绘制脚长的直方图和箱线图，检查数据分布情况。

第三步，计算四分位数，将样本分为四等分，确定设计的脚长尺寸范围。

第四步，通过描述性统计，发现样本脚长集中分布在 232 ～ 238mm。这为设计适合 14 ～ 16 岁用户的运动鞋提供了重要参考，初步确定鞋码尺寸设计以 235mm 为标准，以 230 ～ 240mm 为可选区间。

这样，描述性统计让研究者全面了解用户数据特征，科学地指导产品设计方案的制订。

从以上可见，描述性统计结果和可视化图表可以帮助设计者了解用户对该应用的整体评价趋势、评分的集中程度和离散程度，以及评分的分布情况。这些信息为设计者提供参考，指导产品改进和用户体验优化。

总之，描述性统计是一种通过整理总结和可视化数据，描述数据特征和分布的方法。在设计学领域，描述性统计帮助设计者对用户特征、市场趋势和产品评价等方面进行直观的了解，为产品设计和决策提供基础信息。

2. 推断性统计

推断性统计从样本数据中推断总体特征、进行假设检验以及确定变量之间的关联和因果关系。它基于部分数据（样本）得出关于整个总体的结论。

（1）主要作用

推断总体特征：从样本数据中推断总体特征，即通过对样本数据的分析和推断来得出关于整个总体的结论。这使得研究者能够基于样本数据做出关于总体的推断，而不需要对整个总体进行全面调查。

检验假设：推断性统计可用于检验研究假设的有效性。研究者根据样本数据的分析结果，判断研究假设是否成立，并得出相应的结论。

确定关联和因果关系：推断性统计帮助确定变量之间的关联和因果关系。通过分析样本数据，研究者可以推断不同变量之间的相关性，并进一步探索其中的因果关系。

（2）重要概念

参数估计（Parameter Estimation）：通过样本数据对总体参数进行估计，如总体均值、总体比例等。

假设检验（Hypothesis Testing）：根据样本数据对研究假设进行检验，判断其是否成立。

置信区间（Confidence Interval）：给出总体参数估计的范围，表示对该参数值的置信程度。

显著性水平（Significance Level）：用于判断假设检验结果是否具有统计显著性的阈值。

相关分析（Correlation Analysis）：用于确定变量之间关联性的统计方法。

（3）推断性统计的步骤

收集样本数据：研究者从总体中选择一个具有代表性的样本，并收集与研究问题相关的数据。

参数估计：通过对样本数据进行分析，研究者可以估计总体参数的值，如总体均值、总体比例等。参数估计使用样本统计量（如样本均值、样本比例）来估算总体参数。

假设检验：研究者根据研究问题提出一个或多个假设，并利用样本数据进行假设检验。该假设检验的目的是评估样本数据是否提供足够的证据来支持或拒绝研究假设。

置信区间：对总体参数进行评估。置信区间提供了一个区间范围，其中包含了总体参数的真实值的可能性。

相关分析：推断性统计还可以用于确定变量之间的关联和因果关系。通过相关分析方法（如相关系数、回归分析等），研究者可以评估变量之间的相关性，并进一步探索其中的因果关系。

案例应用

开发一款咖啡杯，并想要确定两种不同的咖啡杯设计方案（A 和 B）之间是否存在显著差异。设计者收集了两组用户的满意度评分数据，每组有 30 名参与者。设计者希望通过推断性统计方法，判断这两款咖啡杯设计方案的满意度是否有显著差异。

第一步：推断性统计过程

（1）建立假设

零假设（H0）：咖啡杯设计方案 A 和 B 的满意度没有显著差异。

备择假设（H1）：咖啡杯设计方案 A 和 B 的满意度存在显著差异。

（2）选择统计检验方法

根据数据类型和假设情境，研究者可以选择使用独立样本 t 检验来比较两组满意度评分的均值差异。

第二步：数据分析和结果解释

在这个例子中，假设设计者收集的数据如下：

咖啡杯设计方案 A 的满意度评分（样本大小：$n_1 = 30$）：平均值（M_1）= 7.8，标准差（SD_1）= 1.2

咖啡杯设计方案 B 的满意度评分（样本大小：$n_2 = 30$）：平均值（M_2）= 8.5，标准差（SD_2）= 1.0

通过计算独立样本 t 检验，得到以下结果：

t 值：−2.34

自由度：58

P 值：0.023（假设显著性水平 $\alpha = 0.05$）

第三步：根据结果，进行如下分析

t 值为 –2.34，表示咖啡杯设计方案 A 的满意度评分相对于咖啡杯设计方案 B 来说较低。自由度为 58，是由两个样本的大小决定的。

P 值为 0.023，小于显著性水平 $\alpha= 0.05$。因此，可以拒绝零假设，接受备择假设，即咖啡杯设计方案 A 和 B 的满意度存在显著差异。

综上所述，基于推断性统计分析，最后得出结论：咖啡杯设计方案 A 和 B 的满意度评分存在显著差异，其中设计方案 B 的满意度评分较高。这个分析的结果可以为设计者提供指导，使其更有针对性地改进和优化设计方案，以提升用户满意度。

五、实验研究

在设计学研究中，实验研究方法提供了一种科学且可靠的方式来验证因果关系、评估用户体验、验证设计原则以及促进跨学科合作。设计学可借鉴其实验研究方法和理论，深入理解用户行为和体验，并将这些知识应用于设计实践中。

实验研究是通过对变量的操纵和控制来确定因果关系的。它涉及在受控条件下系统地操作自变量（独立变量）并测量其对因变量（依赖变量）的影响，以推断两者之间的因果关系。实验研究方法通常包括实验组和对照组的比较研究。

1. 构成要素

（1）自变量（Independent Variable）：研究者有意诱发或操作的变量，用于观察其对其他变量的影响。在实验中，研究者可以对自变量进行操纵或设置不同的水平，以观察其对因变量的影响。

（2）因变量（Dependent Variable）：研究者感兴趣的主要变量，其变化取决于自变量的变化。研究者通过测量和记录因变量的数值或表现来评估自变量的影响。

（3）控制变量（Controlled Variable）：在实验中保持恒定的可能影响因变量的变量。通过控制这些变量，研究者可以排除其他因素对因变量的干扰，从而更准确地判断自变量对因变量的影响。

（4）随机分配（Random Assignment）：将参与者随机分配到不同实验条件或处理组的过程。这样做可以降低个体差异对结果的影响，增加实验的内部有效性。

（5）实验组和对照组（Experimental Group and Control Group）：实验组接受自变量的处理或干预，而对照组不接受处理或接受标准处理。通过比较实验组和对照组的表现，研究者可以确定自变量对因变量的影响。

（6）随机对照实验设计（Randomized Controlled Experiment Design）：一种常用的实验设计，其中参与者被随机分配到实验组和对照组，并在实验前进行基线测量。实验组接受自变量的处理，而对照组接受安慰剂、标准处理或没有处理。最后，通过比较两组因变量的测量结果，研究者可以评估自变量的效果。

2. 原理与作用

首先，实验研究的目标是建立因果关系，并具有较高的内部有效性。通过控制变量、随机分配和对照组设计，实验研究能够提供强有力的证据来支持或否定假设，并为科学理论的发展和实践决策提供重要的依据。

其次，实验研究非常适用于解释性研究，而非描述性或探索性研究。实验研究通过对自变量的操纵和控制，可以推断出因果关系。它能够确定自变量对因变量的影响，并排除其他可能的解释或干扰因素。这使得实验研究在解释因果关系方面更具优势。

最后，实验研究通常追求较高的内部有效性，即确保实验结果是由自变量引起的，而不是其他因素的结果。为了实现内部有效性，实验研究需要严格的控制和随机分配，以消除潜在的偏差和混杂变量。这种要求使得实验研究更适用于解释性研究，其中因果关系的确定至关重要。

相比之下，描述性研究和探索性研究更注重对现象的描述、理解和发现，而不是对因果关系的推断。这些类型的研究通常更关注数据的收集、分析和描述，以揭示现象的特征、趋势和关联。虽然实验研究可以提供有力的解释，但在某些情况下，描述性研究和探索性研究可能更适用于初步了解新领域。

3. 双组实验设计

双组实验设计是一种常见的实验设计，其中参与者被随机分配到两个组别：实验组和对照组。通过比较两组在因变量上的表现，研究者可以评估自变量的效果。

例如，研究不同色彩方案对用户情绪的影响，研究者设计一个双组实验来探索这个问题。

首先，研究者会招募一组参与者，然后将他们随机分配到两个组别：实验组和对照组。

在实验组中，参与者会接触到一种特定的色彩方案，如柔和的暖色调。这个色彩方案可能被认为能够提高用户的放松感和舒适度。研究者会确保实验组的参与者都接触到相同的色彩方案，并记录下他们接受的具体处理。在对照组中，参与者则会接触到传统的色彩方案，没有接受任何额外的处理或干预。对照组的参与者作为参照，用来比较实验组的表现。

其次，研究者会通过问卷调查、情绪评估或其他相关的测量工具，收集参与者的情感和体验数据，如询问参与者对色彩方案的喜好程度、放松感、焦虑感等方面的感受。

最后，研究者分析并比较实验组和对照组在情感与体验上的差异。如果实验组的参与者表现出更高的放松感和舒适度，那么得出结论，柔和的暖色调色彩方案对用户情绪和体验有积极影响。

通过双组实验设计，研究者能够控制潜在的混杂变量，并比较接受不同处理的组别之间的差异，从而评估色彩方案对用户情感和体验的影响。这种设计方法为设计者提供指导，以优化产品或环境的色彩选择，创造更好的用户体验。

4. 因子设计

因子设计用于研究多个自变量（因子）对因变量的影响，以及它们之间的相互作用关系。通过系统地操纵和组合不同因子的水平，因子设计可以确定何种因素对结果具有显著影响，并了解这些因素之间的相互作用效应。

例如，研究产品包装设计中的因素对消费者购买意愿的影响。研究人员使用因子设计来探索这个问题，具体步骤如下：

（1）研究者需要确定可能影响购买意愿的关键因素。这些因素包括产品包装的颜色、形状、材质等。

（2）研究者选择每个因素的不同水平。例如，颜色因素可以有红色、蓝色和绿色三个水平；形状因素可以有圆形、方形和椭圆形三个水平。

（3）研究者使用因子设计的原则来创建实验条件。将不同因素的水平进行组合，生成一系列实验条件。例如，创建一个实验条件，其中产品包装的颜色为红色、形状为圆形；创建另一个实验条件，颜色为蓝色、形状为方形，以此类推。

（4）研究者招募一组参与者，并让他们在不同实验条件下评估产品包装并表达购买意愿。参与者的购买意愿可以通过问卷调查、情感评估或其他相关的测量工具来收集。

（5）研究者分析数据，并确定不同因素对购买意愿的影响。研究者还可以检查因素之间的相互作用效应，如颜色和形状之间是否存在交互作用。

总之，通过因子设计，研究者可以系统地研究多个因素对购买意愿的影响，并了解这些因素之间的相互作用。这有助于设计者了解哪些产品包装因素对消费者决策起关键作用，并提供指导以优化产品包装设计，从而增强用户购买意愿。

5. 复合实验设计

复合实验设计结合了不同类型的实验设计元素，如因子设计和双组实验设计，以更全面地研究自变量对因变量的影响。复合实验设计需同时考虑多个因素，并探索这些因素之间的相互作用效应。

例如，研究数码产品界面设计中多个因素对用户体验的影响，研究者可能使用复合实验设计来探索这个问题，具体步骤如下：

（1）研究者需要确定可能影响用户体验的关键因素。这些因素包括界面布局、颜色方案、字体选择等。

（2）研究者选择每个因素的不同水平。例如，界面布局因素可以有两个水平：简单布局和复杂布局；颜色方案因素可以有三个水平：明亮色调、暗色调和中性色调。

（3）研究者使用复合实验设计的原则来创建实验条件。他们会将不同因素的水平进行组合，生成一系列实验条件。例如，创建一个实验条件，其中界面布局为简单布局、颜色方案为明亮色调；创建一个实验条件，界面布局为复杂布局、颜色方案为暗色调，以此类推。

（4）研究者招募一组参与者，并让他们在不同实验条件下使用产品界面并评估用户体验。参与者的用户体验通过问卷调查、行为观察或其他相关的测量工具来收集。

（5）研究者分析数据，并确定不同因素对用户体验的影响。研究者还可以检查因素之间的相互作用效应，如界面布局和颜色方案之间是否存在交互作用。

通过复合实验设计，研究者同时考虑多个因素对用户体验的影响，并了解这些因素之间的相互作用。这有助于设计者了解界面设计因素，对改善用户体验起到关键作用，并提供指导以优化产品界面设计，从而提升用户满意度。

六、实证研究

实证研究方法（Empirical Research Method）是一种依靠观察或实验来获得知识的科学研究方法，通过收集和分析经验数据来验证或推断理论假设。它强调基于实际观察和测量的证据，以支持研究问题的假设。该方法通常使用定量数据和统计分析方法，以获得客观、可重复的结果。

1. 主要作用

实证研究作为一种科学方法，可以提供可量化的数据和客观的证据，从而支持设计学跨学科研究的目标，以下是主要作用。

（1）确定问题和需求：实证研究可以帮助设计学跨学科研究者明确定义研究问题和用户需求。通过采集和分析实证数据，了解用户的行为、态度和需求，从而指导设计过程。

（2）评估设计方案：实证研究用于评估不同设计方案的效果和可行性。研究者可以收集用户反馈和评估设计方案的效果，从而改进和优化设计。

（3）验证设计理论：研究者可以测试设计理论的假设，验证其在实际情境中的适用性，实证研究用于验证设计理论模型的有效性。

（4）提供设计决策支持：实证研究为设计决策提供科学依据，研究者可以收集数据信息，以支持设计决策的制定和执行。

（5）提供客观依据：实证研究基于实际观察和测量数据，提供客观、可验证的结果，帮助研究者做出科学决策。

（6）推广适用性：实证研究的结果可推广到更广泛的设计领域，为设计实践提供指导性策略。

总的来说，实证研究对于设计学跨学科研究，主要作用是提供科学的数据和证据，支持设计过程和决策的科学性，并推动学科的发展。

2. 研究方法

在设计学领域的实证研究中，常用的研究方法包括以下几种：

（1）调查法：通过设计和分发问卷来收集数据，了解用户或受众的态度、看法、偏好等。例如，用问卷调查来收集用户对产品外观、功能等方面的偏好，来指导产品设计。

（2）实验法：通过控制和操作变量来研究因果关系。实验研究通常分为实验组和对照组，通过对不同组别的设计进行比较，来评估设计的效果和影响。例如，制作产品原型，让用户体验，记录数据，来评估并迭代设计方案。让用户测试不同方案，比较不同设计的优劣，有利于精准化设计。

（3）观察法：通过观察和记录现象、行为、环境等来收集数据。观察用户使用既有产品的场景，分析行为规律，得到设计启发。例如，观察消费者在超市选择商品的流程，分析消费者认知和决策模式，以改进商品包装设计。

（4）数据分析：收集和分析现有产品的销售或使用数据，检验设计假说，支持决策。例如，收集某品牌不同包装设计产品的销量数据，分析设计元素与销量的关系，为优化包装设计方案提供科学依据。

总之，在实证研究中这些方法既可以单独应用，也可以结合使用，根据具体研究问题和目标来选择合适的方法。

3. 研究假设

“研究假设”是实证研究中针对研究问题的主张。它是研究者根据已有理论、观察或推理，提出的关于自变量和因变量之间关系的假设性陈述，通常基于研究者对研究领域的理论知识和研究对象的了解，能够指导研究的设计、数据收集和分析。进一步看，它提供了理论推断与实证验证之间的桥梁，使得研究者能够通过数据来检验和验证理论观点，其核心就是解释自变量与因变量之间的因果关系，并设计相应的研究方法来验证假设。

研究假设并不是只在科学研究中应用，日常生活中也常常用到“假设”。尽管平时会将这样的回答称为“猜测”而非“假设”，但实质上都是对问题答案的未经证实的猜测。即使是一次简单的对话聊天，也在不自觉地使用类似假设的思维方式，如以下对话：

小明：听说吃太多零食会导致长胖，但是我喜欢吃零食，为什么我还是瘦瘦的呢？

小红：可能是因为你平时运动量比较大，燃烧了多余的热量。

小明：有可能。

小红：另外，你的饮食可能比较均衡，没有摄入过多的高热量食物。

小明：对，我平时都会注意控制饮食。

小红：这些因素可能有助于保持你的体重，即使你吃了一些零食。

在这个对话中，小明提出了一个关于体重的问题，小红随即给出了两个假设，如图 7-17 所示：

假设 1：多运动可以帮助燃烧多余的热量，从而保持身材苗条。

假设 2：均衡饮食可以避免摄入过多的高热量食物，从而控制体重。

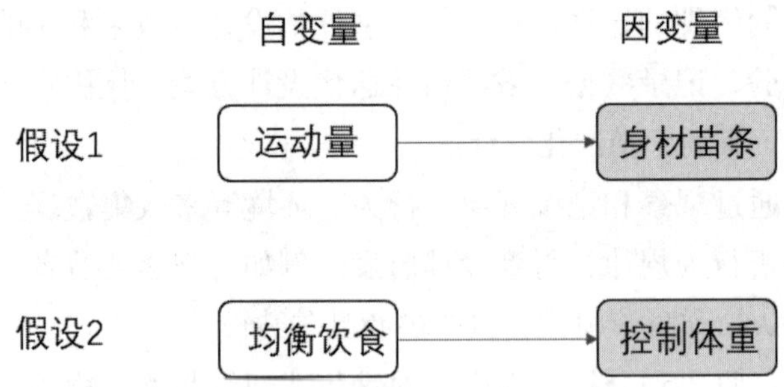

图 7-17　自变量与因变量假设

通过明确研究假设，实现以下目的：

（1）告诉别人此研究关注的主题是什么。比如，控制体重，以及为什么吃甜食不会明显增加体重。

（2）告诉别人一些没想到的能解释这个问题的想法。比如，多运动和均衡饮食可以解释这个问题。

（3）告诉别人研究关注的自变量和因变量是什么。比如，自变量是运动和饮食，而因变量是体重。

（4）告诉别人假设自变量和因变量两者是怎样的关系。比如，正相关、负相关、非线性相关等。例如，本案例暗示假设自变量和因变量之间可能存在一种负相关关系，即多运动和均衡饮食与体重控制之间的关系。

在日常对话中人们也在不自觉地“假设”，通过提出假设或猜测，试图解释现象并找到答案，但很多时候这种生活中的假设过程是隐性的，是一种无意识的假设。可见，这种思维方式贯穿于对世界的探索过程中，无论是学术研究还是日常生活中的问题解决。

以上表明，研究假设是研究过程的重要组成部分，它帮助研究者明确研究目标、连接理论、提供可测试性，并促进科学推理。通过研究假设，研究者可以更有针对性地进行研究，获得更准确和可靠的研究结果。

如何判断什么是好的研究假设？

一个好的研究假设应该包含以下四个要素：

（1）自变量和因变量之间的关联

研究假设应明确指出自变量和因变量之间的关联，即它们之间存在某种关系。这个关系可以是正向的（自变量增加，因变量也增加）、负向的（自变量增加，因变量减少），或者没有关系。

（2）关联关系的说明

好的研究假设应清楚地说明自变量和因变量之间的关系方向。例如，自变量的增加是否导致因变量的增加或减少，或者自变量的改变如何解释或影响因变量。

（3）可验证性

研究假设应该是可验证的，即可以通过采集和分析数据来验证或反驳。它应该能够通过实证研究、实验设计或数据分析来获取相关数据并进行统计分析，以确定关联关系的存在与否。

（4）理论支持

好的研究假设应该有理论支持，即基于现有的理论、观察或先前的研究。研究假设应该与已有的知识框架或理论相符合，并能够为该领域的理论做贡献或提供进一步的解释。

假设：使用暖色调的照明设计可以提高办公室员工的工作效率。

这个假设涉及照明设计对员工工作效率的影响。它满足了好的研究假设的要素：

自变量：照明设计的色调（使用暖色调）。

因变量：员工的工作效率。

关系类型：假设暖色调的照明设计与员工工作效率之间存在正向关系。

为了验证这个假设，可以进行实证研究。首先，选择两个办公室，一个采用冷色调的照明设计，另一个采用暖色调的照明设计。然后，收集员工的工作效率数据，通过问卷调查、心理测量或观察等方式进行评估。最后，对两组数据进行比较和统计分析，以确定是否存在暖色调照明设计与员工工作效率之间的正向关系。

这个案例展示了一个完整的研究假设，明确了自变量和因变量之间的关系，并提供了一种验证的方法。通过实证研究，可以得出结论并为办公室照明设计提供有益的指导建议。

综上所述，实证研究方法在设计学跨学科研究中具有重要的价值，它能够促进深入理解复杂问题、理论构建与验证假设。

第八章　设计学跨学科研究的模型应用

数字模型作为设计研究的有效方法，通过简化复杂问题、概念化表达设计思路、支持思考实验、促进多学科协作和推动创新设计等手段，为设计研究提供了一个有力的工具，可帮助研究者深入探索和验证设计方案，获得关键的设计洞见。

第一节　数学模型概述与分类

数学模型是一种描述现实世界中各种现象和行为的数学工具，广泛应用于众多学科领域。在设计学研究中，其能够预测和优化设计结果，系统性分析设计问题，使设计过程更科学，验证和解释设计理论，以及支持设计决策。

通过应用数学模型，设计研究能够更加科学、系统和有效地进行，本节将阐释数学模型在设计学研究中的作用。

一、在设计学研究中的作用

1. 预测和优化设计结果

数学模型可以帮助设计者预测和优化设计结果。设计者通过建立适当的数学模型，可以模拟和分析设计变量之间的关系，从而提前了解不同设计结果，制订最佳设计方案。

2. 系统性分析设计问题

设计通常涉及多个变量和复杂的相互关系。数学模型提供了一种系统性的方法来分析这些设计问题。它帮助设计者厘清设计要素之间的关系，揭示潜在的因果关系，并提供全面的视角来解决设计问题。

3. 使设计过程更科学

数学模型基于精确的数学原理和公式，具有较高的精确度和可重复性。设计者使用数学模型进行设计研究，可以减少主观性和随机性的影响，使得设计过程更加科学可靠。

4. 理论验证和解释

数学模型可以用于验证和解释设计理论。通过将设计理论转化为数学模型，并对其进行定量分析和实证研究，设计者可验证理论的有效性，并为理论提供解释和支撑。

5. 支持设计决策

数学模型为设计决策提供支持。

二、设计学研究应用中的三类模型

设计学研究中常用的三类数学模型为评价模型、预测模型、分类模型。

1. 评价模型

评价模型用于评估和比较不同模型的性能与准确度。它通常基于一组已知的数据或标准答案，并通过与真实结果进行比较来判断模型的质量。评价模型可以使用各种指标和度量标准，以确定模型的预测能力和效果。

在设计应用研究中，评价模型可用于评估和比较设计方案、产品或用户体验的质量和效果。以下是评价模型在设计应用研究中的应用方式。

评估设计方案：评价模型可以用于评估不同设计方案的可行性、实用性和效果。通过收集用户反馈、观察用户行为或主观评价等数据，研究人员可以使用评价模型来比较不同设计方案的优劣，并选择最佳的方案进行进一步开发和改进。

用户体验评估：评价模型可以用于评估用户与设计产品或应用的交互体验。通过收集用户反馈、调查问卷、用户行为分析等数据，研究人员可以使用评价模型来衡量用户对设计产品的满意度、易用性和效果，从而提供改进和优化设计的建议。

用户研究和用户测试：评价模型可以在用户研究和用户测试中应用。通过使用合适的评价模型，研究人员可以收集和分析用户的反馈、行为和感受，了解用户需求、偏好和行为模式，从而指导设计决策和改进设计。

比较研究和竞品分析：评价模型可以用于比较研究和竞品分析。通过使用评价模型来比较设计方案与竞争产品或现有解决方案的优劣，研究人员可以发现设计方案的优势和改进的空间，为设计决策提供有力的依据。

数据驱动的设计决策：评价模型可以帮助设计者和研究人员做出数据驱动的设计决策。通过收集和分析评价模型所需的数据，研究人员可以基于数据和证据来指导设计决策，提高设计的效果和用户体验。

2. 预测模型

预测模型根据输入数据预测未来的结果或趋势。这些模型基于历史数据和模式，使用统计学方法、机器学习算法或其他数学技术来进行预测。

在设计应用研究中，预测模型可用于预测和模拟设计方案、产品或用户体验的效果。以下是预测模型在设计应用研究中的应用方式。

需求预测：预测模型可以用于预测用户需求和趋势，帮助设计者和研究人员了解未来可能的市场需求与用户偏好。通过分析历史数据和趋势，预测产品或设计方案的需求量、受欢迎程度和市场潜力，从而指导设计决策。

用户行为预测：预测模型用于预测用户在设计产品或应用中的行为互动模式。通过分析用户历史数据、用户行为模式和用户特征，预测用户的偏好、行为路径和使用习惯，帮助设计者优化用户体验、提供个性化的设计和定制化的服务。

效果评估和模拟：预测模型用于评估设计方案或产品的效果，并模拟不同设计决策的结果。通过构建预测模型，预测不同设计变量对用户体验、效果和日标指标的影响，给设计者提供参考。

市场趋势预测：预测模型用于预测设计领域的市场趋势和发展方向。通过分析相关数据和指标，预测产品市场的变化、趋势和新兴技术的发展，帮助设计者和研究人员把握未来发展方向。

优化设计方案：预测模型用于优化设计方案和产品参数的选择。通过建立预测模型，预测不同设计决策以及参数设置对设计方案的影响，帮助设计者找到最优的设计方案。

3. 分类模型

分类模型分为判别分析和聚类分析两大类。判别分析是一种基于研究对象分成若干类型，并已经取得各种类型的一批已知样本观测数据的方法。它通过建立判别式来根据某些准则对未知类型的样品进行分类。常见的判别分析方法包括距离判别法、费舍尔判别法、贝叶斯判别法和逐步判别法。

聚类分析是一种在给定一批样品的情况下，通过对样品之间的相似性进行分组，来确定样品类型的方法。常见的聚类分析方法包括系统聚类法、K— 均值聚类法、模糊聚类分析以及与遗传算法、神经网络或灰色理论联合的聚类方法。

分类模型在设计应用研究中，可以用于分类和识别设计元素、用户行为以及用户需求。以下是分类模型在设计应用研究中的应用方式。

图像分类：分类模型可以用于设计应用中的图像分类任务。例如，设计者可以使用分类模型来自动识别和分类不同的设计元素，如颜色、形状、纹理等。这可以帮助设计者更高效地浏览和组织设计资源，快速找到合适的元素。

用户行为分类：分类模型可用于识别和分类用户在设计应用中的行为模式。例如，通过分析用户的点击、浏览、购买等行为数据，分类模型可以自动识别用户的行为类型，如浏览行为、购买行为、搜索行为等。这有助于设计者全面深入地洞察用户行为模式，为用户提供个性化的设计服务。

用户需求分类：通过分析用户的调研数据、用户反馈和用户行为，分类模型可以自动分类和归类用户的需求类型，如功能需求、美学需求、性能需求等。这有助于设计者理解用户需求，识别用户的偏好，提供更有针对性的设计解决方案。

情感分类：通过分析用户的文本反馈、评论或社交媒体数据，并自动分类用户的情感类型，如积极、消极、中性等，帮助设计者了解用户对设计的情感反应，为用户提供更贴合其情感需求的设计体验。

用户群体分析：通过分析用户的特征数据、偏好和行为模式，分类模型可以将用户划分为不同的群体或用户类型，如年龄段、兴趣爱好、购买习惯等，使目标群体更精准，方便设计者为不同用户群体提供定制化的设计。

从以上来看，分类模型在设计应用研究中，可以用于图像分类、用户行为分类、用户需求分类、情感分类和用户群体分析，以及帮助研究者理解和识别设计元素、用户行为和用户需求。

综上所述，数学模型在设计学研究中具有评价、预测和分类的重要作用。它们提供量化的评估指标、预测设计性能和行为，并帮助研究者理解设计变化，为设计决策和优化提供科学依据。

第二节　评价模型类别与应用

评价模型由多种具体的方法构成，针对设计应用研究主要介绍层次分析法、灰色综合评价法、模糊综合评价法、BP 神经网络综合评价法以及组合评价法。这些方法都是常用的评估方法，用于进行综合评价和决策。它们在不同的评估对象、评价指标和应用场景下具有各自的特色和适用性。选择合适的评估方法需要考虑评估对象的特点、可用数据的质量和数量，以及评估目的和决策需求。在设计应用研究中，评价模型主要用于处理难以完全定量分析的问题，如选择哪种设计方案最好、选择何种设计要素或设计功能更合适。

一、层次分析法

层次分析法（Analytic Hierarchy Process，AHP）是一种多属性决策模型，用于解决具有层次结构的决策问题。它将决策问题分解为不同层次的准则、子准则和方案，并通过两两比较来确定它们之间的相对重要性。通过构建判断矩阵和计算特征向量，层次分析法可以得出最终的权重分配，从而进行决策或评估。

例如，某公司要在开发的 3 款新产品中，选择一款推向市场，主要考虑产品的哪些因素，产品美观性？功能性？交互性？这个时候就需要科学地选择决策工具。

运用层次分析法构造系统模型时，大体可以分为 4 个步骤：①建立层次结构模型；②构造判断（成对比较）矩阵；③层次单排序及其一致性检验；④层次总排序及其一致性检验。

将决策的目标、考虑的因素（决策准则）和决策对象按它们之间的相互关系分为目标层、准则层和方案层，绘出层次结构图，如图 8-1 所示。

目标层：决策的目标、要解决的问题。

准则层：考虑的因素、决策的准则。

方案层：决策时的备选方案。

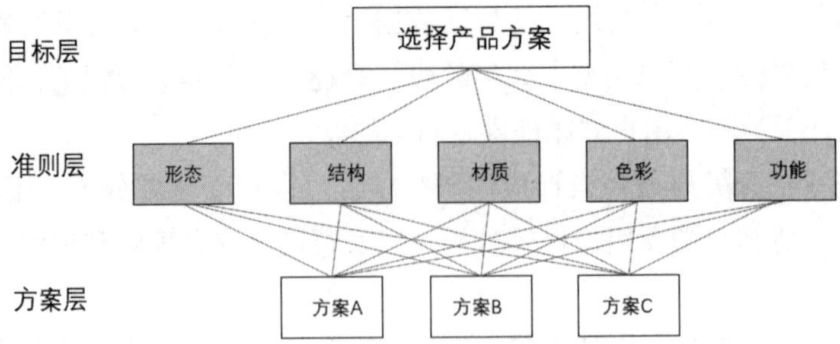

图 8-1 层次结构图

案例分析

一个产品设计团队正在开发一款儿童智能学习笔，可以使用层次分析法来确定不同准则（如形象、功能性、成本等）的相对重要性，并需要评估不同的外观设计方案。通过两两比较来建立判断矩阵，然后，根据计算得出的权重分配，选择具有最高综合评分的设计方案。

（1）确定评估准则：团队需要确定用于评估外观设计方案的准则。可能的准则包括外观美观性、符合品牌形象、功能性、制造成本等。这些准则应该与产品的目标和要求相一致。

（2）建立层次结构：将准则按照层次结构进行排列。例如，团队可以将外观美观性、符合品牌形象和功能性作为第一层准则，将制造成本作为第二层准则。

（3）两两比较：对于每个层次，团队都需要进行两两比较，以确定各个准则之间的相对重要性。比较可以使用 1 到 9 的尺度，其中 1 表示两个准则具有相同的重要性，9 表示一个准则远远重要于另一个准则。例如，团队可以比较外观美观性和符合品牌形象的重要性，然后比较它们与功能性的区别。

（4）构建判断矩阵：根据两两比较的结果，构建判断矩阵。判断矩阵是一个方阵，其中每个元素表示对应准则之间的相对重要性。例如，如果外观美观性与符合品牌形象的比较结果为 7，外观美观性与功能性的比较结果为 5，则判断矩阵的相应元素为 7 和 5。

（5）计算权重：使用层次分析法的数学计算方法，可以计算出每个准则的权重。这涉及对判断矩阵进行特征值分解和归一化处理。最终，我们得到每个准则的权重，表示其在整体评估中的相对重要性。

（6）评估设计方案：对于每个外观设计方案，团队可以将每个准则的权重与方案在该准则上的得分相乘，并对所有准则进行加权求和，得出方案的综合评分。最终，具有最高综合评分的设计方案被认为是最佳选择。

通过以上步骤，团队可以使用层次分析法对不同的外观设计方案进行定量评估，在评估过程中更好地理解各个准则的重要性，并选择最符合产品目标和要求的设计方案。

二、灰色综合评价法

灰色综合评价法是一种基于灰色系统理论的评价方法，适用于处理数据不完备或不确定的情况。它通过建立灰色关联度函数，将各个评价指标与被评价对象进行关联，并综合考虑各个指标的贡献程度，得出对被评价对象的综合评价结果。

案例分析

城市规划部门以可持续性为主要衡量标准，评估不同景观设计的方案。研究团队使用灰色综合评价法，将各个评价指标（如生态保护、资源利用、社会影响等）与景观设计方案进行关联，并综合考虑各个指标的贡献程度，得出对每个方案的综合评价结果。运用该方法，进行最后设计方案的评估与决策，具体步骤如下。

（1）确定评价指标：研究团队需要确定用于评估景观设计方案的可持续性的评价指标。这些指标包括能源利用效率、材料的环保性、空气质量、水资源管理等。这些指标应该与可持续性的目标和原则相一致。

（2）建立灰色关联度函数：对于每个评价指标，研究团队都需要建立灰色关联度函数，将评价指标与景观设计方案进行关联。灰色关联度函数可以基于专家知识或历史数据进行构建。例如，对于能源利用效率指标，研究团队可以建立一个灰色关联度函数来衡量每个设计方案在能源利用效率方面的表现。

（3）数据收集和处理：研究团队需要收集相关数据，包括每个评价指标在各个设计方案上的具体数值。如果某些数据不完备或不确定，则使用灰色理论中的灰色数学方法进行填充和处理，以获得更准确的评估结果。

（4）计算灰色关联度：使用灰色关联度函数和收集到的数据，计算每个评价指标与各个设计方案之间的灰色关联度。灰色关联度表示评价指标对于设计方案可持续性的贡献程度。

（5）综合评估：对各个设计方案，将各个评价指标的灰色关联度进行综合，得出对该方案可持续性的综合评价结果。使用加权平均或其他综合方法，根据不同指标的重要程度进行加权处理。

（6）选择最佳方案：最后比较各个设计方案的综合评价结果，并选择具有最高综合评分的方案作为最佳选择。这样的评估过程帮助团队更好地理解各个评价指标对于可持续性的影响，并选择最符合可持续设计原则的景观设计方案。

通过以上步骤，使用灰色综合评价法对不同的景观设计方案进行定量评估比较。这种评估过程可以更好地了解各个评价指标的贡献程度，为团队选择最优的设计方案提供决策依据。

三、模糊综合评价法

模糊综合评价法是一种基于模糊数学理论的评价方法，用于处理评价问题中的不确定性和模糊性。它通过建立模糊评价矩阵和模糊权重，将评价指标与被评价对象进行模糊关联，并使用模糊逻辑运算得出对被评价对象的综合评价结果。

案例分析

一个用户界面设计团队需要评估不同界面设计方案的易用性。团队使用模糊综合评价法将评价指标与界面设计方案进行模糊关联，并使用模糊逻辑运算得出对每个方案的综合评价结果。最后进行评估与决策，具体步骤如下。

（1）确定评价指标：团队确定用于评估界面设计方案易用性的评价指标，这些指标应该与良好的用户体验原则相一致，如可学习性、可理解性、操作效率、用户满意度等。

（2）建立模糊关联函数：对于每个评价指标，团队都需要建立模糊关联函数，将指标与界面设计方案进行关联。模糊关联函数可基于专家知识或用户调查数据进行构建。例如，对于可学习性指标，团队可建立一个模糊的关联函数，以衡量每个设计方案在学习曲线方面的表现。

（3）数据收集和处理：团队需要收集相关数据，包括每个评价指标在各个设计方案上的具体数值或模糊集合。如果某些数据不完备或不确定，可以使用模糊逻辑方法进行填充和处理，以获得更准确的评估结果。

（4）计算模糊关联度：使用模糊关联函数和收集到的数据，团队可以计算每个评价指标与各个设计方案之间的模糊关联度。模糊关联度表示评价指标对于设计方案易用性的贡献程度。

（5）综合评估：对于每个设计方案，可以将各个评价指标的模糊关联度进行综合，得出对该方案易用性的综合评价结果。接着使用模糊逻辑运算方法，如模糊加权平均或其他模糊推理方法，根据不同指标的重要程度进行加权处理。

（6）选择最佳方案：比较各个设计方案的综合评价结果，并选择具有最高综合评分的方案作为最佳选择。这样的评估过程可以帮助团队更好地了解各个评价指标对于易用性的影响，并选择最符合用户体验原则的界面设计方案。

通过以上步骤，运用模糊综合评价法，对不同的界面设计方案进行定量评估比较，这种方法可以更好地了解各个评价指标的贡献程度，并选择最符合良好用户体验原则的方案。

四、BP 神经网络综合评价法

BP 神经网络综合评价法是一种基于 BP 神经网络法的综合评价方法。它利用 BP 神经网络法的学习和适应能力，结合多个评价指标和数据，对某个对象或系统进行综合评价。通过学习样本数据来建立评价模型，该方法在实际应用中可以用于评估产品、服务、方案等的质量、性能和效果。

例如，设计案例的评估，下面是详细的步骤。

（1）确定评价指标：确定用于评估设计案例的评价指标。该指标可以是创新性、功能性、美观性、可行性等，根据具体的设计需求和目标，选择适当的评价指标。

（2）数据准备：准备一组已有的设计案例作为训练数据集，每个案例应包含对应评价指标的具体数值或分类结果。此外，还需要将数据集分为训练集和测试集，用于训练和验证 BP 神经网络模型。

（3）构建 BP 神经网络模型：使用训练集数据，构建一个 BP 神经网络模型。输入层的节点数量应与评价指标的数量相匹配，输出层的节点数量取决于评价结果的类型（回归问题或分类问题），中间隐藏层的节点数量可以根据实际情况进行调整。

（4）网络训练：使用训练集数据，对 BP 神经网络模型进行训练。通过反向传播算法和梯度下降优化方法，不断调整网络权重和偏置，使得网络输出与实际评价结果尽可能接近。

（5）网络验证：使用测试集数据，对训练好的 BP 神经网络模型进行验证。将测试集数据输入网络，得到网络的输出结果。将网络输出与实际评价结果进行比较，计算评估指标之间的误差或准确率。

（6）综合评估：对于新的案例，将其输入，通过已训练好的 BP 神经网络模型进行评估。网络的输出结果可以表示该案例在各个评价指标上的得分或分类结果。根据具体需求，可以使用加权平均或其他方法，将各个指标的得分综合起来，得出最终的综合评估结果。

（7）结果解释与决策：根据综合评估结果，研究者可以解释每个评价指标对于案例的重要性和贡献程度。根据具体需求和限制条件，可以选择得分最高或符合特定要求的案例作为最佳设计方案。

通过以上步骤，使用 BP 神经网络综合评价法对案例进行定量评估。这种方法可以更好地理解各个评价指标的影响，并选择最符合设计目标要求的方案。

案例分析

以一个产品设计为例进行说明，要评价一款智能手环的设计方案，按照以下步骤使用 BP 神经网络综合评价法：

（1）确定评价指标：确定评价智能手环设计方案的多个评价指标，如功能性、易用性、外观美感、材料质感等。这些指标可以通过专家访谈、用户调研和相关文献研究来确定。

（2）数据收集：收集智能手环设计方案的评价指标数据。通过用户调研、用户反馈、专家评审等方式获得数据，并将数据整理成适合 BP 神经网络输入的格式。

（3）构建 BP 神经网络模型：根据确定的评价指标和收集到的数据，构建 BP 神经网络模型。输入层的节点数与评价指标的数量相对应，输出层的节点数为 1。可以根据需要设置一个或多个隐藏层，并确定每个隐藏层的节点数。

（4）数据预处理：对收集到的评价指标数据进行预处理。例如，将数据进行归一化，确保数据在同一范围内。这可以提高 BP 神经网络的训练效果，并避免某些指标在计算中过度影响权重。

（5）网络训练：使用预处理后的数据对构建的 BP 神经网络模型进行训练。通过反向传播算法和适当的迭代次数，调整网络的权重和阈值，以使网络的输出值逼近实际的综合评价结果。

（6）模型评估：使用未参与训练的验证数据集，对训练好的 BP 神经网络模型进行评估。将智能手环设计方案的评价指标输入训练好的网络，通过前向传播得到网络的输出值，即综合评价结果。

（7）结果解释和应用：根据 BP 神经网络综合评价的结果，进行解释和应用。根据综合评价结果的数值大小或分类结果，对智能手环设计方案进行排序、分类或判断。同时，也可以分析网络权重和阈值的影响，了解各个评价指标对综合评价结果的贡献程度。

五、TOPSIS 法

TOPSIS 法（Technique for Order Preference by Similarity to Ideal Solution）是一种基于距离度量的组合评价方法。它通过计算每个评价指标与理想解和负理想解之间的距离，确定各个评价指标的相对重要性，并根据距离值进行综合评价和排序。

在设计学领域，TOPSIS 法可以应用于多个设计选项的评估和排序。以下是应用步骤。

（1）确定评价指标：确定用于评估设计选项的关键指标或准则。这些指标可以是性能参数、美学特征、用户需求等，根据具体的设计项目而定。

（2）构建决策矩阵：将每个设计选项的性能数据或评估值整理成一个决策矩阵。矩阵的行代表每个设计选项，列代表评价指标。

（3）标准化决策矩阵：对决策矩阵进行标准化，将各个评价指标的值转化为无量纲的相对值，以消除不同指标之间的量纲差异。

（4）确定理想解和负理想解：根据评价指标的性质，确定理想解和负理想解。理想解是在每个评价指标上取得最佳值的解，而负理想解是在每个评价指标上取得最差值的解。

（5）计算相似性指数：基于欧氏距离或其他相似性度量方法，计算每个设计选项与理想解和负理想解之间的相似性指数。相似性指数越接近 1，表示与理想解越相似，越接近 0，表示与负理想解越相似。

（6）计算综合评估指数：根据相似性指数，计算每个设计选项的综合评估指数。综合评估指数可以是相似性指数与权重之间的加权和或几何平均。

（7）排序和选择最佳设计选项：根据综合评估指数对设计选项进行排序，并选择具有最高评估指数的设计选项作为最佳方案。

TOPSIS 法可以将多个评价指标纳入综合考虑，帮助设计者进行决策和选择最适合的设计方案。这种方法能够量化和系统地比较不同设计选项的优劣，提供科学的决策依据。

案例应用：基于 TOPSIS 法的智能健康管理 App 适老化界面设计

在实际界面设计决策中，常需在若干候选方案之间进行比较并给出排序，以便选择最优方案。为保证评估过程的科学性与可复现性，本文采用 TOPSIS（逼近理想解排序法）作为多准则决策工具。TOPSIS 通过计算每一候选方案到“正理想解”与“负理想解”的距离，进而获得每一方案的贴近度，从而对方案优劣进行综合排序，便于决策者直观判断并作出选择。

1. 原始决策矩阵的构建

设计一款面向高龄用户的“智能健康管理 App”，选取五种界面适老化设计方案作为备选方案：

A1：大字号主题型（以放大界面核心文字字号为核心设计策略，适配高龄用户视觉退化特征）；

A2：语音导航型（以语音交互替代部分手动操作，降低高龄用户操作复杂度）；

A3：扁平化菜单型（简化界面菜单层级与视觉元素，提升高龄用户信息查找效率）；

A4：高度比配色型（强化界面文字与背景、功能按钮与周边区域的色彩对比度，优化视觉辨识度）；

A5：简洁按钮型（精简界面功能按钮数量、放大按钮尺寸并明确标注功能，降低操作误触率）。

评价维度包括五项：字体可读性、操作简便性、信息可达性、开发成本（成本型）及用户满意度。其中，除了“开发成本”为客观量化数值（以人民币元表示，成本越低越优），其余四项为主观评价指标，采用专家打分（1–10 分制）衡量，量表说明为：1 = 极差，10 = 极佳。为保证数据的可靠性，邀请专家进行独立评分，并以专家评分均值作为最终输入值，同时报告评分的标准差，具体如表 8–1。

表 8–1　各界面设计方案指标数值

方案	字体可读性	操作简便性	信息可达性	开发成本	用户满意度
A1 大字号主题型	9	6	7	6000	7
A2 语音导航型	7	8	8	8000	8
A3 扁平化菜单型	6	7	6	4000	6
A4 高对比配色型	8	5	9	3000	7
A5 简洁按钮型	5	6	5	2000	5

2. 归一化决策矩阵

为了确保各个指标具有相同的量纲，首先对决策矩阵进行标准化处理。

$$r_{ij}=\frac{x_{ij}}{\sqrt{\sum_{i=1}^{5}x_{ij}^{2}}}$$

各列平方和开根号后分别为：

$$\sqrt{255}\approx 15.97,\sqrt{210}\approx 14.49,\sqrt{255}\approx 15.97,\sqrt{129\times 10^{6}}\approx 11366,\sqrt{223}\approx 14.93.$$

通过标准化，从而得到了每个方案在各个标准下的标准化得分，如表 8–2：

表 8–2　各界面设计方案指标评价值得分

方案	r_{i1} 字体	r_{i2} 操作	r_{i3} 信息	r_{i4} 成本	r_{i5} 满意度
A1	0.5637	0.4142	0.4383	0.5281	0.4692
A2	0.4386	0.5523	0.5011	0.7035	0.5353
A3	0.3758	0.4831	0.3758	0.3520	0.4010
A4	0.5011	0.3452	0.5637	0.2640	0.4692
A5	0.3132	0.4142	0.3132	0.1760	0.3342

3. 加权归一化矩阵

接下来，需要计算每个标准的加权得分（如表 8–3 所示），各指标等权重 $w_j = 0.2$，

$$v_{ij}=0.2\times r_{ij}.$$

表 8–3　加权归一化矩阵

方案	v_{i1}	v_{i2}	v_{i3}	v_{i4}	v_{i5}
A1	0.1127	0.0828	0.0877	0.1056	0.0938
A2	0.0877	0.1105	0.1002	0.1407	0.1071
A3	0.0752	0.0966	0.0752	0.0704	0.0802
A4	0.1002	0.0690	0.1127	0.0528	0.0938
A5	0.0626	0.0828	0.0626	0.0352	0.0668

4. 正理想解 V^* 与负理想解 V^-

效益型（字体、操作、信息、满意度）取最大值；成本型取最小值。

$V^*=(0.1127,0.1105,0.1127,0.0352,0.1071)$, $V^-=(0.0626,0.0690,0.0626,0.1407,0.0668)$.

5. 计算欧氏距离 D_i^+与 D_i^-，如表 8-4 所示：

$$D_i^+=\sqrt{\sum_j\left(v_{ij}-V_j^*\right)^2}$$

$$D_i^-=\sqrt{\sum_j\left(v_{ij}-V_j^-\right)^2}$$

表 8-4　各方案与理想解的欧氏距离

方案	D_i^+	D_i^-
A1	0.0808	0.0727
A2	0.1091	0.0734
A3	0.0704	0.0788
A4	0.0492	0.1112
A5	0.0862	0.1067

6. 贴近度 C_i 及排序

最后，通过计算每个方案的贴近度来评估其综合优劣。贴近度公式如下：

$$C_i=\frac{D_i^-}{D_i^+ + D_i^-}$$

计算得出的结果，如下表 8-5 所示：

表 8-5　贴进度与排序结果

方案	C_i	排序
A4	0.6932	1
A5	0.5530	2
A3	0.5282	3
A1	0.4738	4
A2	0.4022	5

从上述结果来看，最佳推广方案为 A4 高对比配色型（ $C_4=0.6932$ ）。在确保关键信息可见性与可达性的前提下，采用高对比度的色彩组合与明显的界面边界，可显著

提升界面元素的辨识度与可认知性。基于 TOPSIS 分析，A4 在开发成本上虽然不是最低，但是综合各项指标来看，是最接近理想的适老界面方案。该分析方法帮助设计团队将多种适老化优化策略进行量化比较，从而找到最优平衡，并据此优先实施高对比配色型的方案。

第三节　预测模型类别与应用

定性研究与定量研究的结合是科学预测发展趋势的方法。在实际预测工作中，应该将定性预测和定量预测结合起来使用，即在对系统作出正确分析的基础上，根据定量预测得出的量化指标，对系统未来走势作出判断。

一、时间序列分析法

时间序列分析法是一种用于研究时间序列数据的统计方法，目的是揭示和理解数据中的模式、趋势、周期性和随机性，并进行预测和推断。它包含描述性统计分析、平稳性检验、季节性分析、时间序列模型的建立、参数估计、模型诊断以及预测和推断等步骤。该分析方法的目标是通过对数据的统计建模和分析，从中提取有关趋势的信息。

在设计领域，首先，时间序列分析法可以帮助设计者理解用户，根据用户在使用过程中的行为和偏好，制定相应的设计策略。其次，它能用于研究和分析设计过程中的时间相关数据，以揭示设计变化、趋势和模式，从而获得对设计决策和创新的洞察，具体包含如下几个方面。

（1）用户行为分析

设计者可以收集和分析用户在设计产品上的行为数据。通过时间序列分析，设计者可以了解用户在不同时间点的行为变化，如他们在使用产品时的交互模式、偏好和使用频率。这些信息可以帮助设计者改进产品的用户体验，优化界面设计和功能布局。

（2）用户反馈分析

时间序列分析法可用于分析用户对设计产品的反馈和评价。设计者通过收集用户的反馈数据，如用户调查结果、评论和评分。通过时间序列分析，设计者可以识别出用户反馈的趋势和模式，了解用户的满意度和改进需求。这有助于设计者及时采取措施，改进产品设计并满足用户期望。

（3）市场趋势分析

利用时间序列分析法来研究市场的变化趋势和周期性。通过收集和分析市场数据，如销售额、用户增长率、市场份额等，有利于设计者了解产品在市场上的表现和竞争对手的动态。这有助于设计者调整产品策略、开发创新功能，并预测未来市场需求。

（4）设计迭代优化

时间序列分析法可帮助设计者监测和评估设计迭代的效果。设计者可以收集和比较不同版本的设计数据，如用户参与度、使用率和满意度。通过时间序列分析，设计者可以了解每个设计迭代的影响和改进程度，以便做出进一步的调整优化。

（5）趋势预测

利用时间序列分析法来预测设计趋势和用户需求的变化。通过分析历史数据和市场趋势，设计者可以识别出潜在的设计趋势，以及用户喜好的变化。这使设计者能够提前做出调整，以适应未来的设计变化。

总之，时间序列分析方法的选择取决于设计研究的具体内容、数据性质、目标以及分析的具体背景。它提供了一种系统性的方法，理解和利用时间序列数据中的信息，从而为预测、规划和决策提供支持。

二、组合预测法

组合预测法（Ensemble Forecasting）是一种将多个独立预测方法的预测结果结合起来，以获得更准确、可靠的预测结果的技术。它利用不同模型的优势和多样性，通过组合提高整体的预测准确性和稳定性。

该方法的基本思想是将多个独立预测方法的预测结果进行加权平均，以得到集成预测。每个独立模型可以是不同的算法、不同的参数设置或不同的数据处理方法。通过结合多个模型的预测结果，有效地减少单个模型的偏差，从而提高整体的预测准确性。

常见的组合预测方法包括：

加权平均法（Weighted Averaging）：为每个独立模型分配权重，并将它们的预测结果加权平均，得到最终的集成预测结果。权重可以根据模型的准确性、稳定性或其他评估指标来确定。

堆叠法（Stacking）：通过训练一个元模型（Meta-model）来组合多个基础模型的预测结果。基础模型的预测结果作为输入特征，元模型用于生成最终的集成预测结果。

投票法（Voting）：基于多数投票的原则，将多个独立模型的预测结果进行投票统计，得到最终的集成预测。可以采用简单投票、加权投票或层次化投票等方式。

堆积泛化法（Stacked Generalization）：类似于堆叠法，但通过交叉验证的方式来训练基础模型和元模型，以减少过拟合风险并提高泛化能力。

在设计领域应用时，组合预测法可以用于预测用户对设计产品的评价或喜好，以指导设计决策和改进设计方案。

案例分析

以下是一个在设计领域应用组合预测法的案例。

某家具设计团队希望设计一款新的沙发，以满足客户的需求和喜好。为了预测不同设计方案的受欢迎程度，可以使用组合预测法来集成多个独立的评估模型。具体步骤如下。

（1）数据收集：收集一系列过去的设计案例和相应的用户评价数据。每个设计案例都有一组特征（如材料、颜色、形状等）和相应的用户评分反馈。

（2）独立评估模型：建立多个独立的评估模型，每个模型都使用不同的方法，如回归模型、决策树模型、神经网络模型等。每个模型都将设计特征作为输入，预测用户对设计的评分或喜好。

（3）模型训练和验证：使用部分数据集来训练每个独立模型，并使用剩余的数据集进行验证，评估模型的准确性。通过交叉验证等技术，确定每个模型的预测能力。

（4）组合预测：根据独立模型的预测结果，采用加权平均法、投票法或其他组合方法，将它们的预测结果进行集成。每个模型的预测结果可以根据其在验证过程中的准确性和性能进行加权或投票。

（5）最终决策：通过组合预测方法得到一组集成的设计评分或喜好预测结果。根据这组预测结果，评估不同设计方案的受欢迎程度，并基于预测结果做出最终的设计决策，选择最有可能受到用户喜欢的设计方案。

通过应用组合预测法，充分利用多个独立评估模型的优势，将它们的预测结果结合起来，提供更准确、全面的设计预测。这有助于设计者在产品开发过程中做出更明智的决策，以满足客户的需求。总之，组合预测法可以帮助研究者综合多种预测方法的预测结果，提高预测的准确性和可靠性。通过将各个预测结果结合起来，更好地理解市场趋势、用户需求和产品销售等方面的变化，并基于预测结果做出相应的决策。

三、灰色预测法

灰色预测法（Grey Forecasting）是一种基于灰色系统理论的预测方法，用于处理具有少量数据和缺乏信息的问题。它适用于那些缺乏完整历史数据或存在不确定性的情况，通过对数据进行灰色建模和分析，进行短期预测或趋势推断。

该方法由中国科学家陈裕昌于 1982 年提出，它的基本思想是将系统中的主要因素分为两类：发展趋势因素和随机波动因素。发展趋势因素通常受到系统内部因素和外部因素的影响，具有一定的规律性和可预测性；而随机波动因素是难以预测和控制的。其主要方法是将数据序列分为已知数据和未知数据两部分，已知数据被称为“发展序列”，未知数据被称为“预测序列”。通过对发展序列进行灰色关联度分析，建立灰色模型，然后利用该模型对预测序列进行预测。

在设计领域的应用中，灰色预测法可以用于预测设计趋势以及评估设计方案。

案例分析

以下是一个在设计领域应用灰色预测法的案例。

某家室内设计公司要预测未来几个季度的家居设计趋势，以指导设计的开发。使用灰色预测法来进行短期趋势预测，运用方法步骤如下：

（1）数据收集：收集过去几个季度的家居设计数据，包括设计风格、色彩趋势、材料选择等方面的信息。从市场调研、行业报告、设计展览等渠道，获取数据资料。

（2）数据预处理：对收集到的数据进行预处理，包括去除异常值、平滑数据等操作，以减少数据的随机波动。

（3）灰色建模：使用灰色预测法进行灰色建模。可以采用灰色关联度分析、灰色驱动模型等方法，根据实际情况选择合适的模型。

（4）模型训练和验证：使用历史数据对建立的模型进行训练，并采用交叉验证等技术来评估模型的准确性。

（5）趋势预测：根据建立的预测模型，对未来几个季度的家居设计趋势进行预测。预测模型可以提供关于设计风格、色彩趋势、材料选择等方面的预测结果。

（6）预测评估和修正：对预测结果进行评估，并根据实际观测数据进行修正和调整。这有助于提高预测的准确性和稳定性。

通过应用灰色预测法，基于历史数据和趋势性规律，对未来的家居设计趋势进行预测。这有助于设计者做出最合适的决策，以适应未来发展的设计潮流。

四、回归分析法

回归分析法是一种统计分析方法，用于探索和建立两个或多个变量之间的关系。它通常用于预测一个变量（称为因变量）的值，基于另一个或多个变量（称为自变量）的值。回归分析法的作用是确定自变量与因变量之间的关系，通过分析已知数据的模式和趋势，推断出变量之间的关系，并用于预测或解释因变量的变化。

在设计学领域，回归分析法可应用于多个领域，具体如下：

（1）预测和趋势分析：回归分析法通过收集和分析设计变量（如颜色、形状、尺寸等）与用户反馈或市场数据之间的关系，预测和解释设计变量对产品的影响。例如，通过回归分析，预测产品某个特定设计变量（如包装颜色）与销售量之间的关系，并了解不同设计变量对销售趋势的影响。

（2）效果评估：回归分析法可用于评估设计变量对特定目标的影响。例如，在产品设计中，使用回归分析法来确定设计变量（如界面布局、图标样式等）对用户体验的影响程度，有助于优化产品设计。

（3）因果关系分析：回归分析法帮助设计者理解设计变量与用户反应之间的因果关系。通过回归分析法，识别哪些设计变量对用户满意度、使用体验或其他特定指标产生最大的影响。这有助于科学指导设计决策和优化设计策略。

总之，回归分析法在用户体验研究中的具体应用过程，因研究问题和数据类型的不同而变化。在使用回归分析法时，需要根据具体情况选择合适的回归模型和方法，并对数据进行恰当的处理，以确保分析结果的准确性和可靠性。

五、BP 神经网络法

BP 神经网络法是一种基于人工神经网络的预测方法，如图 8–2 所示，用于解决模式识别、预测和分类等问题。它通过反向传播算法来训练神经网络，使其能够学习和适应输入数据的模式，并进行准确的预测和分类。

在设计领域，BP 神经网络法可以应用于预测市场趋势、用户行为、产品受欢迎程度等方面，帮助设计团队做出相应的决策规划。

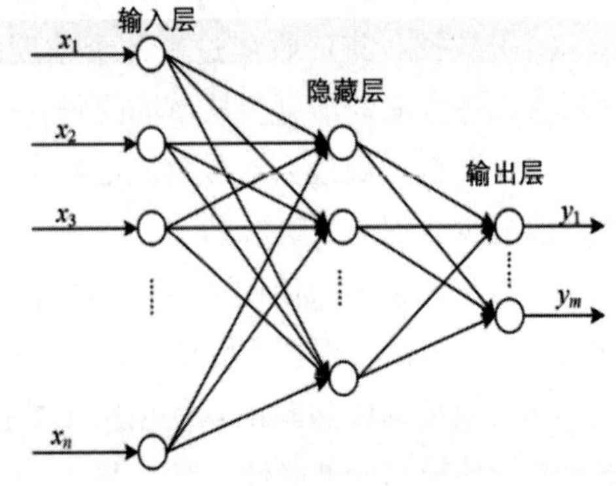

图 8–2　BP 神经网络法

下面是将 BP 神经网络法与设计领域案例结合使用的详细过程。

假设一家设计公司希望开发一种智能家居系统，能够通过识别用户的声音指令来控制家电设备。设计团队决定使用 BP 神经网络法来训练一个语音识别模型，以实现这一目标，步骤如下。

（1）数据收集：设计团队收集大量的语音指令数据集，其中包括不同用户的声音样本和相应的语音指令标签。这些数据将用于训练和测试 BP 神经网络模型。

（2）数据预处理：在使用 BP 神经网络之前，设计团队需要对语音数据进行预处理。这包括将声音样本转换为数值表示，以便 BP 神经网络可以处理。

（3）网络架构设计：根据需求和数据特征，设计 BP 神经网络的架构。包括确定输入层的节点数和输出层的节点数，选择隐藏层的数量和节点数，以及选择合适的激活函数和损失函数。

（4）网络训练：设计团队将数据分为训练集和验证集，使用训练集对 BP 神经网络进行训练。在训练过程中，通过反向传播算法，BP 神经网络根据输入数据的误差逐步调整权重和偏置，以提高预测的准确性。

（5）模型评估：使用验证集来评估训练好的 BP 神经网络模型的性能。计算该模型在验证集上的预测准确率、精确率、召回率等指标，以评估其对语音指令的识别能力。

（6）预测和优化：在 BP 神经网络模型经过充分训练和验证后，设计团队就可以使用它来预测和识别新的语音指令。如果在实际应用中发现该模型的预测准确性有待改进，可以进一步优化模型，如增加训练数据量、调整网络结构或改进特征提取方法。

通过 BP 神经网络法的应用，设计公司能够训练一个智能家居系统，实现对用户声音指令的识别和控制。这种方法在设计智能产品、语音识别和人机交互等领域具有广泛的应用潜力。

第四节　分类模型类别与应用

分类模型在数学模型中的作用，是通过学习已有数据的模式和特征，对新数据进行分类、预测和判定，为决策提供支持，并帮助识别数据中的重要特征。它在许多领域都有广泛的应用，将其引入设计学领域具有重要作用。

一、系统聚类法

系统聚类法（System Clustering）是一种常用的数据分析方法，用于将一组对象或数据点划分为相似的群组或簇。它通过计算样本之间的距离或相似度，逐步合并最相似的样本，形成一个层次化的聚类结构。

在设计研究中，系统聚类法可以应用于市场细分、用户群体划分、产品分类等方面，帮助设计者理解和发现数据中的潜在模式与关联关系，并为设计决策提供有关群组之间的相似性和差异性的信息。

以下是一个与设计学相关的案例，说明系统聚类法的应用过程。

例如，开发一款新的户外运动鞋，并希望通过系统聚类法，了解不同顾客群体的需求和偏好，以便针对不同群体设计定制化的产品。

（1）数据收集：收集关于户外运动鞋的市场调研数据，包括消费者的购买偏好、喜好、需求等信息。这些数据将用作系统聚类的输入。

（2）数据准备：在应用系统聚类法之前，设计者需要对数据进行准备和处理。这包括数据清洗、归一化或标准化等，以确保数据的一致性。

（3）特征选择：从收集到的数据中选择适当的特征来描述户外运动鞋的顾客群体。这些特征包括鞋款风格、功能特点、价格范围等。选择合适的特征对于聚类结果的准确性和有效性至关重要。

（4）聚类算法选择：设计者选择合适的聚类算法来执行系统聚类。常见的聚类算法包括K-均值聚类法（K-Means Clustering）、层次聚类法（Hierarchical Clustering）和密度聚类法（DBSCAN）等。

（5）聚类分析和结果解释：应用选择的聚类算法对数据进行聚类分析。算法将根据相似性将顾客群体划分为不同的簇。然后，设计者对聚类结果进行解释分析，了解每个簇的特征。这有助于设计者发现不同群体之间的共同特征和差异，为产品设计提供指导。

（6）结果应用和策略制定：基于对聚类结果的理解，设计者可以针对不同的顾客群体作出相应的产品设计。例如，可以为每个簇开发不同的鞋款样式、功能特点和定价策略，以满足不同群体的需求。

通过系统聚类法的应用，深入了解不同顾客群体的需求，从而为设计和营销提供有关群体之间相似性和差异性的重要信息。这种方法在市场细分、用户研究和产品定制化等领域具有广泛的应用潜力。当然，具体的案例应根据设计领域的需求和数据特点进行相应的调整。

二、模糊聚类分析

模糊聚类分析（Fuzzy Clustering Analysis）是一种聚类分析方法，它允许一个数据点属于多个不同的聚类，而不是被硬性地分配到一个聚类中。模糊聚类分析在数据集中找到相似的数据点，并将它们组合成不同的聚类。

模糊聚类分析的主要步骤包括以下几点。

（1）初始化：选择聚类中心的个数和初始隶属度值。

（2）计算隶属度：根据初始隶属度值和聚类中心，计算每个数据点对于每个聚类中心的隶属度。

（3）更新聚类中心：根据隶属度值更新聚类中心的位置。

（4）重复步骤 2 和步骤 3，直至达到停止准则（如最大迭代次数或聚类中心稳定不变）。

（5）结果解释：根据最终的聚类中心和隶属度值，解释每个数据点对于每个聚类的隶属程度，确定每个数据点所属的聚类。

案例应用

汽车制造公司希望设计一款适用于不同用户群体的新型电动汽车。为了解不同用户的需求和偏好，公司进行了市场调研，并收集了一些相关数据。

首先，收集关于用户的基本信息，如年龄、性别、职业等。然后收集一些关于用户对电动汽车的偏好的数据，如续航里程、车内空间、外观设计等。

其次，使用模糊聚类算法来对用户进行分组，以便更好地理解他们的需求与偏好。然后需要确定聚类的数量。在案例中，选择将用户分为三个群体：年轻人、家庭用户和商务用户。因此设置三个聚类中心，初始隶属度值可以随机设置或均匀分布。

最后，将用户的基本信息和偏好数据输入模糊聚类算法。算法将根据用户的特征和偏好，将他们分配到不同的群体中。对于年轻人群体，希望设计一款外观时尚、车内空间较大的电动汽车；对于家庭用户群体，希望设计一款续航里程较长、车内空间较大的电动汽车；对于商务用户群体，更希望设计一款续航里程较长、智能驾驶功能较强的电动汽车。

通过模糊聚类分析，根据用户的基本信息和对电动汽车的偏好的数据，将他们分配到不同的群体，并根据每个群体的需求与偏好设计一款合适的电动汽车。通过此案例分析，模糊聚类的应用可以更好地理解用户的偏好，从而设计出更符合市场需求的产品。总之，这种以数据驱动的设计方法，通过运行模糊聚类算法，能够获得有关用户的有价值的信息。

三、K—均值聚类法

K—均值聚类法是将数据点分成不同的聚类，使每个数据点都属于一个聚类，并且每个聚类中心都尽可能接近其内部的数据点。这个算法的核心思想是将数据点分配到距离它最近的聚类中心，然后更新聚类中心，直至达到收敛准则。

例如，研究团队希望根据客户对家居风格的喜好，将他们分成不同的群体。他们收集了 100 个客户的调研数据，其中包括两个特征：一是对现代风格的喜好程度（评分范围为 1 ～ 10），二是对传统风格的喜好程度（评分范围为 1 ～ 10），将使用 K—均值聚类法将这些客户分成三个群体。

首先，让我们看一下数据集的一部分，如表 8–6 所示。

表 8–6 客户调研的两个特征喜好程度评分

客户编号	现代风格喜好程度	传统风格喜好程度
1	8	3
2	6	7
3	9	2
4	5	6
5	7	4
……	……	……

现在，按照以下步骤应用 K—均值聚类法。

（1）初始化聚类中心

随机选择三个数据点作为初始聚类中心。假设我们选择客户编号为 10、25 和 80 的客户作为初始聚类中心。

（2）分配数据点到最近的聚类中心

对于每个客户，计算它与每个聚类中心之间的距离，并将其分配给距离最近的聚类中心。例如，客户 1 与聚类中心 10 的距离为 5，与聚类中心 25 的距离为 8，与聚类中心 80 的距离为 12，因此客户 1 被分配到聚类中心 10 所代表的群体中。

（3）更新聚类中心

对于每个聚类，计算该聚类中所有数据点的平均值，并将该平均值作为新的聚类中心。例如，聚类中心 10 所代表的群体中有客户 1、6、11 等，他们对现代风格的喜好程度平均值为 7，对传统风格的喜好程度平均值为 4，因此新的聚类中心为 7、4。

（4）重复步骤（2）和（3）

重复执行步骤（2）和（3），直到聚类中心不再发生变化或达到预定的迭代次数。

（5）结果分析

根据最终的聚类结果，通过分析确定每个聚类中心所代表的群体特征。例如，聚类中心 10 所代表的群体是对现代风格较为喜好、对传统风格不太感兴趣的客户群体；聚类中心 25 所代表的群体是对传统风格较为喜好、对现代风格不太感兴趣的客户群体；聚类中心 80 所代表的群体，是对现代风格和传统风格都有较高喜好程度的客户群体。

当然，上述过程只是一个简单的示例，实际应用中可能需要根据具体情况进行参数调整、数据预处理等操作，以获得更好的聚类效果。同时，还可以通过可视化工具将聚类结果呈现出来，以便更好地理解和解释数据。

总之，K—均值聚类法是一种有用的工具，可以帮助设计者了解用户的偏好和反应。通过收集数据、初始化聚类中心、分配数据点到聚类中心、更新聚类中心、可视化结果和分析结果，设计者可获得有关用户的有价值的信息。

四、神经网络

神经网络（Neural Network）是一种计算模型，它由大量的节点（称为神经元）和它们之间的连接组成，如图 8–3 所示。这些节点和连接可以模拟人类神经系统的工作原理，用来进行分类、回归、聚类等任务。

神经网络的工作原理来源于人类神经系统的启发，设计灵感来自对生物神经元的理解，以及人脑中神经元之间相互连接和通信的方式。其基本单元被称为人工神经元或节点，它们与生物神经元有一些相似之处。生物神经元接收来自其他神经元的输入信号，通过树突传递这些信号，并在细胞体中进行处理，然后通过轴突传递输出信号。类似地，人工神经元接收来自其他节点的输入，通过加权连接进行信号传递，并在节点中进行计算，然后通过输出传递给其他节点。由此可见，神经网络结合了生物神经元的特点和计算机科学的方法，以实现信息处理、学习和适应的功能。

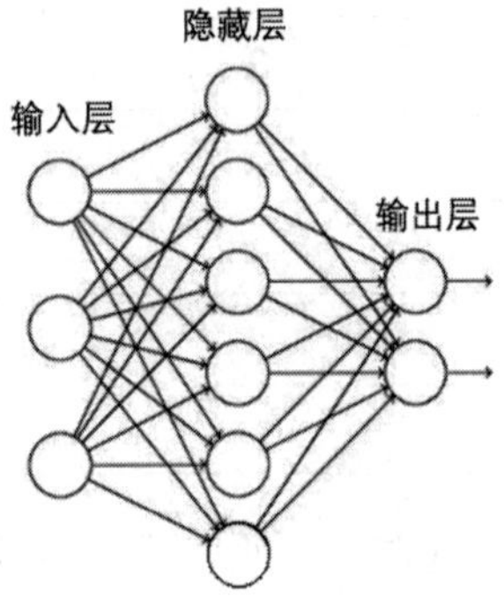

图 8–3　标准神经网络

可用一个比喻来解释神经网络的原理：

如果你是一个美食家，想要评估一道菜的美味程度。你通过嘴巴来感受食物的味道，并将这些信息传递给大脑。你的大脑由许多神经元组成，它们在信息处理过程中发挥着重要的作用。

现在，让我们将这个比喻应用到神经网络中。假设你正在训练一个神经网络来识别食物的美味程度。神经网络的输入层就像是你的嘴巴，它接收食物的各种特征，如味道、香气和质地。这些特征通过连接到下一层的神经元传递。

接下来是隐藏层，就像你的大脑。隐藏层中的神经元负责处理输入层传递过来的信息，并提取出更高级的特征。每个神经元都有自己的权重，类似于你大脑中神经元之间的连接强度。

最后是输出层，它决定了这道菜的美味程度。输出层中的神经元根据隐藏层传递过来的特征进行评估，并给出一个分数，表示这道菜的美味程度。这个分数就是你对菜肴的评分。

在训练过程中，神经网络会根据实际的评分结果进行调整，以使其对菜肴的评估更加准确。这就好像你尝试了很多不同的菜肴，并根据自己的喜好和反馈来调整评分标准，逐渐提高对美味程度的判断能力。

通过这种方式，神经网络能够学习从输入数据中提取有用的特征，并根据这些特征进行预测或分类。它的强大之处在于可以自动学习和适应，从而处理各种复杂的任务，就像你能够通过尝试和调整来不断提高对美味程度的判断能力一样。

案例分析

例如，设计研究者希望通过用户对房间颜色的喜好，来预测用户对特定房间颜色方案的评分。首先，收集 100 个客户的调研数据，其中包括三个特征：房间的整体亮度（范围为 0 ～ 1）、主要颜色的饱和度（范围为 0 ～ 1）和辅助颜色的对比度（范围为 0 ～ 1）。其次，使用神经网络来建立一个回归模型，并根据这些特征预测客户对颜色方案的评分（范围为 1 ～ 10）。以下是数据集的一部分，如表 8-7 所示。

表 8-7　数据集评分

客户编号	整体亮度	主要颜色饱和度	辅助颜色对比度	评分
1	0.8	0.6	0.4	7
2	0.5	0.3	0.8	6
3	0.9	0.7	0.6	8
4	0.6	0.4	0.3	5
5	0.7	0.5	0.2	6
……	……	……	……	……

现在，按照以下步骤运用神经网络来建立回归模型。

（1）数据预处理：将数据集分为训练集和测试集。例如，可以将 80% 的数据用于训练，20% 的数据用于测试。同时，对特征进行标准化，确保它们具有相似的尺度。

（2）模型构建：选择一个适当的神经网络架构来建立回归模型。例如，使用多层感知机（MLP）作为神经网络模型，该模型包括输入层、隐藏层和输出层。

（3）模型训练：使用训练集来训练神经网络模型。通过反向传播算法和优化器，神经网络模型会根据输入特征和对应的评分进行迭代优化，以最小化预测值与实际评分之间的误差。

（4）模型评估：使用测试集来评估神经网络模型的性能。计算预测评分与实际评分之间的误差指标，如均方根误差（RMSE）或平均绝对误差（MAE），来衡量神经网络模型的准确性。

（5）模型应用：在训练好神经网络模型并评估其性能后，可以将其应用于新的未知数据。例如，当有一个新客户的颜色特征时，就可以将这些特征输入经过训练的神经网络模型，以预测客户对颜色方案的评分。

由此可知神经网络在设计中的应用过程，包括数据预处理、模型构建、模型训练、模型评估和模型应用。通过这个研究步骤，利用神经网络来预测特定方案的评分，研究者就可做出好的设计决策。

第九章　设计学跨学科的未来设计

第一节　未来设计的概念与新挑战

随着信息技术的飞速发展和智能化的兴起，设计不再局限于物质层面，而是拓展到数字化、智能化的领域，未来设计不仅仅是技术的问题，更要考虑社会、文化、政治等多方面的因素。设计者需要深入了解新兴科技的发展趋势，并关注社会变革的动态。

一、未来设计的概念

未来设计是面向未来的设计理念和实践，它关注技术、社会、文化等方面的变化趋势，力求提升设计的前瞻性、适应性和可持续性。未来设计需要设计者具备系统性的思维方式和跨学科的知识结构，能够综合运用不同学科领域的知识技术，面向未来的挑战和机遇。

许多学者对于未来设计的概念进行了探讨。设计师唐纳德·诺曼（Donald Norman）提出了“用户中心设计”（User-Centered Design）的概念，强调设计应该从人的需求和体验出发，创造更智能、更人性化的设计成果。另外，约翰·埃尔金顿（John Elkington）提出了“三重底线”理论（Triple Bottom Line），强调在商业决策中同时考虑经济、社会和环境三个维度。虽然该理论最初应用于商业领域，但它在设计、创新和可持续性等方面的应用非常广泛。美国设计者鲍勃·格林伯格（Bob Greenberg）提出了“未来主义设计”的概念，强调未来设计需要关注科技、环境和社会的变化趋势，该设计理念更有前瞻性和可持续性。此外，诺曼在《设计心理学》中还讨论了感知与设计之间的关系，尤其是未来设计如何通过符号、界面和交互来影响用户的认知和感知。国内，付志勇提出了“设计未来”的理念，倡导以未来思维引领社会变革，进行对未来的谋划。从以上观点来看，未来设计将在技术、文化、体验等层面不断发展、继续演变，为人们生活带来更多创新的可能性。

具体而言，未来设计是将跨学科的知识和技能运用到设计过程中，强调设计者需要具备预测、创新和协作的能力，以适应快速变化的社会环境。在未来设计中，数据分析、人工智能、数字化制造等新技术将成为设计的重要工具和手段。此外，设计者还需要关注可持续性、用户体验和社会责任等方面的问题，以满足未来社会的需求。

从总体上看，未来设计是对传统设计的升级，它强调设计者的前瞻性、开放性和跨界思维。设计者将发挥更多的创意和想象力，与其他领域的专业人士合作，共同应对未来的挑战与机遇。

二、未来设计的主要特征

从可持续性到数字化转型，从用户体验到人机交互，设计将成为塑造未来的重要力量。为了更好地把握未来的设计方向，未来设计的主要特征有以下几点。

（1）技术赋能

技术推动未来设计的发展。随着技术的不断进步，计算机视觉、机器学习、深度学习、自然语言处理、脑机接口、知识图谱、人机交互、自主无人系统等新兴技术被广泛应用于各个领域，如图 9-1 所示。这些新技术为设计者提供了更实用的技术方法。例如，通过使用虚拟现实技术，设计者可以模拟和体验产品的效果，从而更好地评估设计方案。此外，人工智能技术的应用让设计过程变得更加智能，如自动生成设计方案、生成式设计效果图、以图生图等。这些技术的运用使得今后的设计更高效、更便捷、更具有创新性。

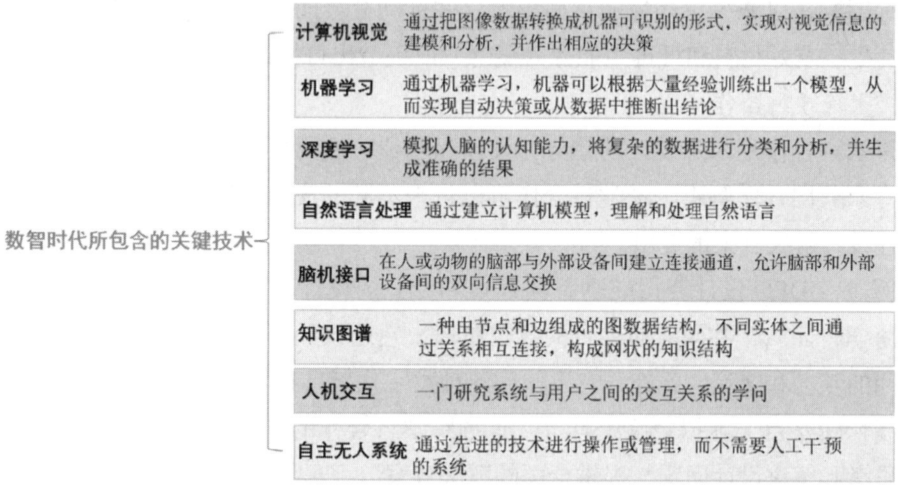

图 9-1　数智时代关键技术介绍

（2）数据驱动

数据驱动型思维是未来设计的主要特征之一。设计者需要通过对大量数据的收集、整理和分析，来了解用户的需求、行为和偏好，从而指导设计过程。这些数据来自各种渠道，如用户调研、用户行为分析、市场分析等。通过深度挖掘这些数据，设计者能够更好地了解用户的需求和行为，为用户提供更个性化、更优质的设计服务。数据在日后的设计中起着举足轻重的作用。通过收集、分析和应用数据，设计者可以获得对用户行为、需求和趋势的深入洞察，从而更好地满足用户的期望。数据驱动的设计方法可以提供个性化、定制化的解决方案，并帮助设计者预测和适应市场变化。

比如，亚马逊的个性化推荐系统。该系统利用机器学习算法分析和预测用户的兴趣，并基于用户的购买历史、浏览行为和偏好数据，向用户推荐符合其个性化需求的产品。这种数据驱动的设计方法不仅提升了用户体验，也促进了销售增长。

（3）群智设计

群智设计是指通过广泛的参与和协作，将集体智慧应用于设计过程中，共同解决设计问题和创造设计方案。核心理念是将设计过程开放给更多的人参与，从而利用集体智慧和多样化的观点来产生更好的设计结果。参与者可以来自不同背景、专业领域和地理位置，他们的经验和视角的多样性，有助于提供更全面和创新的设计思路。例如，乐高创意（LEGO Ideas）平台允许 LEGO 爱好者提交自己的创意设计，并通过投票和评审机制选出最受欢迎的设计，然后由 LEGO 公司生产和销售。这种群智设计的模式不仅扩大了设计者的范围，还增加了产品的多样性和市场吸引力。

（4）可持续性

可持续性是未来设计的重要特征之一。随着全球环境问题的加剧，设计领域也越来越注重可持续发展。未来设计将更加注重环保、节能、可循环使用等方面，以便更好地满足社会和环境的需求。在设计过程中需要考虑环境保护、资源利用效率和社会责任等因素，以减少对环境的负面影响，并推动社会的可持续发展。同时，强调循环经济、生态友好材料和可再生能源等概念，以创造出可持续性的产品。

（5）跨学科合作

跨学科合作是未来设计的趋势，设计问题往往涉及多个领域和维度，需要不同学科的专家共同合作解决。跨学科合作可以带来不同的视角、知识和方法，促进创新和综合性设计解决方案的提出。

例如，IDEO 设计公司鼓励不同背景和专业的设计者、工程师、心理学家等专家组成跨学科团队，共同参与项目的各个阶段。它还设计开放的办公空间，鼓励团队成员之间的互动和交流。此外，它还使用各种数字化工具和软件，支持合作和共享信息，如在线协作平台、虚拟会议工具等。这种跨学科合作的方式，使得 IDEO 能够从多个角度思考和解决设计问题，提供全面的解决方案。

三、智能时代设计领域面临的影响

随着智能科技的快速发展，人工智能、大数据、云计算等正在深刻影响着、改变着设计的过程、方法与思维方式。由此可见，智能时代为设计领域带来了前所未有的机遇，但也面临诸多挑战，如图 9–2 所示。面对智能技术浪潮的冲击，设计必然需要进行自我调整与变革，以适应新时代的需求。

那么，未来智能时代对设计提出了哪些核心挑战？设计理念、设计方法、设计流程、设计组织、设计人才等将面临怎样的变革？这需要对设计领域进行深入思考并作出积极应对。本研究拟在梳理智能技术对设计影响的基础上，围绕设计领域面临的挑战进行探讨。

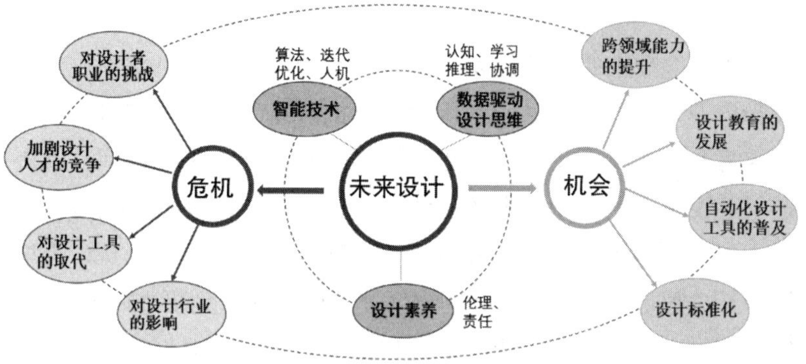

图 9–2　未来设计面临的危与机

（1）对设计者职业的挑战

随着人工智能技术的不断发展，以 ChatGPT 为代表的大模型不断涌现，越来越多的设计任务需要通过自动化软件来完成。这些人工智能软件能够自动完成设计任务，如视觉设计、图文编排、设计效果图绘制等，从而减少了设计者的工作量。人工智能工具的出现，使得设计者的工作效率得到了极大的提高，但也给设计者的职业带来了挑战。

弗洛姆曾说："19 世纪的问题是上帝死了，20 世纪的问题是人类死了。在 19 世纪，不人道意味着残酷；在 20 世纪则是指分裂对立的自我异化。过去的危险使人成为奴隶，将来的危险使人成为机器人。"人类是否会沦为机器人的讨论还未结束，在智能化的驱动下，人类被智能化技术替代已经是大势所趋。人工智能工具的大量出现，使得设计者的工作变得更加简单，这也意味着设计者需要不断地学习和适应新的工具技术，否则就会被淘汰。在人工智能领域，Midjourney 是艺术创作人工智能绘画软件，具有强大的自动生成图像的功能，替代了原本需要设计者手动完成的绘制工作。Adobe 推出的智能设计工具 Firefly，通过输入文本就能实现漂亮的设计图绘制。此外，Google 推出的人工智能绘画软件 AutoDraw 可以将简笔画转化为高质量的图像，这种软件的特点在于它采用了机器学习技术，能够不断学习各位插画师的画风，实现模仿人类绘画与设计的目的。智能工具技术的不断更新迭代，在科技的浪潮中已无法阻挡，因而人工智能对设计者职业的挑战也是不可避免的。

（2）加剧设计人才的竞争

人工智能技术的发展可能会减少对设计者的需求量，从而导致设计者之间的竞争加剧，使得设计者只有不断提高自己的技能，才能脱颖而出。设计者的角色也发生了变化，传统设计者的主要职责是创意设计，而未来设计者需要具备数据分析能力，利用人工智能技术来完成更加复杂的设计任务。设计者将成为辅助的角色，运用智能技术与机器进行协同工作，“人机协作”方式将慢慢成为主流。设计分工的角色发生调整，由原来的以人为主体，转变为现在的以机器为主体。这种角色和分工的变化，势必加剧人才之间的竞争关系。因此，设计者需要不断地学习，以及调整自己的角色分工，否则就会被时代淘汰。

（3）对设计行业的影响

首先，人工智能技术使设计过程中的一些重复性、烦琐耗时的任务由自动化完成，从而提高设计行业的效率。例如，利用生成对抗网络（GAN）和自动化设计算法，可以快速生成多样化的设计方案，减少设计者处理重复性任务的时间。此外，自动化设计工具还提供更快速、准确和可重复的设计结果，提升整个设计流程的效率。

其次，人工智能技术可以处理和分析大规模的设计数据，并从中提取有价值的信息。这使得设计过程更加趋向数据和用户反馈，以便捕捉到更准确的用户数据。由此，通过分析用户偏好和市场趋势，设计者可以更好地理解用户需求，改进产品设计。数据驱动的设计决策帮助设计者预测趋势、优化设计方案，并提供更精确的市场定位。

最后，通过利用人工智能算法和工具，设计者可以开拓新的设计领域，创造独特的设计概念和风格。例如，生成式设计算法可以通过学习大量的设计数据，生成全新的设计方案，帮助设计者探索创新的设计解决方案。同时，人工智能技术还可以提高设计的质量。通过人工智能技术，设计者可以利用大数据分析技术，收集客户的需求，提升设计的质量和准确性。

第二节　以未来为导向的设计思维

随着数字化、人工智能技术的不断发展，设计思维也在不断地演变和更新。在智能时代，设计思维的核心是将人工智能技术与人类需求体验相结合，创造出更加智能化、人性化的产品和服务。本节将从以下几个方面探讨如何构建未来设计思维。

一、数据驱动的设计思维

在人工智能时代，数据是设计思维的重要驱动力。以数据为驱动的设计思维，在人工智能技术不断发展的当下，已成为设计领域研究问题的重要方式。这主要是指通过对大量数据的分析挖掘来指导设计过程，从而实现更加精准、高效、个性化的设计，发挥它的最大功效。

在人工智能时代，数据驱动的设计思维主要呈现如下特点。

1. 数据的重要性

在数据驱动的设计思维中，数据是至关重要的。设计者需要通过对大量数据的收集、整理和分析，来了解用户的需求、行为和偏好，从而指导设计过程。这些数据可以来自各种渠道，如用户调研、用户行为分析、市场分析等。通过对这些数据的深入挖掘，设计者可以更好地了解用户的需求行为，从而为用户提供更加个性化和优质的设计服务。

2. 算法的应用

算法在设计思维中起到主要作用，可以帮助研究者更好地解决问题，提高研究的效率和准确性。设计者常用机器学习算法来对用户行为进行预测和分析，以此来科学地指导设计过程。此外，数据可视化技术可将数据呈现出来，帮助设计者更好地理解数据。在设计应用中，算法主要表现三个方面的优势。

一是算法可以帮助设计者更好、更高效和更精准地设计。例如，在设计一个网站时，可以使用算法来确定网站的布局和颜色方案，以及确定网站的导航和功能。算法可以更好地了解使用者的需求，也可以提高使用者在使用网站时的体验。

二是算法能够解决各种问题。例如，在设计扫地机器人时，机器人运动路径的确定、传感器的确定以及机器人的控制系统等，这些都是需要通过算法来确定的。算法可以更好地控制机器人，提高精准度，为设计提供更优的路径。

三是算法还可以帮助设计者优化流程，提高流程效率，提高准确度。例如，在设计手机产品生产线时，设计者使用算法来确定生产线的流程，以及确定生产线的控制系统。在提高生产线的效率和精确度方面，算法发挥了强大的功能作用。

3. 迭代的设计过程

在数据驱动的设计思维中，设计过程是一个不断迭代的过程。从方法论来看，数据驱动的设计思维是一种基于数据的设计方法，它强调在设计过程中需要不断地收集、分析和利用数据来指导设计决策。该基本原理需要设计者通过数据来了解用户需求行为以及市场情况，然后根据这些数据来制订设计方案。在这种设计思维指导下，设计者要不断地根据数据反馈来调整设计方案，从而不断优化设计，提高设计的效果。

由此可见，设计思维是一个不断迭代的过程，主要原因如下。

（1）数据反馈的不断更新

在数据驱动的设计思维中，设计者需要不断地收集和分析数据，以便了解用户需求行为以及市场竞争情况。这些数据反馈是不断更新的，因为用户的需求是不断变化的。杰克·纳普（Jake Knapp）提出了“设计决策冲刺”（Design Sprint）的方法，即通过一周的时间来快速验证产品的设计和市场需求。这种方法强调通过数据和实验来指导设计决策，以提高设计的效果。因此，设计者需要不断地根据这些数据反馈来调整设计方案，以达到更优的效果。例如，一个电商网站的设计者需要不断地收集和分析用户的购物行为数据，以便了解用户的购物习惯和偏好。如果发现用户更喜欢购买价格较低的商品，那么设计者就需要调整网站的商品推荐策略，以便更好地实现商品的销售。

（2）设计方案的不断优化

在设计过程中，设计者需要不断地根据数据反馈来调整设计方案，以实现最佳结果。这种调整是一个不断优化的过程，设计者可以发现潜在的问题和改进的空间，并进行相应的调整和优化，以提供最好的方案。例如，在设计手机 App 时，设计者需要不断地根据用户反馈来调整应用的界面和功能，以便更好地满足用户的需求。通过网站评论、市场调研、访谈等方式了解用户反馈意见，设计者就可以重新优化设计，从而提高用户体验。

（3）设计方案的不断验证

验证设计方案以评估其功能和性能是否达到预期。通过进行实际测试和验证，设计者确定设计方案在实际使用中的效果，包括产品的可用性、可靠性、安全性等方面的评估。只有经过验证的设计方案，才能确保在实际应用中达到预期的效果。

4. 数据驱动设计思维的优势

首先，数据驱动的设计思维使设计过程更加客观和科学。设计者可以依据数据来指导决策，从而减少主观偏见和盲目猜测。通过收集和分析数据，设计者深入了解用户需求和市场趋势，为制订客观和科学的设计方案提供了基础。

其次，数据驱动的设计思维使设计方案更具灵活性和适应性。设计过程是一个不断迭代的过程，通过不断收集和分析数据，设计者可以根据数据反馈来调整和优化设计方案。这种灵活性和适应性使得设计方案能够更好地满足用户与市场需求，也提高了设计方案的竞争力。

最后，数据驱动的设计思维使设计过程更具高效性和有效性。设计者通过收集和分析数据来了解用户需求与市场趋势，从而指导设计决策。这有助于避免盲目尝试而产生错误，以便节约时间与资源。同时，设计者要具备数据分析和挖掘的能力，能够从大量的数据中提取有用的信息，并将其应用到产品和服务的设计中。

二、数字整合的计算思维

计算思维是一种解决问题和处理信息的思维方式，强调运用计算机科学的原理和方法来分析、抽象、组织和表达信息，涉及问题拆解、模式识别、数据分析、算法设计等方面。

早在 1989 年，就有涉及计算思维（Computingasa Discipline）的论述。直到 2006 年，计算机专家周以真（Jeannette M.Wing）第一次系统地诠释了计算思维的概念，认为它是利用计算机科学解决问题的一种思维方式。可见，计算思维是信息时代的产物。

20 世纪末，欧美发达国家就开始重视计算思维，并陆续颁布了计算思维教育的相关标准、政策和课程计划。在 2007 年举行的“思维科学：欧洲下一步政策挑战”会议上，欧洲工业界和科学界指出了计算思维的重要性。2011 年，美国计算机学科教师协会将计算思维加入“K–12 计算机科学框架”。计算思维教育在国内起步较晚，与国外在研究路径、研究工具等方面有所区别。

1. 计算思维对设计的作用

将计算思维运用到设计学研究中，能够帮助研究者更好地理解和解决设计问题。计算思维强调问题的抽象、分解和模式识别，以及利用计算机科学的方法进行创新设计。

其一，计算思维可以帮助研究者处理和分析大量的设计数据。通过使用计算机编程和数据处理技术，研究者可以收集、整理和分析与设计相关的数据，从而获得深入的洞察力。例如，由 YANG DESIGN 创新设计的“智能皮肤”，应用丰富多彩的光纤材料覆盖家电表面，运用编程传感器和光纤编织技术形成家电表面覆盖层，形成了呼吸渐变的可视化光效，为用户提供了一种全新的沉浸式互动体验。

其二，计算思维在设计过程中支持模型的建立和模拟。研究者可以使用计算机图形学和虚拟现实技术创建虚拟原型，以便更好地理解和评估设计方案。此外，利用仿真模型，研究者可以预测和优化设计的性能，提前发现潜在问题并进行改进。

其三，计算思维还能促进设计的创新和优化。通过设计和实现适当的算法，如优化算法、机器学习算法等，研究者可以运用自动化的设计过程，加速创意生成和方案优化。这有助于提高设计的效率与质量。

其四，计算思维与交互设计和可视化相结合，创建具有良好用户体验的界面和交互方式。通过运用计算机图形学和用户界面设计原则，研究者可以将设计成果以直观、易用的方式呈现给用户，并获得他们的反馈和意见，进行设计的优化完善。

总之，将计算思维运用到设计学研究中，可以帮助研究者更好地处理数据、建立模型、优化设计，并提升设计的创新性和用户体验。

2. 借助设计工具整合计算思维

整合计算思维为设计者提供新的工具和方法，以更好地理解和应用计算机科学、数据分析和算法等技术，从而推动创新和优化设计过程。

一方面，通过学习和使用与计算思维相关的设计工具，如计算机辅助设计软件、数据可视化工具等，来培养设计者的计算思维能力。这些工具帮助设计者将复杂的设计问题转化为可计算和可操作的形式，从而更好地分析和解决问题。另一方面，积极了解与探索计算概念和技术，如编程、算法、数据分析等。通过学习这些知识，设计者能够拓宽思维方式，将计算思维融入设计过程，提高问题解决的效率和创造力。

3. 结合学科任务整合计算思维

设计者与计算机科学、数据科学和工程等领域的专家进行跨学科合作，促进计算思维在设计学领域的应用。设计者可以与计算机科学家合作，共同开发基于计算思维的工具和技术，提高设计效率和创新能力。另外，设计者可与数据科学家合作，利用大数据分析和机器学习等技术来解决设计问题，提供更优化的设计方案。

在设计学领域的教育培训中，纳入计算思维的内容和方法。学校提供相关的课程和工作坊，教授学生如何应用计算思维解决设计问题。这包括传授数据分析、可视化技术、算法和编程基础等知识，以培养学生的计算思维能力。

总之，通过培养学生的计算思维，学校教育可以为未来的设计者提供更广阔的思维视野。

4. 以行动为导向整合计算思维

（1）实践和项目经验

设计者通过实践和参与设计项目来培养计算思维能力，在实际操作和面对真实的设计挑战时，学会运用计算思维方法和工具来解决问题，并不断提升自己的能力。设计者应该保持对创新技术和工具的关注，并积极探索其在设计研究中的应用。例如，虚拟现实、增强现实、人机交互等技术为设计者提供新的视角。

（2）实际问题的解决

以行动为导向的整合计算思维，注重解决实际设计问题。设计者通过应用计算思维的方法和工具，分析和理解问题的本质，提出解决方案，并将其付诸行动。通过计算思维，设计者可以利用数据分析、建模、算法和模拟等技术，以更科学系统的方式解决设计难题，并验证设计方案的有效性。

（3）实验和验证

计算思维强调通过实验和验证来支持设计决策。设计者运用计算思维的方法，进行虚拟实验、模拟和测试，以评估设计方案的可行性和效果。通过计算思维，设计者可以利用建模和仿真技术，在实际行动之前预测和评估设计方案的影响，并减少实际试错的成本风险。

三、人机交互的设计思维

1. 人机交互思维概述

在数智时代，人机交互是设计思维的重要方向。其主要是指在设计人机交互界面时，设计者需要考虑用户的需求、行为和心理，以及技术的限制和可行性，从而设计出易于使用、高效、愉悦的界面。

人工智能技术的应用促使产品的智能化程度越来越高，但若不考虑人机交互的问题，这些智能化的产品就会变得难以使用。例如，唐纳德·诺曼（Donald Norman）在《设计心理学》中强调“可见性”和“可发现性”。他认为，设计应该让用户能够看到他们需要的信息，并且让他们能够轻松地找到需要的功能。此外，艾伦·库珀（Alan Cooper）是著名的用户体验专家，他提出了“人机交互设计思维”和“人机交互设计模式”，强调设计应该以用户为中心。

由此可见，人机交互思维的核心在于将人的认知、行为和需求纳入设计与开发计算机系统的过程。它考虑人类用户的特点、能力和期望，以便设计出符合用户体验的计算机系统。

2. 人机交互思维的特征与应用

人机交互思维不仅适用于计算机软件和应用程序的设计，还涵盖了人机界面、交互设计、用户体验设计和可视化设计等领域。将人机交互思维纳入设计过程，可以提高系统的用户满意度。

（1）以用户为中心

在界面设计中，需要深入理解不同用户的应用环境、使用习惯和内在需求，以此为基础设计出以用户体验为中心的界面。例如，针对儿童用户，设计简单、易操作、图形化的界面，以满足他们的操作需求。

（2）强调界面友好性

界面设计应追求操作简洁、交互友好，使用户学习成本降低。例如，采用意义明确的图标，并保持一致的操作逻辑，使用户能够轻松理解和掌握界面的功能和操作方式。对于用户的操作结果，要做到心中有数。例如，通过操作成功的提示音、点击动画等方式向用户传达操作的反馈信息，增强用户对界面的控制感和满意度。

（3）进行情境化设计

使用者在不同情境下考量使用界面的需求，并优化对应的互动模式。动效的合理运用能够引起用户的重视，提升界面的趣味性与亲切性。但是，需要注意不要过度使用花哨的动效，以免影响用户的操作效率和体验。例如，在车载系统中，可以针对驾驶中频繁使用的功能进行优化，使其更符合驾驶员的操作习惯。

（4）关注无障碍设计

界面设计应考虑残障人士等弱势群体的需求，提供无障碍的交互方式。例如，通过语音提示来辅助视障人士的操作，使其能够更便利地使用界面功能。

（5）进行用户测试

在设计后期，通过用户测试来获取反馈，并不断优化界面，修正可能存在的交互问题，从而提升用户体验。用户测试帮助设计团队了解用户的真实需求与痛点，并以此为基础进行界面的优化。

运用人机交互思维进行设计，可以更好地满足用户需求，提供良好的用户体验，并达到设计的目标和效果。这也体现了人机交互设计思维的核心理念。

四、群智协同设计思维

1. 群智协同设计概述

随着社会发展和科技进步，设计面临的问题越来越复杂，需要不同专业领域的知识进行交叉应用，以制订创新性的解决方案，然而，依靠个体设计者的认知能力难以满足这一需求。因此，如何在设计过程中有效组织和调动群体智能进行协同设计，已成为推动设计进步的重要途径。

群智协同设计是指通过广泛的参与和合作，利用集体智慧来解决设计问题的过程。它强调了多样性、开放性和合作性，通过吸纳来自不同领域、背景和经验的人们的参与，以获得更全面、创新的设计解决方案。学者詹姆斯·苏罗维基（James Surowiecki）在其著作《智慧群众》（*The Wisdom of Crowds*）中指出，群体的智慧往往大于个人，适当的集体协作可以使问题获得最优解。麻省理工学院教授蒂姆·布朗（Tim Brown）在阐述设计思维时也强调，需要不同人才形成设计团队，集思广益、形成合力。

构建群智协同的设计思维具有重要意义。首先，它可以超越个体认知的局限，实现更高水平的设计创新；其次，它能够有效整合跨专业领域的知识；最后，它可以激发设计团队的活力，使设计决策更加科学化和民主化。

群智协同设计思维不仅有利于产出更优质的设计解决方案，也体现了设计活动的开放、协作、民主的时代特征。

2. 构建群智协同设计思维

在设计活动中，通过组织协调群体智慧，实现协同设计的思维方式，利用群体智慧来解决设计问题，其构建方法如下。

（1）强调群体协作

群智协同设计思维强调在设计过程中，邀请不同专业背景的设计者进行协作。例如，Apple 公司在开发新产品时，会由产品设计者、软件设计者、工程师等多方力量组成设计团队，并提供适当的协同工具和平台，以促进设计者之间的交流合作。这些工具可以包括在线协作平台、虚拟会议工具、项目管理工具等，使设计者能够方便地共享想法、讨论问题，并进行实时的协同工作。

（2）信息快速有效共享

运用互联网技术手段，实现设计团队间高效的信息共享是群智协同的关键。例如，微软 Teams 等协作软件可以实现云端设计信息同步；建立设计社区和合作伙伴关系，与其他设计者、专家和利益相关者进行合作；通过参与社区活动、组织研讨会和工作坊等形式，促进知识共享。

（3）鼓励群体智慧碰撞

群智协同设计思维鼓励通过头脑风暴等方式激发群体创意。发挥设计者的多样性创意，阐述不同观点，培养开放、包容的思维方式。设计者应该学会倾听他人的意见和建议，并愿意接受来自不同背景和专业领域的贡献，这有利于创造群体智慧的成果。

（4）理性的方案评价

群体需要对设计方案进行充分讨论并理性评判。例如，在互联网产品设计中，运用数据追踪用户反馈进行测试及迭代更新；提供实践机会和案例学习，让设计者能够参与群智协同的设计项目。通过实际经验和案例研究，加深对群智协同设计思维的理解与应用，为设计方案评价提供科学依据。

（5）高效的决策机制

确保所有参与者都对设计项目的目标和各自的角色有清晰的理解。每个人明确自己的职责，以便快速作出决策。群智协同设计思维需要采用民主讨论形式，而非个人命令式决策。例如，开源软件的设计就体现了这种协作决策特点。培养设计者的团队合作能力和沟通技巧，设计者应该学会有效地与团队成员合作，分享信息、协商决策，并解决潜在的冲突问题。设计者应该定期评估和改进决策机制，收集反馈意见，并根据实际情况进行调整和优化，以提高决策效率和质量。

五、生成式设计思维

1. 生成式设计思维概述

生成式人工智能设计是一种新兴的设计方法，它利用人工智能算法自动生成设计方案。与传统设计方法不同，生成式设计不是由设计者手动创作的，而是利用机器学习和生成模型等人工智能技术，来辅助设计创作和生成设计作品。

生成式设计的一个重要应用是生成式艺术，它利用机器学习模型生成独特的艺术作品。这些模型可以通过学习大量的艺术作品数据集，了解其样式、结构和特征，并生成新的艺术作品，具有独特的创意风格，具体涵盖了绘画、音乐、文学等多个艺术领域。

麦肯锡的研究报告预测，2060 年约 50%的工作将被人工智能所取代。事实上，生成式人工智能设计已在许多领域得到了应用，如视觉艺术、数字艺术、建筑设计、产品设计等。相比之下，传统设计方法生成方案的能力和效率有限。

与此同时，生成式设计也使业余设计者能更便捷地产出设计作品。设计者通过选择训练数据、编写提示词等方式介入创作过程，使生成方案体现自身审美。生成式设计正在深刻影响着设计领域，对未来设计影响深远，这要求设计者必须掌握数据算法思维。

展望未来，生成式设计将与增强现实、虚拟现实等其他前沿技术结合，创造出更富创造性的设计体验。因此，作为一种新兴的设计工具和艺术形式，生成式人工智能设计必然颠覆现在的设计模式。

2. 培养生成式设计思维的方法

生成式设计思维方法鼓励设计者超越传统的思维模式，挑战常规和既定的设计范式。通过尝试新的观点、方法和技术，设计者可以推动创新的发展，提供与众不同的设计解决方案。

（1）学习人工智能技术

了解和学习与生成式设计相关的人工智能技术，如机器学习、生成模型、深度学习等。掌握这些技术的基本原理和应用方法，设计者能更好地理解如何将其应用于设计领域。

（2）探索生成式设计

研究分析已经应用生成式设计的案例，如生成式艺术作品、自动生成的设计建议工具等。在掌握人工智能技术的基础上，设计者还需保持创新思维，使生成作品更具创意，而不仅是技术展示。研究现有的生成式设计案例，了解不同领域的应用、实现方法和效果，帮助寻找设计灵感和启发思路。

（3）创造性的数据使用

生成式设计需要大量的数据来训练机器学习模型。培养收集和利用创造性数据的能力，可以帮助设计者生成更多样化和创新性的设计概念。这包括利用设计数据库、图像和音频数据集等进行实验训练。

（4）结合人工智能工具

利用现有的人工智能工具和软件来支持生成式设计过程。这些工具提供自动生成的设计建议、样式探索、布局优化等功能，帮助设计者快速生成和评估多个设计选项。

（5）培养数据算法思维

全面转变思维，用数据和算法的视角来审视问题，这是进行生成式设计的基础。数据与算法思维强调解决问题的能力，培养设计者良好的问题分析和解决的能力，包括定义清晰的问题目标、收集和整理数据、选择合适的算法和模型、实施和评估解决方案等。运用适当的算法和工具进行数据处理、可视化和模型建立，这样可以用数据驱动设计思维，提升设计者的解决设计问题能力。

（6）尊重设计伦理

生成式设计作为一种自动化设计方法，与设计伦理和知识产权之间存在一定的关系。设计者在使用生成式设计时需要注意，生成的设计方案是否符合设计伦理和道德标准。设计者应该尊重人类价值和尊严，避免生成违背人类价值观和伦理的设计方案。卡内基梅隆大学（Carnegie Mellon University）计划创建一所研究中心，着眼于人工智能的伦理问题研究，对生成的设计方案进行评估，确保其符合设计要求标准，并且不会侵犯他人的知识产权或造成其他不良影响。

六、未来设计思维的应用场景

随着数智技术的不断发展，设计思维也在不断地被应用于各个领域。未来设计思维是一种以算法为主的思考模式，它强调根据设计需求，设计和实现适当的算法来解决问题，利用数据分析和模型建立等方法来深入理解设计问题，并为设计决策提供科学依据。

未来设计思维的应用场景非常广泛，将从以下几个方面进行探讨。

1. 家居生活领域

未来家居是指通过智能技术和物联网技术，实现家居设备的自动化控制和智能化管理，用户可以通过智能终端设备实现家居的远程控制管理。

（1）关注不同人群的居家需求

通过深入的家庭访谈和调查，分析不同年龄段人群，如老人、小孩及残障人士的居家生活需求。设计者需要了解用户的使用习惯，以便设计出更适合用户的体验需求。例如，智能家居控制面板需考虑用户的操作方式，以便提供更好的用户体验。设计者通过用户研究和用户体验测试，了解用户对智能家居产品的需求和期望，从而设计出更加智能化、便捷化、安全化的智能家居产品。

（2）模拟居家生活场景

运用虚拟现实和增强现实技术模拟家居生活场景。通过虚拟现实头戴设备或增强现实应用程序，用户可以在虚拟环境中互动并体验不同的居家生活场景，这种模拟让用户更好地感受到家居设计的效果。同时，借助设计模拟软件和工具来模拟居家生活场景，这些工具可以模拟家居空间的光照效果、声音环境、气候条件等因素，帮助设计者更好地评估和调整设计方案。

（3）参与式设计

在参与式设计过程中，设计者与用户之间形成一种协同创作和共同决策的关系。设计者将与用户共同探讨和制订设计目标、选择材料、确定布局等。用户提供自己的创意和建议，与设计者一起参与设计决策的过程，从而实现符合用户需求的设计方案。此外，在未来的设计过程中，通过使用设计软件、虚拟现实技术和可视化工具，设计者可以将设计方案以直观的方式展示给用户。用户可以通过这些工具与设计者互动，提出修改意见、调整布局、选择家具和装饰等。这种交互式的设计过程可以使用户更有参与感和满意度。

（4）以情感为中心的设计

未来的居家设计更注重家庭情感之间的联系。设计者可以通过创造共享空间、开放式的布局和多功能的家具，促进家庭成员之间的交流和互动。此外，设计者还可以利用技术手段，如智能家居设备和互联网连接，进一步加强家庭成员之间的联系和情感交流。同时，更注重将自然元素融入家居生活，以提升情感体验。设计者将充分利用自然光线、绿植、自然材料等，创造出与自然相融合的室内环境。这种设计可以带给人们与自然亲近的感觉，提升舒适度和幸福感。

案例设想

2050 年未来智能家居生活

2050 年 6 月的一个傍晚，女主人从公司下班回家。当她的车驶近小区时，社区智能系统已经识别到了她的到来。在她的专属车位上出现了一个蓝色的指示光圈，通过智能识别，帮助主人自动停车。

车一停稳，家门口的露台灯通过感应自动亮起，为女主人照亮了回家的道路。当她走近门口时，家门自动向两侧滑开，一个温馨的女声说“欢迎回家”。玄关的地板可以检测到女主人略显疲惫的脚步，主动为她按摩足底。

智能音箱朗读出未完成的家务，提醒女主人可以选择让智能机器人执行。女主人简单下达了几句语音指令，客厅和卧室很快焕然一新。这时，冰箱已经为女主人推荐了几个既健康又美味的菜谱，女主人挑选了一个轻松的菜单，烹饪机器人立刻开始忙碌起来。

在等待晚餐的间隙，她来到阳台，这里已经被智能系统布置成了一个小花园，系统根据她的喜好种植了各色花草，还播放着悦耳的音乐。就在女主人惬意地欣赏着花朵时，烹饪机器人传来晚餐已做好的通知。

简单用餐后，女主人来到浴室。浴室的智能系统已经准备好了恰到好处的水温、浴液种类、香薰和按摩模式。洗完一个舒适的智能芳疗浴后，女主人在智能床上很快进入了甜蜜的梦乡。

这就是2050年未来智能家居的一天。人工智能赋予生活更多便利、美好，让疲惫的城市人在科技的怀抱中找到了舒适生活，如图9–3所示。

图9–3　2050年未来生活效果（leonardo.ai绘制）

2. 医疗健康领域

在医疗服务设计中使用未来设计思维，提供更贴心、便捷的就医体验。未来设计思维帮助设计者理解医疗服务的用户体验过程，从而设计出智能医疗产品和人性化的服务系统。

以下是未来设计思维在智能医疗场景中的应用。

（1）健康管理

在健康管理方面，未来设计思维通过开发用户友好的健康管理应用程序，帮助人们更好地追踪和管理健康数据。未来设计思维强调用户体验和用户需求的理解，通过与用户的合作反馈，创建简洁、直观且易于使用的界面。这样的设计可以使用户更容易监测生理指标、记录日常活动、管理健康目标，并提供个性化的建议，以促进健康管理的有效性。

（2）疾病预诊断

在疾病预诊断方面，未来设计思维通过智能算法和数据分析，提供有关疾病风险的预测和早期预警。基于用户的健康数据、遗传信息和生活习惯，未来设计思维的方法帮助开发出个性化的预诊断工具和应用程序。这些工具提供个性化的健康评估，并为用户提供相关的预防措施和建议。同时，将复杂的医学数据转化为易于理解的图形，使用户轻松方便地进行疾病管理操作。

（3）医学知识科普

未来设计思维可以在医学知识科普方面提供创新的解决方案。通过设计直观且易于理解的图形、动画和交互式内容，未来设计思维帮助医学知识的传播和普及。这包括开发教育性的移动应用，运用虚拟现实和增强现实技术，使用户能够以互动性和娱乐性的方式，学习医学科普知识。

（4）健康疗愈

在健康疗愈方面，未来设计思维可以开发出创新的治疗方法和医疗设备。例如，在设计医院或诊所的空间布局时，未来设计思维可以优化空间流动、提供舒适的环境和减少焦虑感。

（5）健康助手

未来设计思维推动开发智能健康助手应用程序或设备，为用户提供个性化的健康指导支持。通过与用户的互动和学习，未来设计思维可以创造出具有人性化特征的虚拟助手，能够理解和回应用户的需求。这些健康助手可以提供定制化的健康建议、提醒用户服药、监测健康指标并提供实时反馈等功能。

3. 交通出行领域

在智能交通的设计中，未来设计思维帮助设计者更好地理解交通服务系统的原理。

（1）用户体验设计

在智能交通场景中，用户体验设计是至关重要的。设计者要考虑用户的需求和行为习惯，以及如何让用户更加方便地使用智能交通系统。例如，设计简单易用的 App 导航，让用户可以轻松地查询旅行路线信息。同时，还需要与用户进行交互，在交通领域涉及许多的语音交互系统，实现听觉与功能的交互，让用户通过语音发出指令。

（2）数据可视化设计

智能交通系统需要处理大量的数据，包括交通流量、车辆位置、路况等信息。设计者将这些数据以可视化的方式呈现给用户，方便用户更加直观地了解交通状况。例如，设计实时交通地图，运用数据可视化的形式，让用户随时了解道路拥堵情况。

（3）智能算法设计

智能交通系统需要使用各种智能算法，处理数据和优化交通流量，还要了解算法的原理和应用场景，以便将其应用到智能交通系统中。例如，设计一个智能路灯系统，根据交通流量和天气情况，自动调节亮度和灯光颜色。

（4）安全设计

智能交通系统设计的安全问题是关键，如何保障用户的安全是交通领域设计关注的重点。例如，设计智能驾驶系统，可以自动识别交通标志和路况，并自动控制车速和方向，避免交通事故的发生。

4. 教育领域

未来设计思维将用于教学模式的设计、教学方式的设计、教学环境的设计以及教学资源的优化配置等方面，其沉浸式体验化的理念有利于提升教育质量。就如布兰登·胡克韦（Brandon Hookway）教授在其著作《界面》（*Interfaces*）中描述的"界面大学"（Interface University）一样，在智能教育场景中，未来设计思维将发挥重要作用。以下是对未来教育领域的探索。

（1）教学模式的设计

未来设计思维帮助教育者重新构思和设计传统的教学模式。通过观察和理解学生的需求、兴趣和学习风格，设计者可以创造出更具吸引力和互动性的教学模式。未来设计思维促使教育者从学生的角度出发，将学习变得更加个性化、实践性和有趣，从而提高学生的参与度和学习效果。

（2）教学方式的设计

未来设计思维帮助教育者设计创新的教学方式。例如，教育者可以通过运用协同设计的方法，鼓励学生之间的协同学习，培养学生的团队协作能力和问题解决能力。未来设计思维也能引导教育者在实践中为学生掌握知识技能而设计项目式的活动，实施数据分析和反馈机制，通过不断调整和改进教学方式，提供更有效的学习支持。

（3）教学环境的设计

转变传统的教学环境，适应智能教育的学习环境。这包括物理环境和虚拟环境的设计。例如，在物理环境中，设计者可以创造出舒适、灵活和创造性的学习空间，以激发学生的好奇心和创造力。在虚拟环境中，设计者可以设计直观、易用的学习平台，以提供个性化的学习体验和智能化的学习支持。

（4）教学资源的优化配置

运用未来设计思维优化教学资源的配置，以满足学生的学习需求。通过分析与理解学生的学习过程和表现，有针对性地提供适当的学习资源，如教材、多媒体资料和学习工具等。同时，引导教育者设计个性化的学习推荐系统，以帮助学生更高效地获取知识技能。

未来设计思维的应用有助于促进教育的创新和个性化，提高学习者的参与度和学习效果。通过不断迭代和改进，未来设计思维帮助教育者适应不断变化的智能教育环境，并为学生提供更有趣的学习体验。

5. 社区建设领域

通过将未来设计思维引入社区建设，实现社区居民的参与和共创，促进社区的可持续发展和提升居民生活质量。这需要社区居民、设计者、专家和政府等各方的共同努力。

（1）用户参与和共创

未来设计思维强调以用户为中心的设计过程。在社区建设中，设计者鼓励社区居民参与到项目规划和决策中来，让他们成为共同创造社区的参与者。通过开展社区会议、工作坊、问卷调查等形式，收集居民的需求和想法，并将其纳入设计过程，这体现了未来设计思维的共创精神。

（2）观察和洞察

未来设计思维强调观察和洞察用户的需求行为。在社区建设中，设计者进行实地考察，了解社区居民的日常生活、互动方式和痛点，凸显出未来设计思维的以人为本理念。这有助于发现问题和机会，并为解决方案的设计提供依据。

（3）创新的解决方案

未来设计思维鼓励寻找创新的解决方案。在社区建设中，设计者运用创新的设计概念和技术，提出具有可行性和可持续性的解决方案。例如，通过设计智能城市基础设施、可再生能源系统、社区农场等，提升社区的可持续性和人们的生活质量。

（4）快速原型制作和反馈

未来设计思维倡导通过快速原型制作和用户反馈，迭代改进设计方案。在社区建设中，设计者可以制作简单的模型、演示或模拟，让居民参与并提供反馈。这有助于在早期阶段发现问题，并对设计方案进行及时的调整和改进。

（5）多学科合作

社区建设需要多学科的合作和协调。未来设计思维鼓励设计者与不同领域的专家和利益相关者合作，共同解决复杂的社区问题。例如，与城市规划师、社会学家、工程师和环境专家等合作，综合考虑社区的各个方面和需求。在社区合作建设中，设计者应定期评估项目的成效和影响，并根据反馈数据进行改进。这反映了未来设计思维的动态性和适应性特征。

（6）教育和培训

为社区居民提供未来设计思维的教育培训，帮助他们理解并应用未来设计思维的方法和工具。这可以通过组织工作坊、培训课程和社区活动来实现。设计者注重从居民视角进行社区培训的体验式效果，充分考虑如何营造宜居、便捷、融洽的社区环境氛围。

6. 探索太空领域

火星是地球之外最适合人类居住的行星，对于了解宇宙和地球起源、生命存在的可能性等科学问题具有重要意义。通过对火星的探索，获取关于行星形成、演化和生命起源等方面的数据与信息，推动人类对宇宙的认知和科学研究的进展，如开发对太空进行探索的飞行器等，如图 9–4 所示。地球上的资源有限，人类社会的发展对能源、水资源和原材料等的需求不断增加。火星探索飞行器的设计可以寻找并开发其他行星上的资源，为人类未来的可持续发展提供可能性。

图 9–4　太空探索飞行器设计（作者　郭镇忠）

近年来对火星生活的话题探讨较多，特别是 SpaceX 的“火星计划”。SpaceX 是由埃隆·马斯克（Elon Musk）创办的航天公司，他提出了将人类送往火星并建立永久居住的愿景。此外，早在 2013 年，荷兰“Mars One”研究所就推出了 2023 年让志愿者登陆火星、建立人类聚居地的计划，该计划选择和培训志愿者，并将他们送往火星进行永久定居。为了鼓励创新的火星生活设计，许多组织举办了有关火星生活设计的竞赛。比如，“未来火星生活设计大赛”“火星探索计划——火星车设计大赛”等，吸引了大量设计者、工程师和科学家加入火星生活的创新设计，这也反映了近年来对火星生活设计方面的探索，如图 9–5 所示。

图 9-5　太空场景设计效果（leonardo.ai 绘制）

（1）围绕太空人需求进行设计

在设计火星车、基地等时，设计者需要站在太空人的角度，考虑在火星环境下他们的具体生活、工作、娱乐需求。例如，太空人在长时间的封闭环境中会出现思乡和孤独感，可以设计虚拟现实系统，让他们沉浸在地球环境中。

（2）进行全生命周期设计

设计者不仅要设计火星上的硬件设备，还要考虑太空人从选拔、训练，到飞行、下降、火星生活及返回地球整个生命周期中的各种需求，进行全方位系统设计。例如，空间站中的健身设备既要适应失重状态，又要考虑返回地球后太空人重新适应地球重力的锻炼需求。

（3）开展虚拟样机设计

利用 3D 建模、虚拟现实等技术，在设计之初就构建虚拟的火星车或基地样机。太空人可以戴上虚拟现实设备进行虚拟体验，提出改进意见。例如，NASA（美国航空航天局）就利用虚拟现实技术，让宇航员在虚拟环境中体验操作火星车。

（4）快速原型设计与迭代

对设计方案制作简单的原型，太空人在地面模拟训练中试用测试，设计者根据反馈调整设计方案，实现快速设计迭代优化。例如，典型的测试就是邀请宇航员穿着航天服，在模拟火星重力环境下体验车内的操作。

（5）情境化设计

考虑太空人在不同工作和生活情境下的使用流程，针对具体情境进行设计。例如，太空环境中的出行方式，想象在一种全新的环境下，人的出行方式是如何实现的。该方向的设计空间范围很广，是未来太空探索的重要方向。

（6）注重场景适应性

考量火星环境特征，采用适合该环境的设计方案。例如，由于火星大气稀薄，需要设计与地球不同的压力控制系统。

从以上来看，进行火星探索的设计旨在推动科学探索、打破地球资源限制、实现人类扩张与移民、促进技术创新与发展，以及推动国际合作与竞争。这些目标都对人类社会和科学技术的进步具有重要意义。

第三节　未来视角的跨学科设计发展趋势

随着社会的发展，人类面临的问题类型将日益复杂化。许多问题的解决需要不同学科背景的专家进行协同，设计领域也不例外。面向未来，设计必然需要和更多学科展开广泛的交叉与合作，以获得新的视角、新的理论和新的方法。

一、人工智能时代设计学发展现状

当前，设计学的交叉融合主要集中在工程、艺术等传统相关领域，然而，未来的信息技术、数字技术、材料科学、系统科学等领域与设计学的交叉融合也势在必行。设计需要汲取更多样化的知识资源，拓宽视野，提升解决复杂问题的能力。人工智能技术的崛起究竟是“摩西的手杖”还是“潘多拉的魔盒”，这取决于智能设计伦理的导向。未来将是以人工智能技术为主导的时代，未来设计发展必须主动探索与人工智能各阶段的契合点，适应跨学科发展的路径。只有如此，设计才能在未来的复杂环境中发挥其应有的作用。

1. 发展现状分析

为了研究与“人工智能时代设计学研究”相关的文献，我们使用了知网数据库进行检索。检索关键词包括“生成式设计”“生成式设计方法”“生成式设计流程”“人工智能设计”“人机交互”“智能交互”等。检索的时间限制为 2014 年至 2024 年，通过分析发文量、研究地区、作者、研究机构、文献来源、研究热点和高被引文献等方面的表现，我们对人工智能设计学研究进行了全面梳理。

从 2014 年到 2024 年，人工智能时代设计学相关研究的发文量总体呈现出明显的上升趋势，如图 9–6 所示。这种趋势表明，随着人工智能技术的快速发展，其在设计学领域的应用和研究也越来越受到重视。尤其在 2023 年，发文量增速显著，这与人工智能技术在这一阶段的突破和广泛应用有关，尤其以 ChatGPT 为主的语言大模型被广泛应用。发文量的增加不仅反映了人工智能技术对设计学领域的深远影响，也体现了设计学与人工智能的跨学科融合趋势。研究者不仅关注设计本身，还将计算机科学、心理学、社会学等多个学科的知识融合进设计研究，以解决传统设计中难以解决的问题，如数据驱动设计和用户行为分析等。

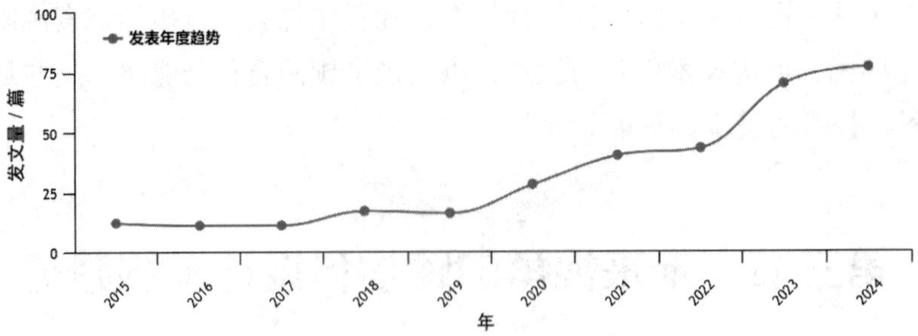

图 9-6　发文量总体趋势图

从主题分布来看，在人工智能时代设计学相关研究中，研究者主要关注的主题包括人机交互设计、智能系统设计、用户体验设计等。这些主题是该领域的核心和前沿。其中，人机交互设计和用户体验设计占据了较大的比例，反映了研究者对通过人工智能提升用户与系统交互体验的重视。同时，不同主题之间可能存在一定的关联性，例如，人机交互设计和用户体验设计往往是相辅相成的，两者共同致力于提升用户使用人工智能系统的满意度和效率。智能系统设计成为主要主题之一，表明智能化已经成为设计学研究的重要方向。研究者对用户体验设计的关注，促使设计产品在功能性之外更加注重用户满意度，从而提升产品的市场竞争力。这些与人工智能相关的设计研究，推动了相关产业的升级和发展。

研究人工智能时代设计学研究的热点和趋势，不仅有助于学术界了解该领域的发展动态，也为实际应用和未来研究提供了重要的启示。

2. 研究热点分析

通过使用 Web of Science Core Collection 的子集中的 SSCI（社会科学引文索引）数据库，对“人工智能设计学研究”相关的文献进行检索，以获得该领域的全貌和发展趋势。采用关键词共现聚类分析，可以揭示人工智能和设计领域讨论的主题，以此展示研究的关联性、交叉点。采用关键词聚类图谱分析，有助于了解研究的演变过程和未来的热点趋势。此外，通过分析高被引文献，了解学者在人工智能跨学科研究中的关注重点。

在所检索的 705 篇文献中，获得了 3163 个关键词，我们使用 Vosviewer 进行关键词共现分析，设定共现频次阈值为 4。经过合并同义词，最终得到了 258 个关键词，并形成了 4 个关键词共现聚类。图 9-7 中有 4 个主要聚类，分别为 #1 AI-assisted design，#2 Data identification，#3 HCI assistance，#4 IT-processing。

（1）聚类 #1—AI-assisted design，涉及 74 个关键词，如 Design（设计）、Internet（互联网）、Framework（框架）、Management（管理）、Systems（系统）、Future（未来）、Innovation（创新）、Sustainability（耐久性）和 Architecture（结构）等。这些关键词在 AI-DDR 研究中反映了学者如何将设计学与其他领域结合并推动其发展，展示了在方法和学科领域的创新。随着人工智能技术的发展，设计者越来越追求智能、高效和精准的设计方法与工具，将人工智能技术应用于设计实践中以提升效率和创新性，并提出了以人工智能为代表的信息技术辅助设计的创意方法。这也要求设计者具备跨学科的知识和技能，包括计算机科学、统计学、心理学和社会学等领域的学科知识。

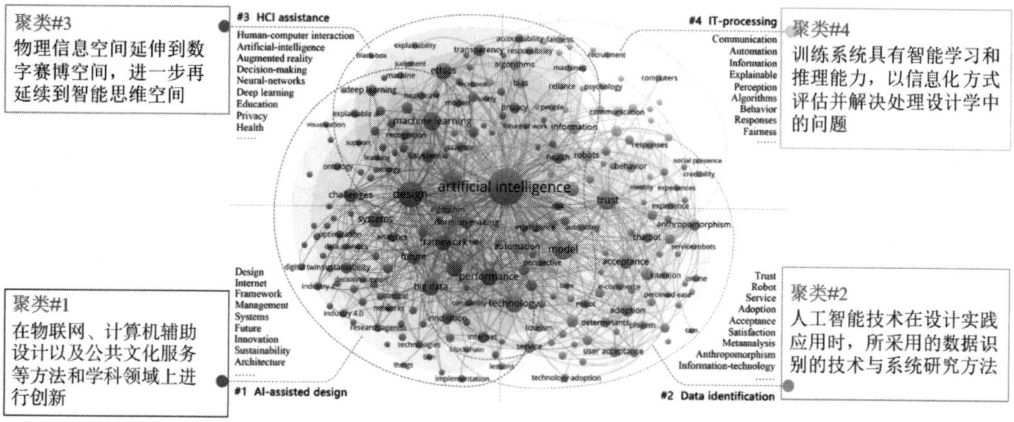

图 9-7　AI-DDR 的文献关键词共现聚类

（2）聚类 #2—Data identification，包含 74 个关键词。该聚类直接反映了在设计实践中，应用人工智能技术时所采用的数据识别技术研究方法。人工智能技术能够有效地利用数据，通过全球设计优化、智能控制、系统健康状态估计等功能提升设计内容的竞争力。人工智能应用于许多设计领域，包括图像分类、语音识别、自动驾驶汽车和计算机视觉等，正在逐渐改变国际设计学的研究视角，为研究学者提供更多可能性。

（3）聚类 #3—HCI assistance，包含 63 个关键词。从中可以看出，人工智能经历了从非智能化到智能化的转变，涉及通用人工智能、超人工智能、类人工智能和强人工智能。此外，还涉及思维方式的转变，从牛顿思维向量子思维的转化，以及计算科学范式的变化。在智能化的过程中，数据结构、信息架构、知识图谱、体验模式、认知范式等扮演着举足轻重的角色。最终目的是将云端的大数据和个人自我量化的小数据结合起来，形成一个内外交互的系统，通过人工智能自动化来作出决策。推动交互设计从物理信息空间向数字赛博空间拓展，再向智能思维空间拓展。

（4）聚类 #4—IT-processing，包含 47 个聚类词。该聚类反映了人工智能的核心功能，即训练系统具有智能学习和推理能力。将人工智能技术与设计学结合，可以通过多种算法对设计进行拓展和优化处理，以信息化方式评估和解决设计中的问题。在研究方法方面，学者主要采用遗传算法、感官评估等研究方法，结合科技与设计，以满足用户个性化需求，并取得更好的研究成果。

以上表明，这四个聚类揭示了人工智能技术与设计学在不同领域的应用和影响。它们涉及机器学习、数据隐私、人机交互、设计拓展等多个方面，展示了人工智能技术的多样性和广泛性。这些聚类分析为我们提供了对人工智能领域的全面认识，也提醒我们在推动人工智能发展过程中需要关注伦理、社会和环境等方面的问题。

二、人工智能时代发展的三大阶段

人工智能的概念可以追溯到20世纪50年代，尽管当时对于人工智能的定义和范围还存在一定的争议。20世纪五六十年代，出现了早期的人工智能研究项目，如逻辑推理等，具有代表性的有艾伦·图灵的图灵测试。20世纪七八十年代，人工智能进入了知识工程和专家系统的时代，专家系统是一种利用专家知识进行推理和决策的计算机系统。1990年，机器学习和统计方法在人工智能中得到广泛应用，包括支持向量机、决策树、贝叶斯网络等。随着时间的推移，人工智能的发展越来越快速，涉及机器学习、深度学习、自然语言处理、计算机视觉等多个子领域。伴随着计算能力的提升和数据的丰富，人工智能正逐渐成为一个重要的技术应用领域，对人类社会产生着深远的影响，如图9-8所示。

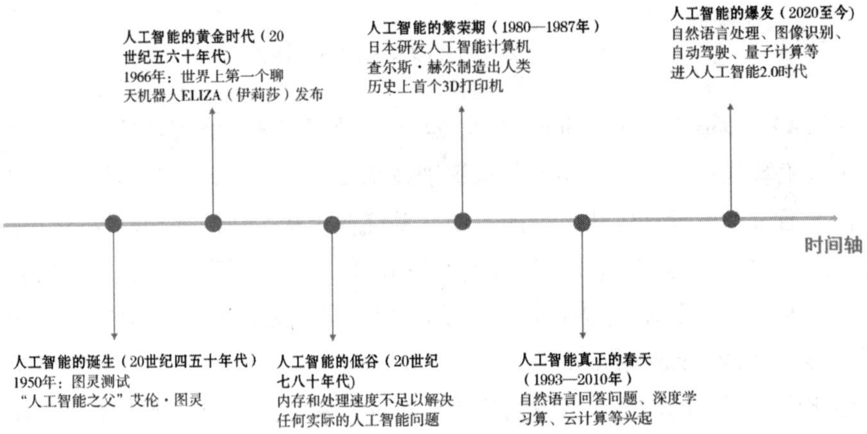

图9-8　人工智能技术发展的过程

按人工智能发展的不同阶段，从术语厘定的角度将其分为弱人工智能时代、强人工智能时代和超人工智能时代，如图9-9所示。三者之间存在一定的关系，每个阶段都为下一个阶段的发展奠定了基础。

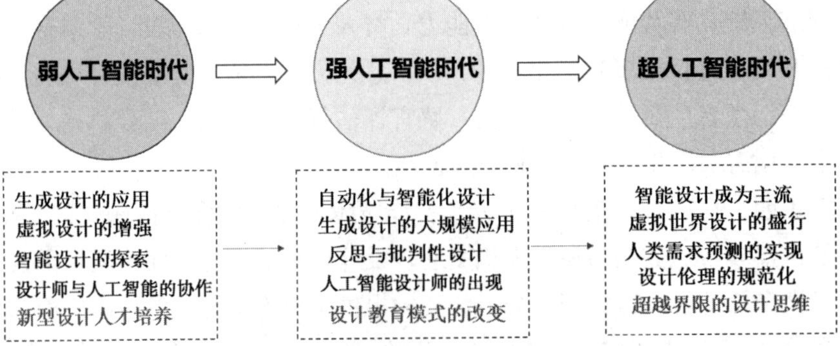

图9-9　人工智能发展的三个阶段

1. 弱人工智能时代的设计

第一个阶段弱人工智能时代也称为狭义人工智能时代，指的是目前我们所处的阶段。20 世纪 80 年代，哲学家约翰·塞尔（John Searle）提出了“弱人工智能”的概念，将其称为“应用型人工智能”。在这个阶段，人工智能系统被设计用于执行特定领域的任务，具有狭窄的功能和专业化的能力。这些系统可以在特定领域表现出色，但缺乏跨领域的智能和综合性的学习能力。弱人工智能时代的典型例子，包括语音助手、图像识别系统和推荐算法等。

在弱人工智能阶段，人工智能系统的能力相对较低，主要用于执行特定任务或解决特定问题。其能力受限于预定义的规则和算法，设计者在这个阶段更多地关注如何将人工智能技术应用到设计实践中。

（1）人机交互设计的发展

在弱人工智能时代，设计者需要不断提升自己的数字素养，以更好地理解和应用新兴的技术工具与平台。设计者将与人工智能系统进行更密切的协作，共同完成设计任务。设计者需要学习如何与人工智能系统进行有效的交互，理解其工作原理和局限性，并将其应用于设计过程中。这包括简化操作流程、提供直观的图形界面、优化语音指令识别和响应等方面。加强对用户行为和交互的研究，以更好地满足用户需求。

（2）智能设计的探索

在弱人工智能的支持下，智能设计成为可能。例如，智能家居可以通过感知环境和用户需求，自动调节温度、照明等设备；可穿戴设备则可以根据用户的生理数据提供个性化的健康建议。设计学将探索如何充分利用人工智能技术，开发智能化的产品和服务，提升用户体验和生活质量。

（3）虚拟设计的增强

虚拟现实和增强现实技术为设计者提供了更好的虚拟体验。设计者可以在虚拟空间中进行设计和评估，模拟真实使用场景，减少实际制作成本和时间。这将推动虚拟设计的发展，使设计过程更加高效和精确。

（4）生成设计的应用

设计者将与人工智能系统进行协同创作，利用其生成设计来提供个性化的设计解决方案。这将使设计更加符合用户的需求和偏好，并为个体提供定制化的体验。设计者可以利用这些技术快速生成多样化的设计方案，提供更多选择和灵感。设计学将研究如何更好地应用这些新技术，平衡自动生成和设计者创造力之间的关系，实现设计的创新和个性化。

（5）设计自动化的探索

依托弱人工智能，有机会实现设计自动化。例如，自动方案生成、评价可以大幅提高设计效率和生产效率。设计学将研究如何通过算法和自动化工具，实现设计过程的自动化和智能化，减少重复性劳动，释放设计者的创造力。

（6）大数据支持下的设计研究

大数据和数据挖掘技术可以更好地分析用户数据，提供设计决策支持。通过收集和分析用户行为、偏好和反馈等数据，设计者可以更准确地了解用户需求，优化产品设计和服务体验。这将推动设计研究方法论的更新，使设计更加科学。

（7）设计者与人工智能的协作

设计者与人工智能的协同工作将成为一个重要的研究课题。设计者可以利用人工智能技术辅助设计过程中的任务，如数据分析、模型生成和优化等。同时，设计者也需要发挥其主观能动性，运用专业知识和创造力进行判断与决策。设计学将研究如何实现设计者与人工智能的有效协作，使二者相互补充，共同推动设计的创新和发展。

（8）新型设计人才培养

针对弱人工智能时代的设计需求，设计学需要培养新型人才，他们不仅要具备设计领域的专业知识和技能，还要掌握与人工智能相关的技术和应用。这些人才需要具备跨学科的能力，能够理解和应用人工智能在设计中的潜力与限制，以及与技术团队合作进行创新设计的能力。设计学将加强人才培养体系的建设，提供相关的教育和培训，培养适应弱人工智能时代设计需求的专业人才。

总之，随着弱人工智能的发展，设计学将面临新的机遇和挑战。人机交互设计、智能设计、虚拟设计、生成设计、设计自动化、大数据支持下的设计研究、设计者与人工智能的协作以及新型设计人才培养将是设计学发展的重要方向。

2. 强人工智能时代的设计

第二个阶段强人工智能时代也称为广义人工智能时代，主要指的是具备与人类智能相媲美的人工智能系统的阶段。在该阶段，人工智能系统将具备更广泛的认知能力，能够理解和处理多种任务与问题，具备自主学习和创造的能力，进一步在各领域进行自主决策，显示出高度的智能性。

此外，强人工智能系统具备更高级的认知能力和学习能力，能够处理更加复杂的任务和问题。在设计领域，强人工智能可以参与更广泛的创意过程、提供更深入的分析以及预测能力，并与设计者进行更紧密的合作。设计的重点转移到解释复杂数据上，能够作出决策并与人类进行交互的系统。该阶段的设计将出现明显的分化，具有自动化、智能化、虚拟化以及批判性等特点。

（1）人工智能设计者的出现

随着强人工智能的发展，人工智能设计者可能成为一种新的角色。人工智能具备了自主学习和创造的能力，可以通过分析大量数据和学习设计规律，提供创新的设计方案。人工智能设计者可以与人类设计者进行合作，共同推动设计的创新和发展。但是，人类设计者的主观能动性和创造力仍然是不可替代的，他们可以赋予设计作品独特的情感和人文关怀。

（2）自动化与智能化设计

强人工智能的应用使得设计过程可以实现全面自动化。依托超强人工智能赋能，未来几乎所有产品和服务都将向智能化方向发展。通过嵌入各类感知芯片、运算单元等，产品实现环境感知、语音交互、自主决策等智能功能。人工智能可以自主进行方案设计、生成和优化，使设计效率和质量大幅提升。设计者可以将更多精力放在创意和策略层面，而不是在烦琐任务的重复操作上。

（3）虚拟设计世界的成熟

虚拟现实和增强现实技术的成熟，将推动虚拟设计世界的发展。设计者完全可以在虚拟空间中进行设计，模拟真实的使用场景和交互体验，利用虚拟现实和增强现实技术进行交互与评估。这样的环境能提供更真实的体验，以及更高效的迭代过程，减少实际制作成本和时间，帮助设计者更好地理解用户需求，并对设计方案进行优化。

（4）生成设计的大规模应用

依托生成模型和算法，生成设计将在强人工智能时代得到大规模应用。通过生成模型可以快速生成大量个性化的设计方案，用户还可以根据个人需求和喜好进行个性化设计。这将促进产品向定制化、个性化方向发展，以适应不同用户的需求。

（5）设计教育模式的改变

在强人工智能时代，设计教学将更加注重培养学生的自主学习和思考能力，传统的技能训练将逐渐演变成跨学科的创新思维、解决问题和协作能力的培养。学生需要具备对人工智能的理解和应用能力，掌握数据分析、算法设计等相关知识，以适应未来设计领域的发展变化。

（6）设计伦理的建立

随着强人工智能的广泛应用，设计伦理的建立和监管变得尤为重要。人工智能可能带来一些负面影响，如隐私问题、偏见和不公平等。设计者需要关注隐私保护和数据安全的设计原则。他们需要思考如何设计安全可靠的数据收集、存储和传输机制，以及如何提高用户对个人数据的控制权和透明度。设计学将致力于研究和制定相应的伦理准则与规范，确保人工智能在设计中的合理和道德使用，以保护用户权益和社会利益。

（7）反思与批判性设计

在强人工智能系统中，设计者将承担起反思和批判的角色。设计工作的重心发生了转变，设计者需要审视人工智能系统对社会、文化和个体的影响，并提出批判性的观点。这有助于唤起公众对人工智能伦理和社会问题的关注，提升人工智能技术使用者的责任感。

总之，在强人工智能阶段，设计者需要不断探索和创新，与人工智能系统紧密合作，以制订更智能化、个性化和可持续的设计解决方案。

3. 超人工智能时代的设计

人工智能发展的第三个阶段是超人工智能时代，这是超越人类智能水平的人工智能阶段，此时，人工智能系统将远远超过人类在认知、创造力和问题解决能力上的限制。哲学家尼克·博斯特罗姆（Nick Bostrom）认为，超人工智能在所有的领域都大大超过了人类认知能力的极限。雷·库兹韦尔（Ray Kurzweil）在《奇点临近》中提及奇点概念，预言在2045年，人工智能将超越人类智能。由此可见，超人工智能可能具有超级智能、超级计算和超级学习能力，甚至可能超越人类的理解和控制能力。虽然，超人工智能是一个较为理论性的概念，尚未实现，但引发了许多关于人工智能发展和伦理问题的广泛讨论。

在此阶段，超级智能系统将具备更高级的认知、学习和创造能力。这些系统拥有超出人类理解和想象的智能，能够在各个领域表现卓越。与强人工智能相比，超人工智能系统更加全面、自主和智能化。

在这个阶段的设计活动中，设计者的角色开始转向引导者、策略制定者和评估者，与超级智能系统共同探索设计问题的解决方案。同时，设计者需要思考如何建立有效的监管机制，以及如何保证超人工智能系统对人类价值的尊重，具体情况如下。

（1）超人工智能成为设计的主体

在超人工智能时代，超人工智能系统拥有远超人类的设计能力，可以自主进行各类设计工作，从设计策略制定、方案生成到设计优化、评估等全流程设计。超人工智能设计者将超越人类设计者，成为设计活动的主导者和核心参与者，人类设计者成为协作的辅助角色。人类角色将发生变化，不再是唯一的设计者，而是超人工智能的合作者和意义阐释者。人类设计者将与超人工智能设计者共同工作，发挥自己的创造力、情感和审美判断力。

（2）智能设计成为主流

超人工智能的应用使得各类产品和服务全面智能化，智能设计逐渐取代传统设计成为主流。超人工智能可以通过分析海量数据和学习用户行为模式，提供个性化、智能化的设计方案，满足用户的需求和期望。

（3）虚拟世界设计的盛行

在超人工智能支持下，沉浸感极强的虚拟世界成为可能，用户难以区分虚拟和现实。超人工智能生成的虚拟世界更加真实、自然，不再受现实世界的限制。设计者可以利用超人工智能生成的虚拟环境进行设计，模拟真实的使用场景和交互体验。这将极大地拓展设计的可能性，使设计进入创新前沿。

（4）人类需求预测的实现

超人工智能具备强大的数据分析和预测能力，可以精确预测人类的需求和趋势。通过对大数据的分析和模式识别，超人工智能可以提前进行预设计和个性化定制，满足用户对未来的个性化需求。

（5）设计方法论的重构

传统的设计理论和方法论需要与超人工智能时代对接重构。设计学将探索新的设计方法和工具，以适应超人工智能的参与和影响。同时，设计者也需要不断学习和更新自己的知识与技能，锻炼与超人工智能协同创作的能力。

（6）设计伦理的规范化

随着超人工智能的广泛应用，设计伦理监管和约束机制变得更加重要。设计学将致力于研究和制定相应的伦理规范，确保超人工智能在设计中的合理和道德使用，避免出现失控或负面影响。

（7）智能系统与人类情感的连接

超人工智能系统具备更高级的情感识别和表达能力。设计者将探索如何在设计中融入情感智能，使超人工智能系统能够理解和回应用户的情感需求。这将涉及情感设计、情感交互和情感反馈等方面的创新，以提升用户体验。

（8）超越界限的设计思维

超人工智能时代的设计学将鼓励跨界合作和创新。设计者将与其他领域的专家共同探索超人工智能系统的设计和应用。这可能涉及与科学、艺术、哲学等领域的交叉合作，以推动设计学的进一步发展和对超人工智能系统的创新应用。

总之，超人工智能时代的设计学将面临许多新的挑战。设计者需要不断探索和创新，与超人工智能系统进行紧密合作，以制订更智能、创造性、情感化和负责任的设计解决方案。

4. 人工智能时代不同阶段的相互关系

随着人工智能技术的发展，它对设计学的影响也呈现出阶段性特点：

第一，在弱人工智能时代，人工智能还处于辅助设计的角色，对设计过程实现智能化和自动化提供一定支持，但设计活动的主体还是人类设计者。这主要促进了辅助设计的智能系统和设计自动化软件的产生。

第二，在强人工智能时代，人工智能的设计能力很强，可以与人类设计者平起平坐，共同承担设计工作。这将催生人工智能设计者，并使智能设计和虚拟设计成为重要形式。在超人工智能阶段，人工智能将成为设计的主导者和核心参与者，完全取代人类设计者成为设计活动的主体。届时虚拟世界设计、智能设计将成为主流，人类设计者将成为协作角色。

第三，弱人工智能时代的设计为强人工智能时代奠定了基础，通过积累经验和不断优化算法，人工智能系统具备了更高的智能水平和适应能力。强人工智能时代的设计则为超人工智能时代的设计提供了经验和教训，探索了如何在人工智能系统中引入更高级别的智能决策能力。

第四，从设计对象来看，这三个阶段也存在明显差异。弱人工智能时代的设计以人类用户为中心；而强人工智能时代需要将人工智能用户考虑在内，设计成为一种人机协同的产品，最终，人工智能用户成为超人工智能时代设计的主要服务对象。同时，设计内容也从现实世界逐渐扩展到虚拟多维空间。进一步看，设计方法论和设计思维方式也需要与各个阶段的技术水平进行相适应的变革。

总体而言，弱人工智能时代为设计者提供了基础的自动化辅助工具，强人工智能时代增强了设计者与智能系统的合作能力，而超人工智能时代，则将进一步推动设计者与超人工智能系统的深度融合，共同开展更复杂、创新、智能的设计工作。超人工智能时代的设计则需要借鉴前两个阶段的设计经验，但也面临着更大的挑战与责任，需要更加重视系统的安全性与伦理性。

三、人工智能时代未来设计发展路径

随着人工智能技术的普及，未来将为设计带来更多的可能性和创新机会。了解未来设计发展的趋势，必须与过去的设计做比较，这样才能更好地对未来设计做预测。首先，人工智能设计是数据驱动的，依赖于大量的数据进行分析和学习，而传统设计更多依赖于经验和直觉；其次，在设计目标、设计方法、设计重点、设计价值方面，二者都有着不同的侧重点和明显区别，如图 9-10 所示；最后，人工智能还能模拟和生成大量的设计方案，帮助设计者激发新的创意，这是传统设计无法达到的。

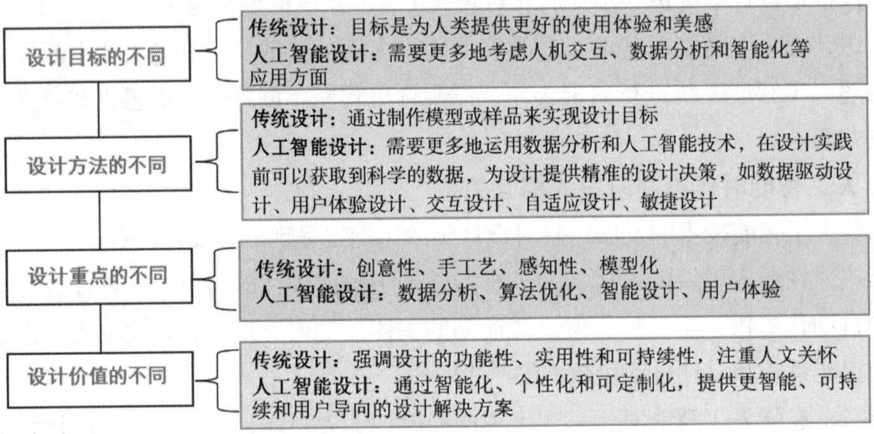

图 9-10　人工智能设计与传统设计的区别

对未来而言，人工智能技术对设计产生积极的影响，主要的发展路径如下。

1. 设计科学的形成

随着未来设计问题的复杂化，传统依赖经验和直觉的设计方法已经难以满足需求。如何使设计研究达到科学化和系统化，构建具有科学性的设计科学，已成为设计学发展的重要课题。该学科是运用科学方法和智能化技术等对设计活动进行系统研究，构建设计的科学理论体系和设计模型的一门新兴交叉学科。它不同于传统依赖个人经验的设计，而是追求进行可重复验证的设计研究。

首先，在方法论上。设计科学需要全面吸收科学研究的系统方法，如提出设计假说并进行假说检验的科学实验法，控制变量变化来找寻变量间关系的方法，运用统计学验证获得结果的可靠性，以及建立标准化的设计方案评估机制等。科学方法论的引入，使设计研究打破依赖经验与直觉的局限，区别于传统的以感性认识为主的设计研究，实现研究的可重复性和结果的可验证性。

其次，在研究内容上。设计科学需要实现设计要素的量化研究，如设计者个人特征、设计行为特征、设计方案特征以及用户体验特征等的量化。这需要借鉴心理学、认知科学等领域已有的量化经验，并运用科学仪器配合测量设计者的脑电活动、眼动轨迹等行为数据，直接测量设计活动中人体的生理变化情况。此外，计算科学和仿真技术为设计优化也提供了大量支持。这都需要设计科学与相关科学技术领域的紧密协作，对设计活动过程进行解析。

最后，在理论构建上。一方面，设计科学要突破传统碎片化的经验理论，形成系统完备的设计科学理论体系。运用科学理论构建的规范方法，在设计心理学、设计决策、设计方法论、设计评价科学等方面，创建严谨的理论框架。另一方面，设计科学需要建立各层次的设计模型，从具体的设计活动流程模型，到设计方案生成模型，再到抽象的设计心理模型和设计决策模型等，通过计算机科学和系统科学的支持，将设计研究中的各种关系用科学化模型进行表征。

总之，构建设计科学需要在方法论、研究内容、理论体系等方面全面吸收科学研究的理念，以实现设计研究从经验主义到科学主义的转变。

2. 方法论的拓展

面对未来日益复杂的设计问题，传统的设计方法论面临新的挑战。设计问题的复杂性来源于多方面因素：首先是问题涉及的学科领域越来越广；其次是问题涉及的参与主体和影响因素越来越多；最后是需求的不确定性增加了问题的模糊性。复杂设计问题具有高度开放性和非确定性。为有效应对未来复杂设计问题的需求，设计学亟须拓展现有的方法论体系。

设计理论的融合与创新在未来视角下具有重要意义。设计学的理论研究旨在解决设计学的核心概念、研究对象、内容和学科体系等基本问题，以推动学科的发展。但是，当前设计学领域的理论研究相对滞后，大部分关注点集中在概念阐释和辨析上，缺乏理论的深度融合和创新，尚未形成独具特色且广泛认同的理论框架。

具体来说，设计学可以从复杂科学中汲取新的方法论资源。复杂科学提供了复杂系统理论、计算科学模型、多目标优化理论、演化论等多种工具。这些方法强调整体性、动态性、非线性关系的分析，并善于处理高度复杂和模糊性问题。例如，复杂系统的仿真和分析可以全面揭示设计问题的系统机理；基于代理者模型可以模拟多主体参与的动态博弈过程；进化算法可以进行设计方案的多目标优化。这些方法为设计学引入了新的视角，丰富了设计的方法论体系，提高了处理复杂设计问题的能力。

此外，设计学也需要借鉴其他学科面对复杂问题的方法论经验。例如，系统工程针对大系统问题的建模与优化方法、管理科学中协同设计的方法论、计算机科学的仿真与可视化方法等，都可以为设计学的方法论更新提供借鉴。与其他学科的密切交流，也可以促进设计学方法论体系的拓展。

为更好地应对未来复杂设计问题的需求，设计学亟须从复杂科学和其他学科中汲取新的方法论资源，不断拓展和优化现有的设计方法论体系，以提高面对复杂设计问题的应对能力和解决问题的能力。这也需要设计学主动打破学科壁垒，与相关学科保持积极的交流合作。

3. 复杂性研究的引入

随着社会发展和科技进步，设计问题本身的复杂性呈指数级增长。这类复杂问题往往涉及多个领域知识，具有大量不确定因素、目标冲突等特点。要有效解决未来复杂设计问题，设计学有必要吸收复杂科学的理论和方法。

首先，复杂系统理论可以帮助设计者采用整体性的系统思维。通过构建系统元模型，找到设计问题的根本影响因素和系统支点。复杂性经济学中的网络外部性理论也为评估设计方案的系统效应提供了视角。此外，复杂系统的计算模拟使得设计者可以在计算机上多次仿真设计方案，全面评估其动态影响。这有助于设计方案的科学决策。

其次，针对多目标优化的复杂问题，设计者可以运用多目标进化算法和智能优化理论。这些方法可以在设计参数的高维空间中找到最优的平衡解。同时，设计者可以应用复杂系统的敏感性分析方法，找到对设计影响最大的关键要素。设计者还可以通过情景构建等方法，描绘多个可能的未来，以应对不确定性。

最后，复杂科学强调综合多种研究方法的互补运用，这为设计学方法论的多样化提供了支持。不同研究方法可以从不同侧面深入理解设计问题的复杂性。复杂科学为设计学提供了重要的理论和方法支撑，设计学发展有必要主动吸收这些研究成果，以更好地应对未来设计问题的复杂性和挑战。

4. 多学科协同的推进

随着设计问题的广泛化和复杂化，任何一个学科都难以单独完成设计任务。未来设计需要不同学科背景的专家形成设计团队，进行协同合作。因此，推进设计学多学科协同创新势在必行。

其一，设计学需要主动探索与其他学科的交叉点和契合面。识别其他学科的理论和知识，对设计问题的解决具有重要作用，这样可以找到合适的协同创新方向。除了艺术学科，设计学还可与心理学、管理学、医学、农学等学科开展更广泛的协同。

其二，设计学与相关学科要建立长期稳定的交流合作机制，促进信息共享和项目合作，实现人才、技术等要素的有机融合。鼓励院校积极开设具有多学科背景的设计专业点和课程模块。同时，要树立开放和包容的理念，主动学习其他学科语言，增强跨学科沟通能力。在合作中发挥设计学的整合作用，促成知识的有效碰撞与创新。

其三，设计学需要构建跨学科协同创新范式。这可以借鉴复杂系统管理和新产品开发等领域的跨学科协同创新经验。在这个过程中，重点是厘清协同设计中的角色定位、任务分工、决策机制等，将各学科优势有效整合。例如，在公共空间设计领域，设计者需要通过整合建筑学、心理学、行为学等多学科的知识，设计出更加健康的公共设施空间。

其四，设计学需要致力于打破学科壁垒，与相关学科建立长期合作机制，形成以设计问题为驱动的跨学科协同创新模式。这既是设计教育的发展方向，也是形成设计实践能力的需要。

5. 新技术的运用

当前新技术，如虚拟现实、增强现实、人工智能等新技术，为设计创新提供了巨大的可能性。设计学及时吸收和运用新技术，将推进设计研究和实践的发展。

一是设计学需要加强与计算机科学、信息技术等前沿技术领域的交流合作。通过联合研究项目，学习前沿技术的运作原理和应用方法，关注新技术对传统设计的影响，在继承创新中，处理好新技术与设计文化传统的关系，帮助设计人才掌握新技术。

二是设计学将新技术作为教学内容和手段引入。开设相关技术应用课程，采用虚拟仿真等新技术辅助设计教学，帮助学生掌握技术运用能力；更新设计专业仪器设备，为技术支持设计创新创造条件。

三是设计学研究者和设计者要改变传统思维方式，充分发挥想象力，探索新技术在设计中的创新应用，如人机交互、装置艺术、智能设计等。这需要跨学科团队密切合作，促进技术和设计思维的碰撞。

总之，设计学需要紧跟新技术潮流，通过各种途径吸收技术成果，并加以创新应用，以丰富设计的表达能力。

6. STEAM 教育的推广

STEAM 教育是一种综合性的教育方法，它将科学（Science）、技术（Technology）、工程（Engineering）、艺术（Arts）和数学（Mathematics）融合在一起，以跨学科的方式培养学生的创造力、解决问题的能力和综合思维能力。

设计是包含科技、工程、艺术等元素的多学科综合活动，而 STEAM 教育契合了跨学科的设计特征。通过 STEAM 教育，学生在科学、技术、工程、数学等各个领域都能学到知识，视野更加开阔。通过 STEAM 教育的推广，学生可以吸收其他学科知识。

首先，设计专业增加与 STEAM 相融的课程内容，培养学生的 STEAM 综合能力。相关课程可涵盖编程、机器人、数据统计、工程制图、艺术表达等方面，通过项目实践驱动 STEAM 能力培养。其次，设计课程的教学方法借鉴 STEAM 教育的做法，采用以项目为核心的教学法、基于问题的教学法等，训练学生的设计思维能力。再次，设计教学要组建涵盖多学科的教学团队，聘任兼具科学、技术等知识背景的教师，更好地开展 STEAM 教学；进一步增加文理交叉的学习模式，构建与理工科专业交叉的学位课程。学生既能学习设计专业知识，又能跨专业学习科学、技术等方面知识，实现更广泛的知识结合。最后，设计教学要提供必要的 STEAM 学习工具与平台，建立与科学实验室、工程实训基地等的合作关系，支持学生开展 STEAM 创新项目实践。通过实际项目和任务驱动的学习，鼓励学生进行探索、发现和创新，培养学生的批判性思维、团队合作、沟通技巧和创造性表达能力，以应对未来复杂的挑战。

四、未来设计展望

未来设计学的发展呈现出与社会科技进步相辅相成的趋势，设计问题的复杂性与系统性日益增加。在解决这些超越传统学科范畴的复杂设计问题时，设计学需要主动适应新形势，学习和吸收其他学科的理论与技术，以拓宽研究视野，提升设计实践能力。

赫伯特·西蒙指出，“设计是一个复杂的、需要与认知科学协作的过程”。因此，设计学需要紧密结合认知科学、人工智能等前沿交叉学科，以处理未来复杂系统设计问题。麻省理工学院教授尼古拉斯·尼葛洛庞帝认为，未来设计研究是“一个巨大的协作空间”，需要工程师、科学家与设计者的密切合作。设计者需要与更多具有专业背景的人士密切合作，共同应对复杂的设计挑战和社会化问题。这种跨学科合作将促进创新的产生，并为设计带来新的可能性。设计创新已经成为一种生产力，是创造高附加值的重要手段，也是设计者在创新经济时代中的核心竞争力。

从以上分析来看，未来设计学跨学科研究主要呈现以下发展趋势：第一，需要借鉴系统科学等学科的系统思维，加强对设计问题的整体性分析，将设计视为一个与其环境相互作用的复杂系统。第二，在吸收科学技术成果的同时，还需继承人文社会科学的人本关怀。设计者应该关注人类的需求、价值观和情感体验，以人为中心的设计方法成为趋势。第三，未来设计需要积极运用新技术，如虚拟现实、增强现实、人工智能等创新技术，这些新技术为设计者提供了新的创作工具和表达方式，拓展了设计的边界。第四，推广 STEAM 教育，实现设计与科学、技术等学科的有机融合，通过将艺术与科学、技术等学科相结合，从不同领域的知识和技能中获取灵感，提高解决问题的能力，并将其应用于未来的设计实践中。第五，面对未来复杂设计问题，引入复杂科学的相关理论和方法，研究复杂系统的结构、行为和演化规律，提供一种全新的思考方式。第六，不同学科需要打破隔阂，形成项目团队，通过协同创新解决设计问题，这种协同创新的模式将加强设计解决方案的综合性，为未来设计带来新的突破。

展望未来，设计学发展还面临着许多挑战：首先，“设计科学”的建设需要加强对设计活动的科学化研究，构建更为完善的设计科学理论体系，这包含对设计过程中各要素的科学分析，以及对设计创新的科学性探讨。其次，未来设计学发展需要拓展“跨学科设计思维”的范围，不断更新设计方法论，培养设计人才具备更强的跨学科研究综合能力，为设计者提供更全面的思维框架。再次，建设具有本土化设计理念的体系，也是推动设计理论创新应用的重要方向。最后，未来设计应拓展设计对象范围，深入探索火星设计、人工智能设计、虚拟世界设计等前沿领域。这不仅挑战了设计者的创造力和思维，也为未来社会需求提供了更广泛的解决方案。

综上所述，未来的设计学发展需要秉持一种开放和包容的理念，与相关学科形成交叉密切的合作关系。设计学的进步应该以服务于国家重大需求为导向，通过拓展设计研究的广度和深度，充分发挥设计的独特价值，让设计的价值在应对复杂社会问题中得以充分发挥。这既是应对未来挑战的必由之路，也是提升设计实践能力、推进学科健康发展的关键所在。因此，设计学必须以国家层面的宏观高度为依托。从设计引领创新出发，加强对设计的整体规划，形成设计文化、设计体系、设计力量。这种整体性规划将有助于增强国家的综合实力。在设计研究方面，更加紧密地对接国家战略需求至关重要，这使设计成为解决国家重大问题的有力工具。未来设计学的发展要立足于国家层面，将设计的力量有效地融入国家战略体系，为国家建设和全球发展贡献更大的智慧与力量。这既是对设计学发展的迫切要求，也是提升国家整体创新水平、维护国家核心竞争力的紧迫需求。

参 考 文 献

[1] 王之康 . 交叉学科将成我国第 14 个学科门类 [N]. 中国科学报，2020-08-11（6）.

[2] 邱松，徐薇子，岳菲，等 . 设计形态学的核心与边界 [J]. 装饰，2021（8）: 64-68.

[3] 夏燕靖 . 交叉学科设计学与对应调整方案的要点解读 [J]. 工业工程设计，2023，5（1）: 11-18.

[4] 彭亮 . 当下中国设计教育的问题与对策 [J]. 家具与室内装饰，2021（2）: 33-35.

[5] 曹斌华 . 设计基础课程的整合与重构 [D]. 南京：南京艺术学院，2021.

[6] 周志 . 对象、目的、方法：交叉学科视域下设计理论研究的反思 [J]. 艺术设计研究，2022（6）: 42-49.

[7] 罗蓉 . 交叉融合作为设计学科属性的必要性——以设计心理学为例 [J]. 美术教育研究，2023（14）: 97-99.

[8] 徐迎庆，王韫，付心仪，等 . 学科交叉与设计创新研究进展 [J]. 科技导报，2023，41（8）: 17-25.

[9] 周星，董阳 . 艺术学科与新文科建设关系的观念思考 [J]. 艺术设计研究，2020（3）: 108-114.

[10] GEMSER G，DE BONT C. design-related and design-focused research：a study of publication patterns in design journals [J]. The journal of design，economics，and innovation，2016，2（1）: 46-58.

[11] 张钊玮，向云波 . 跨学科的设计教育研究——以思辨性设计课程建构为例 [J]. 设计，2023，36（15）: 97-99.

[12] 陈赛君，陈智高 . 领域交叉性分析指标与方法新探及其实证研究 [J]. 情报学报，2013，32（11）: 1184-1195.

[13] FONTANA M，IORI M，MONTOBBIO F，et al. New and atypical combinations：an assessment of novelty and interdisciplinarity [J]. Research Policy，2020，49（7）: 104063.

[14] 贡雨婕，祝帅 . 交叉学科门类“设计学”一级学科的体系、内涵与定位 [J]. 美

术学报，2023（2）：142–151.
［15］徐江．知识图谱视角下的设计元研究管窥［J］．装饰，2019，318（10）.
［16］徐江，孙刚，欧细凡．设计学交叉研究的文献计量分析［J］．南京艺术学院学报（美术与设计），2021（2）：91–98.
［17］周志．从范畴、路径与导向看设计学科的间性特质——兼与祝帅兄商榷［J］．南京艺术学院学报（美术与设计），2019（1）：143–148.
［18］HOWARD T J，CULLEY S J，DEKONINCK E. Describing the creative design process by the integration of engineering design and cognitive psychology literature［J］. Design studies，2008，29（2）：160–180.
［19］唐孝威．意识笔记［M］．杭州：浙江大学出版社，2018.
［20］刘征，王斐然．创新设计——设计未来学研究初探［J］．新美术，2016，37（4）：4.
［21］富勒．设计革命［M］．陈霜，译．武汉：华中科技大学出版社，2017.
［22］熊文靓，付慧真．基于主题挖掘模型的跨学科性研究主题及其演化研究［J］．情报科学，2021，39（11）：117–120.
［23］波普尔．科学发现的逻辑［M］．查汝强，等译．杭州：中国美术学院出版社，2008.
［24］陈向明．质的研究方法与社会科学研究［M］．北京：教育科学出版社，2000.
［25］CARROLL M，GOLDMAN S，BRITOS L，et al. Destination，imagination & the fires within：design thinking in a middle school classroom［J］. International journal of art & design education，2010，29（1）：37–53.
［26］王传毅．优化顶层设计分类推进交叉学科建设［J］．北京社会科学，2023（1）：102–105.
［27］斯佐斯塔克，雷普克．如何进行跨学科研究［M］．傅存良，译．北京：北京大学出版社，2016.
［28］胡飞，米江辉．设计学的领域方法与一般方法研究［J］．南京艺术学院学报（美术与设计），2022（5）：70–77，216.
［29］李立新．设计艺术学研究方法［M］．南京：江苏美术出版社，2009.
［30］陈茁，陈云松．计算扎根：定量研究的理论生产方法［J］．社会学研究，2023，38（4）：50–73，227.
［31］赵伟．广义设计学的研究范式危机与转向［D］．天津：天津大学，2013.
［32］周俊．问卷数据分析：破解 SPSS 软件的六类分析思路［M］．北京：电子工业出版社，2020.
［33］MORTATI M. New Design Knowledge and the Fifth Order of Design［J］. Design issues，2022，38（4）：21–34.
［34］佩夫斯纳．现代设计的先驱者——从威廉·莫里斯到格罗皮乌斯［M］．王申祜，王晓京，译．北京：中国建筑工业出版社，2004.
［35］练志闲．跨越定性与定量方法的界限［N］．中国社会科学报，2023-08-25（003）.

[36] 王亚杰，宋晓平，张文修．学科专业目录调整与学科建设［J］．学位与研究生教育，1998（1）．

[37] 李超德．设计学学科属性应该回归设计真相［J］．工业工程设计，2022，4（1）：1–6，18.

[38] 苏振芳．创新思维方法论［M］．北京：社会科学文献出版社，2013.

[39] 曹玲静，陈云伟．学科交叉评价研究进展综述［J］．情报杂志，2020，39（7）：173–180.

[40] 付轼辉，焦媛媛，鲁云鹏．产品创新设计思维：结构维度、量表开发与检验［J］．南开管理评论，2023：1–23.

[41] 王红．设计学学科的定义、内涵与属性概述［J］．艺术教育，2014（12）：152.

[42] 李佳敏．跨界与融合：基于学科交叉的大学人才培养研究［M］．苏州：苏州大学出版社，2016.

[43] 赵江洪．设计和设计方法研究四十年［J］．装饰，2008，185（9）：44–47.

[44] 俞立平，宋夏云，王作功．评价型指标标准化与评价方法对学术评价影响研究——以 TOPSIS 评价方法为例［J］．情报理论与实践，2020，43（2）．

[45] 何晓佑．从“中国制造”走向“中国创造”：高等教育工业设计专业教育现状研究［M］．南京：东南大学出版社，2016.

[46] 吕振伟，刘坤．模糊聚类分析的方法及实例应用［J］．数学的实践与认识，2019，49（6）：288–291.

[47] 马格林．设计问题：历史·理论·批评［M］．柳沙，等译．北京：中国建筑工业出版社，2010.

[48] 焦媛媛，付轼辉，刘亚光．基于扎根理论的产品设计对用户感知的影响机理研究［J］．管理学报，2018，15（8）：1205–1213.

[49] 谢友柏．关于《设计科学与设计竞争力》的写作［J］．中国机械工程，2018，29（4）：499–503.

[50] 西赖特．多元方法社会科学：定性和定量工具的结合［M］．王彦蓉，余利青，译．上海：格致出版社，2020.

[51] 王莉，李晓娟，关永，等．神经网络可信性的形式化验证方法综述［J］．小型微型计算机系统，2022，43（9）．

[52] 李湘民，夏敏燕．基于 CiteSpace 的创新设计研究趋势可视化分析［J］．上海电机学院学报，2023，26（2）：117–124.

[53] 冷先平．论艺术设计的学科交叉与融合［J］．艺术与设计（理论），2013（Z1）：144–146.

[54] 席涛，周芷薇，余非石．设计科学研究方法探讨［J］．包装工程，2021，42（8）：63–78.

[55] 侯悦民，季林红．设计科学：从规范性到描述性［J］．科技导报，2017，35（22）：25–34.

［56］方茗，郑诚 .“未来的未来”——对智能化未来机器人社会百态的想象与设计研究［J］. 艺术与设计（理论），2023，2（6）：31–34.
［57］潘婷，喻仲文 .“艺术与设计的未来：人工智能时代艺术学科发展研究生国际论坛”综述［J］. 服饰导刊，2022，11（2）：106–110.
［58］张凌浩 . 设计交叉与融合型教学模式的构建——评《设计交叉与融合：创造性未来教学模式》［J］. 美术大观，2023（8）.
［59］陈正达，张春艳，徐捷 . 设计再出发［M］. 杭州：中国美术学院出版社，2023.
［60］司马贺 . 人工科学［M］. 武夷山，译 . 上海：上海科技教育出版社，2004.
［61］祝帅 . 论设计研究的“学科间性”［J］. 南京艺术学院学报（美术与设计），2018（1）.
［62］王受之 . 世界设计的历史及其现状——兼谈当代设计教育［J］. 装饰,2008（S1）.
［63］YOU X，HANDS D. A reflection upon herbert Simon’s vision of design in the sciences of the artificial［J］. The Design Journal，2019.
［64］FARRELL R，HOOKER C. Values and norms between design and science［J］. Design issues，2014.
［65］陆丹丹 . 边界与间性：关于中国设计学的身份思考［J］. 创意与设计, 2023（1）.
［66］张黎 .“设计”如何“研究”？——评《中国设计研究百年》［J］. 山东工艺美术学院学报，2019（2）.
［67］曼奇尼 . 设计，在人人设计的时代：社会创新设计导论［M］. 钟芳，马谨，译 . 北京：电子工业出版社，2016.

JOHN N，EDWARDS VANDENHOEK S. Learning together on Country：reimagining design education in Australia［J］. Diaspora，indigenous，and minority education，2022.
［68］何人可，季铁，谭浩，等 . 面向国家战略的数字化与国际化设计创新人才培养体系［J］. 创意与设计，2019（1）.
［69］吴诗中，徐薇子，邱松，等 . 设计形态学之形态建构逻辑［J］. 工业设计，2023（7）.
［70］王之康 . 交叉学科将成我国第 14 个学科门类［N］. 中国科学报，2020.
［71］DORST K. The core of“design thinking”and its application［J］. Design studies，2011.
［72］刘小宝 . 论“跨学科”的谱系［D］. 合肥：中国科学技术大学，2013.
［73］布坎南，马格林 . 发现设计［M］. 周丹丹，等译 . 南京：江苏美术出版社，2010.
［74］马格林，等 . 设计问题［M］. 孙志详，等译，北京：中国建筑工业出版社，2009.
［75］MARGOLIN V，MARGOLIN S. A“social model”of design：issues of practice and research［J］. Design Issues，2002.
［76］徐江，孙守迁，张克俊 . 基于遗传算法的产品意象造型优化设计［J］. 机械工程学报，2007，（4）：53–58，64.

[77] 易中华 . 对高校设计学类跨专业人才培养模式的改革与探索 [J] . 艺术教育，2019（4）.

[78] 周星，曹岩 . 思辨："新文科"建设与艺术学科发展的宏观思考 [J] . 南京艺术学院学报（美术与设计），2020（6）.

[79] 夏燕靖 . 对我国高校艺术设计本科专业课程结构的探讨 [D] . 南京：南京艺术学院，2007.

[80] 鲁安东 . 论设计科学的范式变化与驱动力 [J] . 世界建筑，2022（11）.

[81] 朱建军 . 层次分析法的若干问题研究及应用 [D] . 沈阳：东北大学，2005.

[82] 唐智川，王董玲，夏丹，等 . "人工智能 + 设计"——设计学专业产品设计类课程教学实践新探索 [J] . 装饰，2020，（1）：120–123.

[83] AKOKA J，COMYN–WATTIAU I，PRAT N，et al. V. Knowledge contributions in design science research：Paths of knowledge types [J] . Decision support systems，2023.

[84] CROSS N. Designerly ways of knowing：design discipline versus design science [J] . Design Issues，2001.

[85] BETTS P. Science，semiotics and society：the ulm hochschule für gestaltung in retrospect [J] . Design issues，1998（2）.

[86] 杭间 . 中国设计学的发凡 [J] . 装饰，2018（9）.

[87] 柳沙，谭宇 . 设计心理学研究方法与研究设计 [J] . 装饰，2020，（4）：10–15.

[88] 罗生全，黄朋，潘文荣 . 跨学科主题教学的系统设计与实践进路 [J] . 湖南师范大学教育科学学报，2023（5）：45–52.

[89] 董艳，阳思雨，周欣雨，等 . 跨学科知识建构：内涵特征、概念模型和实践原则 [J] . 中国远程教育，2024（7）：22–30.

[90] 李永锋，朱丽萍 . 基于模糊层次分析法的产品可用性评价方法 [J] . 机械工程学报，2012，48（14）：183–191.

[91] 周星，王廷信 . 学术转型中的学科建设与艺术理论研究 [J] . 艺术教育，2024（8）：19–27.

[92] 仲呈祥 . 科学思维与艺术思维的融合之道——在"媒介视域下的艺术变迁"学术研讨会暨 2020 中国艺术学理论学会年会上的发言 [J]. 艺术传播研究，2020（Z1）：5–10.

[93] 林琳，沈书生 . 设计思维与学科融合的作用路径研究——基础教育中核心素养的培养方法 [J] . 电化教育研究，2018，39（5）：12–18.

[94] 邹其昌，华沙 . 近五年中国设计学理论建设与发展概述——中国当代设计理论体系建构问题探索系列研究 [J] . 创意与设计，2018，（1）：96–101.

[95] 娄宇爽，李四达 . 人工智能设计的发展趋势研究 [J] . 艺术与设计（理论），2019，2（7）：87–89.

图书在版编目（CIP）数据

设计学跨学科研究方法 / 李宏著 . -- 北京：中国传媒大学出版社，2025. 6. -- ISBN 978-7-5657-3905-7

Ⅰ. TB21

中国国家版本馆 CIP 数据核字第 2025BH9398 号

设计学跨学科研究方法

SHE JI XUE KUA XUE KE YAN JIU FANG FA

著　　者　李　宏
策划编辑　曾婧娴
责任编辑　沈刘红
责任印制　李志鹏
封面设计　风得信设计 · 阿东

出版发行　中国传媒大学出版社
社　　址　北京市朝阳区定福庄东街 1 号　　**邮　　编**　100024
电　　话　86-10-65450528　65450532　　**传　　真**　65779405
网　　址　http://cucp.cuc.edu.cn
经　　销　全国新华书店

印　　刷　唐山玺诚印务有限公司
开　　本　787mm×1092mm　1/16
印　　张　16.75
字　　数　393 千字
版　　次　2025 年 9 月第 1 版
印　　次　2025 年 9 月第 1 次印刷

书　　号　ISBN 978-7-5657-3905-7　　**定　　价**　79.00 元

本社法律顾问：北京嘉润律师事务所　郭建平